Java Web开发从0到1

王树生　编著

清華大学出版社
北　京

内 容 简 介

自 20 世纪以来，互联网的发展已经堪称日新月异，人们的工作、生活、学习等各个方面越来越离不开互联网 Web 应用。Java Web 是 Web 应用中成熟度高、普及率高、适用性广的开源技术，几乎所有 Web 应用程序都需要具备 Java Web 技术能力。本书详解 Java Web 开发技术，配套示例源码、PPT 课件与答疑服务。

本书分为 5 篇，共 17 章。第 1 篇介绍 Web 开发与 Java Web 开发，包括体系结构、相关技术、开发环境等；第 2 篇介绍 JSP 语言基础，包括 JSP 的基本概念、JSP 指令、JSP 动作、JSP 注释、JSP 内置对象、JavaBean 技术、Servlet 技术、Servlet 过滤器、Servlet 监听器；第 3 篇介绍 Java Web 整合开发，包括数据库基础以及 Java Web 操作数据库实践、EL 动态网页交互表达式语言、JSTL 标签语言、Ajax 整合技术；第 4 篇介绍 SSM 框架，包括 Spring IoC、Spring AOP、MyBatis、Spring MVC 的入门介绍，最后基于框架实现整合开发；第 5 篇介绍项目实战，包括基于 SSM 的学生信息管理系统的项目开发实战。

本书内容翔实、示例丰富，适合 Java Web 开发初学者、Web 开发工程师，同时也非常适合作为高等院校计算机及相关专业的教材或教学参考书。

图书在版编目（CIP）数据

Java Web 开发从 0 到 1 / 王树生编著. —北京：清华大学出版社，2023.3
ISBN 978-7-302-63123-1

Ⅰ. ①J… Ⅱ. ①王… Ⅲ. ①JAVA 语言—程序设计 Ⅳ. ①TP312.8

中国国家版本馆 CIP 数据核字（2023）第 047560 号

责任编辑：夏毓彦
封面设计：王 翔
责任校对：闫秀华
责任印制：丛怀宇

出版发行：清华大学出版社
网 址：http://www.tup.com.cn，http://www.wqbook.com
地 址：北京清华大学学研大厦 A 座 **邮 编：**100084
社 总 机：010-83470000 **邮 购：**010-62786544
投稿与读者服务：010-62776969，c-service@tup.tsinghua.edu.cn
质 量 反 馈：010-62772015，zhiliang@tup.tsinghua.edu.cn

印 装 者：天津安泰印刷有限公司
经 销：全国新华书店
开 本：190mm×260mm **印 张：**22.75 **字 数：**613 千字
版 次：2023 年 5 月第 1 版 **印 次：**2023 年 5 月第 1 次印刷
定 价：139.00 元

产品编号：095454-01

前　言

你还没有接触过 Java Web 吗

作为全球备受瞩目的圈子，金融圈一直是富人的标签。而作为推进 Web 技术成熟的框架，Java Web 也一致备受宠爱。但是你可能不知道，Java Web 技术一直备受金融圈推崇。

——全球金融圈都在用 Java Web 技术，要不要学，你说了算！

BAT 三巨头早就跨入 Java Web 行列

Java Web 在国际上备受瞩目，在国内的发展达到了空前的高度，以 BAT 三巨头为例，它们早早就把 Java Web 应用到现实的开发领域中了，尤其是我们常用的淘宝、百度、京东等应用。

——还不知道 BAT 是什么？百度、阿里巴巴、腾讯应该都知道吧。

Java Web 的发展历程：开发越来越简单，效果越来越好

随着 Java Web 技术的迭代，功能更全面，独立性、并发性、简便性更强，同时开源框架 Spring 的不断完善，也极大地推动了 Java Web 技术体系的成熟。本书详细介绍 Java Web 技术体系，并通过实战示例让读者精通它们。

——开源框架的推进是市场对 Java Web 认可的最好说明。

本书真的适合你吗

本书带领你学习从 Web 开发理论到实践的综合运用；本书提供现实生活中的应用，包括客户端应用和服务端应用；本书从现实的表单使用场景出发，解决低版本浏览器的兼容问题；本书介绍各种开源、成熟、优秀的框架的学习和使用；本书总结了作者自己实际应用的经验和心得。

——怕入门难？这本书没有基础的人员都能学习；怕实践难？只要认真学习完本书中的案例，就有一定开发经验的积累。

本书内容

本书分为 5 篇，共 17 章。第 1 篇介绍 Web 开发与 Java Web 开发，包括体系结构、相关技术、开发环境等；第 2 篇介绍 JSP 语言基础，包括 JSP 的基本概念、JSP 的指令、JSP 的动作、JSP 的注释、JSP 的内置对象、JavaBean 技术、Servlet 技术、Servlet 过滤器、Servlet 监听器等，并且在每个模块最后都提供实战例子；第 3 篇介绍 Java Web 整合开发，包括 JDBC 以及 Java Web

操作数据库实践、EL 表达式语言、JSTL 标签语言、Ajax 整合技术等，这部分主要介绍 JSP 技术的进阶，由静态网页向动态页面转变；第 4 篇介绍 SSM 框架，包括 Spring IoC、Spring AOP、MyBatis、Spring MVC 的入门介绍，最后基于框架实现整合开发；第 5 篇介绍项目实战，包括基于 SSM 的学生信息管理系统的需求分析、项目设计、开发测试等项目开发整体流程实战。

本书特点

本书有如下特点：

（1）实战出发，讲解细致。本书不论是理论知识的介绍，还是实例的开发，都是从项目实战的角度出发，精心选择开发中的典型例子，讲解细致，分析透彻。

（2）深入浅出，轻松易学。以实例为主线，激发读者的阅读兴趣，让读者能够真正学习到 Java Web 开发中最实用、最前沿的技术。

（3）技术新颖，与时俱进。结合早期技术和时下最热门的技术的分析对比，讲解 Web 开发框架的进阶与完善，从而全面、准确地了解 Web 技术的发展历程以及它在市场中的优势与前景。

（4）贴近读者，贴近实际。提供大量成熟的第三方组件和框架的使用和说明，帮助读者快速找到问题的最优解决方案，书中很多实例来自作者工作实践。

（5）贴心提醒，理解要点。本书根据需要在各章使用了很多“注意”的小提示，让读者可以在学习过程中更轻松地理解相关知识点及概念。

资源下载

本书配套示例源码、PPT 课件，需要使用微信扫描右侧的二维码获取。阅读过程中如果发现问题或者疑问，请邮件联系 booksaga@163.com，邮件主题写“Java Web 开发从 0 到 1”。

本书读者

- Java Web 开发初学者。
- Java 开发工程师。
- 高等院校相关专业的学生。
- 培训学校的学员。
- Web 前端开发工程师。
- 大数据开发工程师（软件应用方向）。

作　者

2023 年 3 月

目　录

第1篇　Web开发与Java Web开发

第 2 篇　JSP 语言基础

第 3 篇　Java Web 整合开发

第 4 篇 SSM 框架

第1篇

Web 开发与 Java Web 开发

本篇重点介绍以下内容：

- Web 开发体系介绍。
- Web 开发的工作原理。
- Web 应用技术。
- Java Web 开发。
- JDK 环境搭建。
- Tomcat 的安装与配置。
- IDEA 开发工具的使用。

第 1 章

Java Web 应用开发概述

在信息化时代的今天，Web 已经成为人们日常生活中的重要部分。设想一下，假如我们离开了互联网，生活会变得怎样？伴随着 Web 技术的发展，Web 应用也蓬勃兴起。接下来进入 Web 应用的新世界吧。

1.1 程序开发体系结构

在网络技术遍布全球每个角落的今天，各种Web应用已经深入每个人的日常。伴随着技术发展，程序开发的结构体系也在不断完善、不断优化，由最初的单机软件发展成为各种分布式、云端等体系结构。其中较为常用的 Web 应用程序开发体系结构主要有两类：基于 C/S（客户端/服务器）的体系结构和基于 B/S（浏览器/服务器）的体系结构。

1.1.1 C/S 体系结构介绍

C/S 体系结构即 Client（客户端）/Server（服务器）。Server 端通常是高性能的工作站或者个人计算机，采用大型数据库（Oracle、DB2、SQL Server），Client 端需要安装特定的客户端软件。此结构体系的主要特点是具有很强的交互性，充分利用客户端和服务器的环境优势，具有安全的存取模式，响应速度快，合理分配任务，降低网络通信开销，由于它有独立的客户端，因此操作界面设计更漂亮、更灵活。C/S 体系结构如图 1.1 所示。

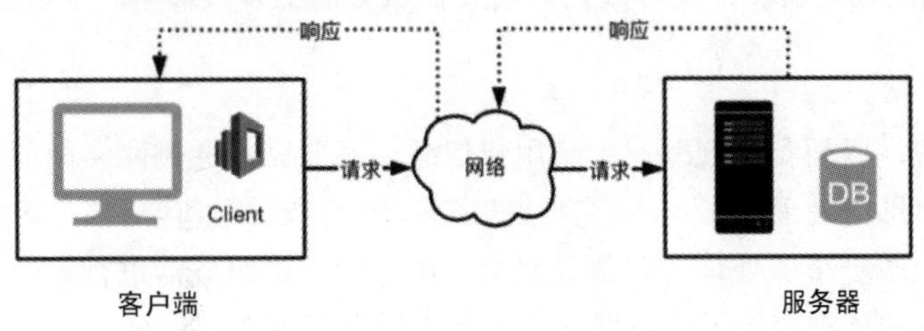

图 1.1　C/S 体系结构

1.1.2 B/S 体系结构介绍

B/S 体系结构即 Browser（浏览器）/Server（服务器）。在 B/S 体系结构中，客户端不需要额外开发专有的客户端软件，只需要通过浏览器（如 IE、Chrome、Firefox 等）向 Web 服务器发送请求，由 Server 端进行处理，并将处理结果传回给 Browser。这种模式统一了客户端，简化了系统的开发、维护和使用，极大地节约了成本。B/S 体系结构如图 1.2 所示。

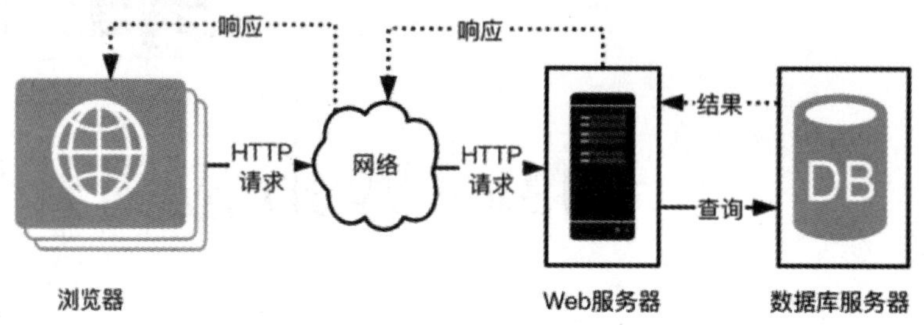

图 1.2 B/S 体系结构

说明：C/S 结构是美国 Borland 公司最早研发的，B/S 结构则是美国 Microsoft（微软）公司研发的。

1.1.3 两种体系结构的比较

当前网络程序开发比较流行的两大主流架构：C/S 结构和 B/S 结构。目前这两种结构都有各自的用武之地，都牢牢占据着自己的市场份额和客户群，在响应速度、用户界面、数据安全等方面，C/S 强于 B/S，但是在共享、业务扩展和适用万维网的条件下，B/S 明显胜过 C/S。通过以下 5 个方面来分析对比它们的异同。

1. 程序架构

C/S 是两层架构，由客户端和服务器组成，更加注重流程，极少考虑运行速度，软件复用性差（复用性也称为重用性）；B/S 是三层架构，由浏览器、Web 服务器和数据库服务器组成，B/S 结构对安全性和访问速度有多重考虑，是 Web 程序架构发展的趋势。

2. 软件成本

C/S 结构的开发和维护成本都比 B/S 结构高。不论是开发还是维护，C/S 结构都需要大量专业人员适配、安装、调试客户端，系统升级也需要重新开发适配，并重新提供安装文件升级客户端。B/S 结构则只需要适配浏览器，开发升级也只需要在服务器上升级即可。

3. 负载和性能

C/S 结构的客户端既要负责交互，收集用户信息，又要完成通过网络向服务器请求对数据库、电子表格或文档等信息的处理工作。所有复杂的逻辑处理都放在了客户端，对客户端负载很高。

B/S 结构的客户端把事务处理逻辑部分交给了服务器，由服务器进行处理，客户端只需要进行显示。这样，重负荷的处理交给了服务器，客户端只需要轻便级就能使用。

4. 安全性

C/S 结构由于客户端处理了核心逻辑，可通过严格的管理软件达到保证系统安全的目的，这样的软件相对来说安全性比较高。而 B/S 结构的软件，由于其共享广泛，使用的人数较多，相对来说安全性就会低一些（需要做好网络传输安全和信息加密安全）。

5. 共享和扩展

C/S 架构是建立在局域网之上的，面向的是可知的有限用户，隐私性和安全性较好，因此导致其共享能力较弱。由于安装升级需要提供安装软件，客户端如果不更新升级，很多新功能就无法使用，扩展性也较弱。B/S 架构建立在广域网之上，用户随时随地都可以访问，外部用户也可以访问，尤其是 Web 技术的不断发展，B/S 面对的是几乎无限的用户群体，所以信息共享性很强，而且 B/S 结构只要在服务器上升级扩展即可，不影响用户体验，扩展性高。

1.2　Web 应用程序的工作原理

用户通过客户端浏览器访问网站或者其他网络资源时，通常需要在客户端浏览器的地址栏中输入 URL（Uniform Resource Locator，统一资源定位符），或者通过超链接方式链接到相关网页或网络资源；然后通过域名服务器进行全球域名解析（DNS 域名解析），并根据解析结果访问指定 IP 地址的网站或网页。

为了准确地传输数据，TCP 采用了三次握手策略。首先发送一个带 SYN（Synchronize）标志的数据包给接收方，接收方收到后，回传一个带有 SYN/ACK（Acknowledgement）标志的数据包以示传达确认信息。最后发送方再回传一个带 ACK 标志的数据包，代表握手结束。在这个过程中，若出现问题导致传输中断了，TCP 会再次发送相同的数据包。

在完成 TCP 后，客户端的浏览器正式向指定 IP 地址上的 Web 服务器发送 HTTP（HyperText Transfer Protocol，超文本传输协议）请求；通常 Web 服务器会很快响应客户端的请求，将用户所需的HTML文本、图片和构成该网页的其他一切文件发送给用户。如果需要访问数据库系统中的数据，Web 服务器就会将控制权转给应用服务器，根据 Web 服务器的数据请求读写数据库，并进行相关数据库的访问操作，应用服务器将数据查询响应发送给 Web 服务器，由 Web 服务器将查询结果转发给客户端的浏览器；浏览器解析客户端请求的页面内容；最终浏览器根据解析的内容进行渲染，将结果按照预定的页面样式呈现在浏览器上。概括起来，Web 应用的工作原理如图 1.3 所示。

图 1.3　Web 应用的工作原理

说明：Web 本意是蜘蛛网和网。现广泛译作网络、互联网等技术，表现为三种形式：超文本（HyperText）、超媒体（Hypermedia）、超文本传输协议（HTTP）。

1.3 Web 应用技术

经过前面两节的介绍，读者应该对 Web 开发有了一定的了解，也应该认识到了 Web 应用中的每一次信息交换都会涉及客户端和服务端。因此，Web 应用技术大体上可以分为客户端技术和服务端技术两大类。

下面我们对这两大类 Web 应用技术进行简要介绍，方便读者对 Web 应用有一个初步认识。

1.3.1 客户端应用技术

Web 客户端主要通过发送 HTTP 请求并接收服务器响应，最终展现信息内容。也就是说，只要能满足这一目的的程序、工具、脚本，都可以看作是 Web 客户端。Web 客户端技术主要包括 HTML 语言、Java Applets、脚本程序、CSS、DHTML、插件技术以及 VRML 技术。

1. HTML 语言

HTML 语言（Hyper Text Markup Language，超文本标记语言）是 Web 客户端最主要、最常用的工具。

2. Java Applets

Applet 是采用 Java 编程语言编写的小应用程序。Applets 类似于 Application，但是它不能单独运行，需要依附在支持 Java 的浏览器中运行。

3. 脚本程序

脚本程序是嵌入 HTML 文档中的程序，使用脚本程序可以创建动态页面，大大提高交互性。比较常用的脚本程序有 JavaScript 和 VBScript。

JavaScript 由 Netscape 公司开发，易用，灵活，无须编译。

VBScript 由 Microsoft 公司开发，与 JavaScript 一样，可用于动态 Web 页面。

4. CSS

CSS（Cascading Style Sheets，层叠样式表）是一种用来表现 HTML 或 XML 等文件样式的计算机语言。CSS 不仅可以静态地修饰网页，还可以配合各种脚本语言动态地对网页对象和模型样式进行编辑。

5. DHTML

DHTML（Dynamic HTML，动态 HTML）是 HTML、CSS 和客户端脚本的一种集成。

6. VRML

VRML（Virtual Reality Modeling Language，虚拟现实建模语言）用于建立真实世界的场景模型或人们虚构的三维世界的场景建模语言，具有平台无关性。

1.3.2 服务端应用技术

服务端首先包括服务器硬件环境，Web 服务端的开发技术与客户端技术的演进过程类似，也是由静态向动态逐步发展、逐步完善起来的。Web 服务器技术主要包括 CGI、PHP、ASP、ASP.NET、Servlet/JSP 等。

1. CGI

CGI（Common Gateway Interface，公共网关接口）技术允许服务端的应用程序根据客户端的请求动态生成 HTML 页面，这使客户端和服务端的动态信息交换成为可能。

2. PHP

PHP 原本是 Personal Home Page（个人主页）的简称，后更名为 PHP：Hypertext Preprocessor（超文本预处理器）。与以往的 CGI 程序不同，PHP 语言将 HTML 代码和 PHP 指令合成为完整的服务端动态页面，Web 应用的开发者可以用一种更加简便、快捷的方式实现动态 Web 功能。

3. ASP

Microsoft 借鉴 PHP 的思想，在 IIS 3.0 中引入了 ASP（Active Server Pages，活动服务器页面）技术。ASP 使用的脚本语言是 VBScript 和 JavaScript，从而迅速成为 Windows 系统下 Web 服务端的主流开发技术。

4. ASP.NET

ASP.NET 是使用 C#语言代替 ASP 技术的 JavaScript 脚本语言，用编译代替了逐句解释，提高了程序的运行效率。

5. Servlet/JSP

Servlet 和 JSP（Java Server Page）的组合让 Java 开发者同时拥有了类似 CGI 程序的集中处理功能和类似 PHP 的 HTML 嵌入功能，Java 的运行时编译技术也大大提高了 Servlet 和 JSP 的执行效率。Servlet 和 JSP 被后来的 Java EE 平台吸纳为核心技术。

1.4 Java Web 应用的开发环境

Java Web 是用 Java 技术来解决 Web 领域问题的技术，需要运行在特定的 Web 服务器上，Java Web 是跨平台的，可以在不同的平台上部署运行。

俗话说，工欲善其事，必先利其器。对于 Java Web，4 件利器是我们必须掌握的：JDK、Tomcat、IDEA 和数据库。

JDK 是 Java 开发环境 Tomcat 是 Web 程序部署的服务器 IDEA 是开发 Java Web 的集成工具，可以极大地改善和提高开发效率，数据库负责数据持久化。下面分别讲解其安装过程。

说明：笔者使用的是 Windows 系统，因此介绍安装过程时以 Windows 系统为主，macOS 和 Linux 系统的安装过程与之类似。

1.4.1 下载 JDK

这里选择的是 Oracle JDK，页面如图 1.4 所示。

笔者选择了 Archive 版本，这个版本只需要解压缩并配置环境变量即可，如果是 Windows 用户，建议选择 Installer 版本，安装的时候可以选择配置环境变量。读者可以选择适合自己计算机系统的版本。

Windows x64 Compressed Archive	172.93 MB	https://download.oracle.com/java/18/archive/jdk-18.0.2.1_windows-x64_bin.zip (sha256)
Windows x64 Installer	153.45 MB	https://download.oracle.com/java/18/archive/jdk-18.0.2.1_windows-x64_bin.exe (sha256)
Windows x64 msi Installer	152.33 MB	https://download.oracle.com/java/18/archive/jdk-18.0.2.1_windows-x64_bin.msi (sha256)

图 1.4 JDK 下载

1.4.2 安装 JDK 并配置环境变量

双击刚刚下载的 jdk-18.0.2.1_windows-x64_bin.msi，按照提示一步一步安装，注意在安装的过程中记下安装的目录，这里安装在 C:\java\jdk-18.0.2.1 目录下。

JDK 安装完成之后，需要配置环境变量。这里安装好环境变量会自动配置完成，不需要像旧版本一样自主配置环境变量，此处只需要设置 JAVA_HOME 参数即可。

首先打开“设置”→“系统”→“高级系统设置”→“高级”→“环境变量”，在系统变量中新建变量名为 JAVA_HOME，变量值为刚刚安装的目录，即 C:\java\jdk-18.0.2.1，单击“确定”按钮。

1.4.3 验证 JDK

重新打开命令行，输入 java -version，若显示如图 1.5 所示的版本信息，则说明 JDK 安装配置成功。

```
PS C:\Users\a\Desktop> java -version
java version "18.0.2.1" 2022-08-18
Java(TM) SE Runtime Environment (build 18.0.2.1+1-1)
Java HotSpot(TM) 64-Bit Server VM (build 18.0.2.1+1-1, mixed mode, sharing)
PS C:\Users\a\Desktop>
```

图 1.5 JDK 环境验证

另外，也可以在命令行分别输入 javac 和 java 命令，如果在命令行看到与图 1.5 类似的信息，同样意味着 JDK 安装配置成功。

注意：JDK 配置完成之后，部分读者的系统可能会出现“此命令不是内部命令”的提示信息，此时只需要重启命令行即可。

1.5　Tomcat 的安装与配置

前面介绍了 Web 相关的技术，我们了解了 Web 服务器。Web 服务器是一种软件服务器，其主要功能是提供网上信息浏览服务，可以向发出请求的浏览器提供文档，也可以放置网站文件和数据文件，提供浏览下载等服务。

常见的 Web 服务器如下：

- Tomcat（Apache）：免费。当前应用最广的 Java Web 服务器。
- JBoss（Redhat 红帽）：支持 Java EE，应用比较广的 EJB 容器。
- GlassFish（Oracle）：Oracle 开发的 Java Web 服务器，应用不是很广。
- Resin（Caucho）：支持 Java EE，应用越来越广。
- WebLogic（Oracle）：收费。支持 Java EE，适合大型项目。
- WebSphere（IBM）：收费。支持 Java EE，适合大型项目。

Tomcat 服务器是一个免费、开源的 Web 应用服务器，常用在中小型系统和并发访问用户不是很多的场合下，是开发和调试 Web 程序的首选。

1.5.1　下载 Tomcat

首先进入官网，页面如图 1.6 所示。

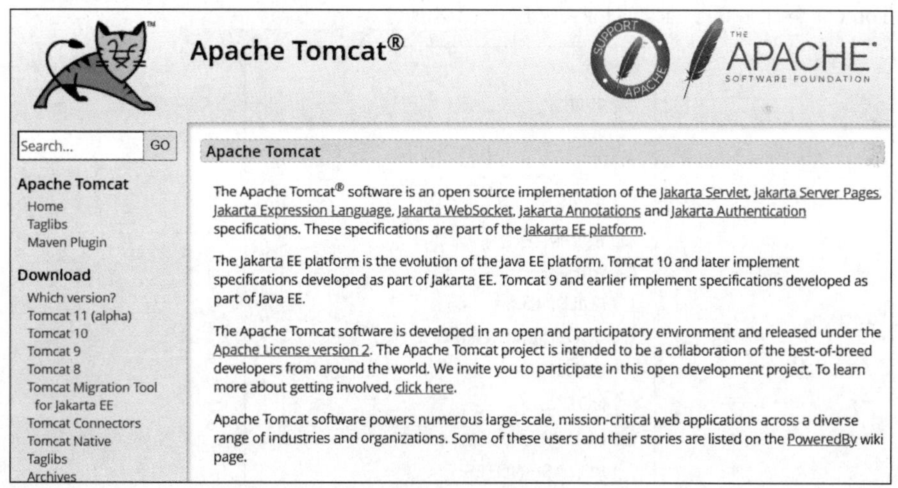

图 1.6　下载 Tomcat

笔者这里下载的是 apache-tomcat-10.0.21，下载的是 ZIP 包。注意：Windows 用户下载相应系统版本的 ZIP 包即可，以方便与 IDEA 集成。如图 1.7 所示。

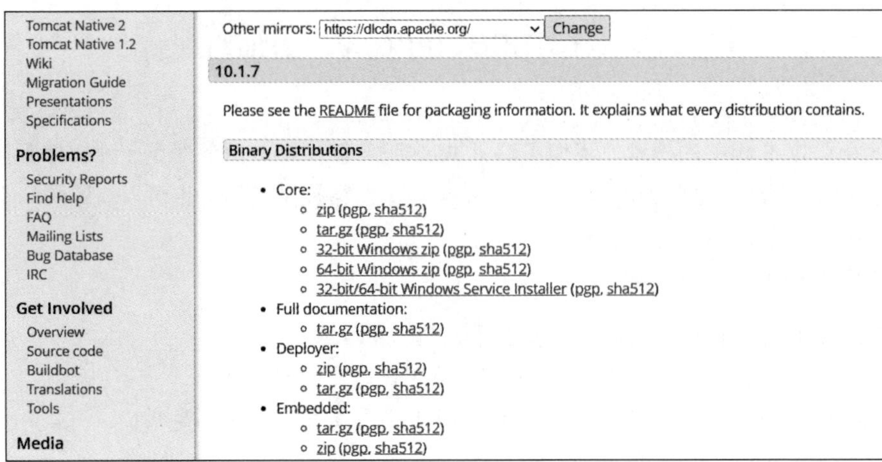

图 1.7　Tomcat 版本

下载之后，将 ZIP 包移到自己设定的目录下（目录路径最好不要有空格和中文，Windows 用户尽量不要放在 C 盘）。

此处可以暂时不需要配置环境变量，我们在开发中会将 Tomcat 集成到 IDEA 开发工具中使用，不配置环境变量不影响开发。

1.5.2　Tomcat 的目录结构

进入 Tomcat 解压后的目录，目录结构如图 1.8 所示。

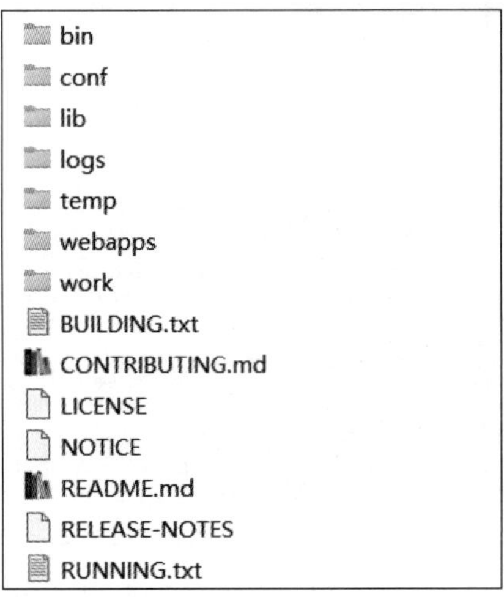

图 1.8　Tomcat 目录结构

Tomcat 各目录及文件功能说明如表 1.1 所示。

表1.1　Tomcat各目录及文件功能说明

目录和文件	说　明
bin	用于存放 Tomcat 的启动、停止等批处理脚本
Bin\startup.sh	启动 Tomcat 脚本（适用于 Linux 系统）

（续表）

目录和文件	说　明
Bin\startup.bat	启动 Tomcat 脚本（适用于 Windows 系统）
Bin\shutdown.sh	停止 Tomcat 脚本（适用于 Linux 系统）
bin\shutdown.bat	停止 Tomcat 脚本（适用于 Windows 系统）
conf	用于存放 Tomcat 配置相关的文件
Conf\context.xml	用于定义所有 Web 应用均需要加载的 Context 配置，如果 Web 应用指定了自己的 context.xml，那么该文件的配置将被覆盖
conf\logging.properties	Tomcat 日志配置文件，可通过该文件修改 Tomcat 日志级别以及日志路径等
conf\server.xml	Tomcat 服务器核心配置文件，用于配置 Tomcat 的链接器、监听端口、处理请求的虚拟主机等
conf\tomcat-users.xml	Tomcat 默认用户及角色映射信息，Tomcat 的 Manager 模块就是用该文件中定义的用户进行安全认证的
conf\web.xml	Tomcat 中所有应用默认的部署描述文件，主要定义了基础 Servlet 和 MIME 映射。如果应用中不包含 Web. xml，那么 Tomcat 将使用此文件初始化部署描述，反之，Tomcat 会在启动时将默认部署描述与自定义配置进行合并
Lib	Tomcat 服务器依赖库目录，包含 Tomcat 服务器运行环境依赖包
logs	Tomcat 默认的日志存放路径
webapps	Tomcat 默认的 Web 应用部署目录
work	存放 Web 应用编译后的 Class 文件和 HTML、JSP 文件
temp	存放 Tomcat 在运行过程中产生的临时文件

1.5.3　修改 Tomcat 的默认端口

上一节的 Tomcat 目录结构让我们了解到，端口等相关的配置都在 conf\server.xml 中，下面来看一下这个文件，如图 1.9 所示。

```
<Service name="Catalina">

  <!--The connectors can use a shared executor, you can define one or more named thread pools-->
  <!--
  <Executor name="tomcatThreadPool" namePrefix="catalina-exec-"
      maxThreads="150" minSpareThreads="4"/>
  -->


  <!-- A "Connector" represents an endpoint by which requests are received
       and responses are returned. Documentation at :
       HTTP Connector: /docs/config/http.html
       AJP  Connector: /docs/config/ajp.html
       Define a non-SSL/TLS HTTP/1.1 Connector on port 8080
  -->
  <Connector port="8080" protocol="HTTP/1.1"
             connectionTimeout="20000"
             redirectPort="8443" />
  <!-- A "Connector" using the shared thread pool-->
  <!--
  <Connector executor="tomcatThreadPool"
             port="8080" protocol="HTTP/1.1"
             connectionTimeout="20000"
             redirectPort="8443" />
  -->
  <!-- Define an SSL/TLS HTTP/1.1 Connector on port 8443 with HTTP/2
```

图 1.9　Tomcat 默认端口信息

可以看到，这个配置文件中包括 3 个开启配置的端口和一个注释的端口，其功能如下：

- 8005：关闭 Tomcat 进程所用的端口。当执行 shutdown.sh 关闭 Tomcat 时，连接 8005 端口执行 SHUTDOWN 命令，如果 8005 未开启，则 shutdown.sh 无法关闭 Tomcat。
- 8009：默认未开启。HTTPD 等反向代理 Tomcat 时，可用 AJP 反向代理到该端口，虽然我们经常使用 HTTP 反向代理到 8080 端口，但由于 AJP 建立 TCP 连接后一般长时间保持，从而减少了 HTTP 反复进行 TCP 连接和断开的开销，因此反向代理中 AJP 比 HTTP 高效。
- 8080：默认的 HTTP 监听端口。
- 8443：默认的 HTTPS 监听端口。默认未开启，如果要开启，由于 Tomcat 不自带证书，因此除了取消注释之外，还要自己生成证书并在<Connector>中指定才可以。

我们通常说的修改端口一般是指修改 HTTP 对应的 8080 端口，将图 1.9 中 port 的值修改成我们的目标值，如 80，然后重启 Tomcat（端口修改一定要重启 Tomcat 才能生效）。

1.5.4 Tomcat 控制台管理

进入 Tomcat\conf 目录，打开 tomcat-users.xml。添加一行代码：

```
<user username="admin" password="admin" roles="manager-gui"/>
```

保存文件，重启 Tomcat，在浏览器输入：http://localhost:8080/manager/html，页面提示输入用户密码，输入上面代码中的用户密码，即可得到如图 1.10 所示的页面。

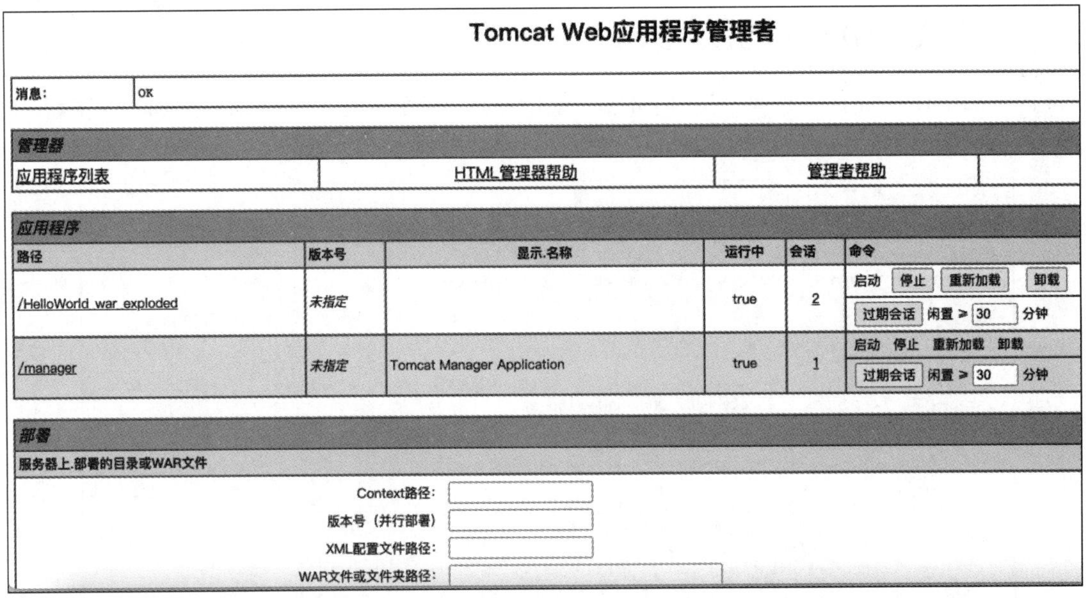

图 1.10 Tomcat 控制台

1.5.5 部署 Web 应用

Tomcat 部署 Web 应用程序有 4 种方式。

1. 自动部署

若 Web 应用结构为..\AppName\WEB-INF*，只要将一个 Web 应用的 WebContent 级的 AppName 直接放在%Tomcat_Home%\webapps 文件夹下，系统就会把该 Web 应用直接部署到 Tomcat 中。

2. 控制台部署

若 Web 应用结构为 ..\AppName\WEB-INF*，进入 Tomcat 的 Manager 控制台的 deploy 区域（详见 1.5.4 节），在 Context path 中输入"XXX"（可任意取名，一般是 AppName），在 WAR or Directory URL 中了输入 AppName 在本机的绝对路径（表示去寻找此路径下的 Web 应用），单击 deploy 按钮即可。

3. 增加自定义 Web 部署文件

若 Web 应用结构为 ..\AppName\WEB-INF*，则需要在%Tomcat_Home%\conf 路径下新建一个文件夹 Catalina，再在其中新建 localhost 文件夹，最后新建一个 XML 文件，即增加两层目录并新增 XML 文件：%Tomcat_Home%\conf\Catalina\localhost\xxx.xml，该文件就是部署 Web 应用的配置文件。该文件的内容如下：

```
    <Context path="/Hello" reloadable="true" docBase="D:\IdeaProjects\HelloWorld"
workDir="D:\IdeaProjects\work"/>
```

说明如下：

- path: 表示访问的路径，如上述例子中，访问该应用程序为 http://localhost:8080/Hello（path 可以随意修改）。
- reloadable: 表示可以在运行时在 classes 与 lib 文件夹下自动加载类包。
- docbase: 表示应用程序的地址，注意斜杠的方向 “\” 或 “/” 。
- workdir: 表示缓存文件的放置地址。

4. 手动修改%Tomcat_Home%\conf\server.xml 文件来部署 Web 应用

打开%Tomcat_Home%/conf/server.xml 文件并在其中增加以下元素：

```
    <Context docBase="D:\IdeaProjects\HelloWorld" path="/Hello" debug="0"
reloadable="false" />
```

然后启动 Tomcat 即可。

1.6 IDEA 的下载与使用

IntelliJ IDEA 简称 IDEA，由 JetBrains 公司开发，是 Java 编程语言开发的集成环境，由于其速度快，高度优化，深受广大 Java 开发者的喜爱。

1.6.1 IDEA 的下载与安装

官网地址为 https://www.jetbrains.com/idea/，进入 IDEA 官方下载页面，单击“下载”按钮，如图 1.11 所示。

图 1.11 IDEA 官网

IntelliJ IDEA 提供了免费的社区版和付费的旗舰版。免费版只支持 Java 等为数不多的语言和基本的 IDE 特性，而旗舰版还支持 HTML、CSS、PHP、MySQL、Python 等语言和更多的工具特性。这里我们选择旗舰版，如图 1.12 所示。

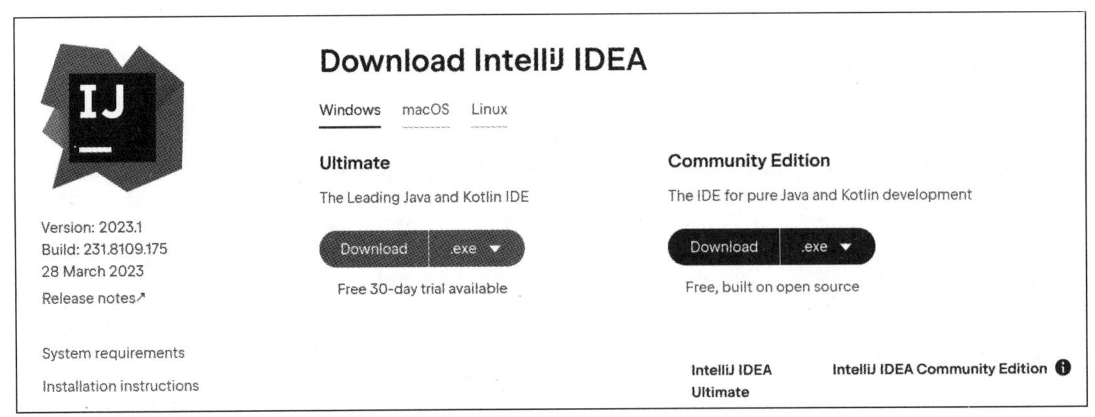

图 1.12 IDEA 下载页面

这里，作者选了 Windows 版本的，读者可以根据自己的操作系统选择相应的版本。下载完成之后，我们会得到一个安装文件，双击安装即可。

1.6.2 启动 IDEA

安装完成之后，双击桌面图标，启动 IDEA，会提示 30 天试用或者注册安装，我们直接按安装向导的要求选择 30 天试用，进入 IDEA 界面，如图 1.13 所示。

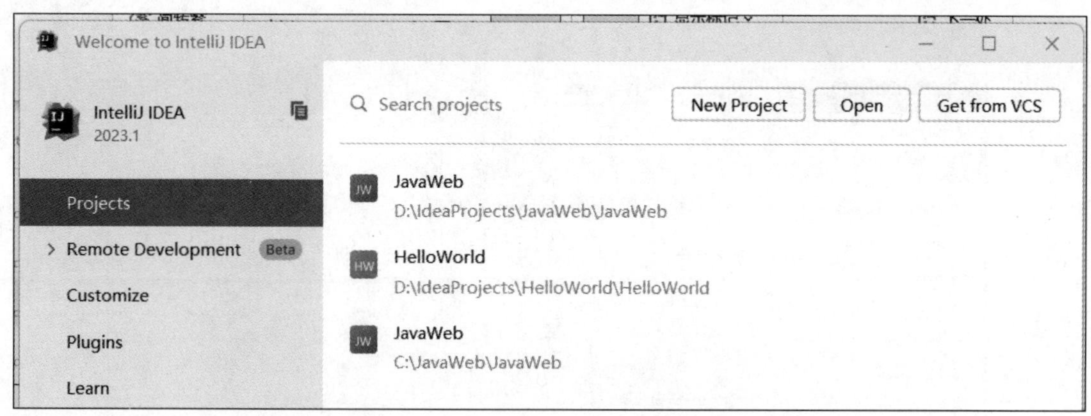

图 1.13　IDEA 启动页面

说明： IDEA 30 天试用期到期后，我们可以重置，继续 30 天试用期。

1.6.3　IDEA 工作台

IDEA 工作台比较简洁，主要是项目菜单区域和代码编辑区域，最上面是软件功能菜单和工具栏，底部是控制台，最右侧会有 Maven、Database 等辅助区域。具体功能如图 1.14 所示。

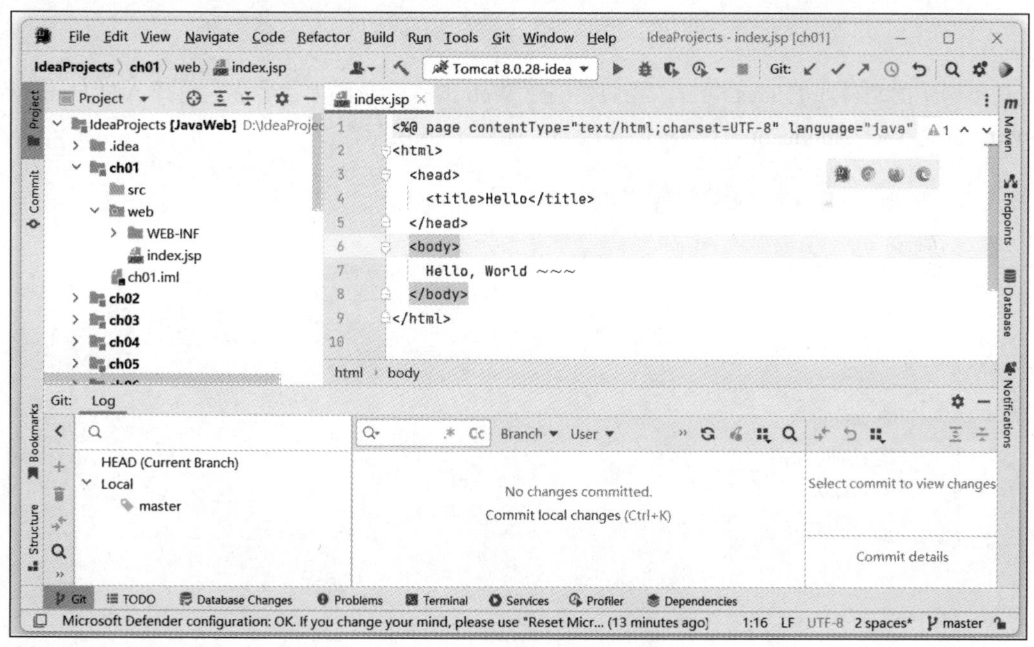

图 1.14　IDEA 工作台

1.6.4　使用 IDEA 开发 Web 应用——HelloWorld

打开 IDEA，选择 File→New Project，输入项目名称 HelloWorld，如图 1.15 所示。

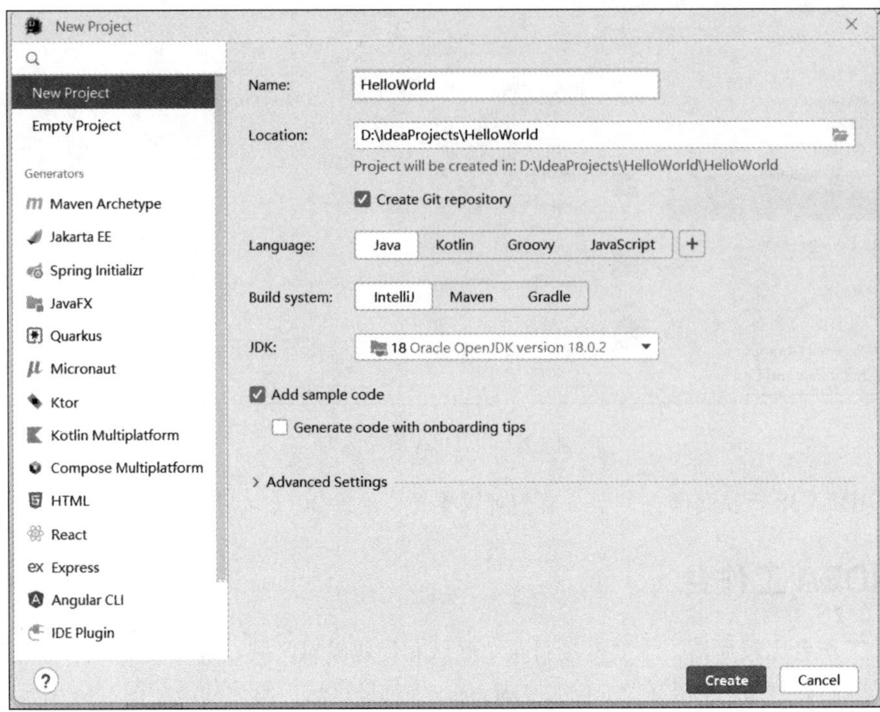

图 1.15 创建工程

这里创建的是普通的 Java 项目，我们要创建 Web 项目，右击项目名称，选择 Add Frameworks Support，勾选 Web Application，即可创建成功，如图 1.16 所示。

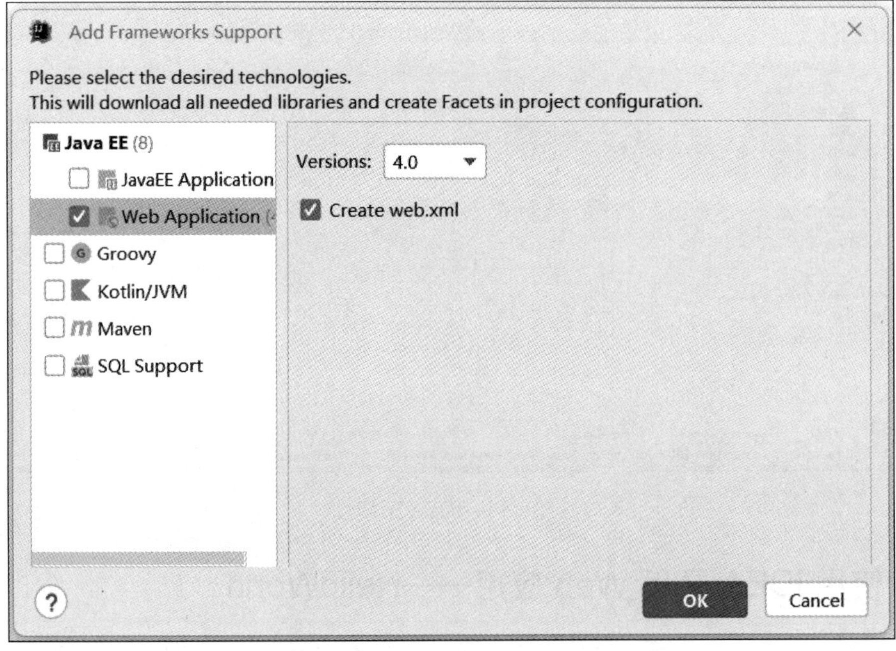

图 1.16 添加 Web Application

接下来，我们在 WEB-INF 下创建 classes 和 lib 文件夹，如图 1.17 所示。

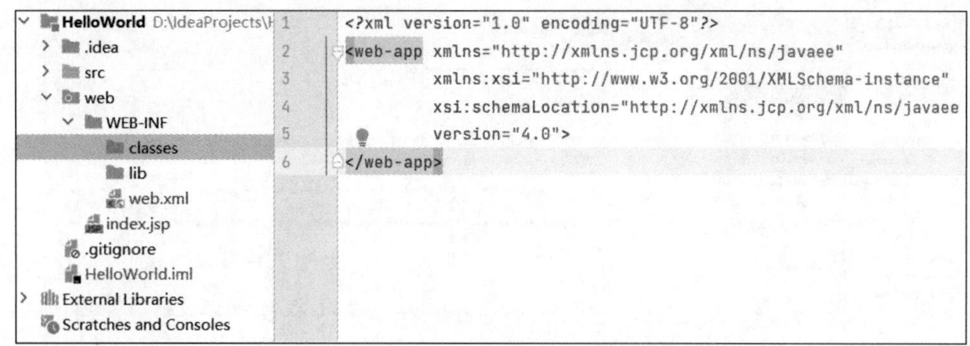

图 1.17　创建文件夹

选中项目名，右击，选择 Open Module Settings，如图 1.18 所示。

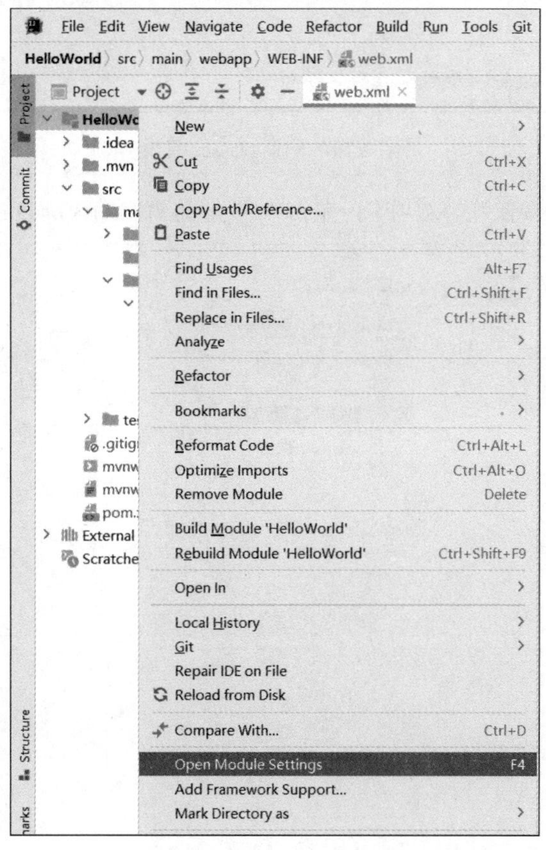

图 1.18　打开模块设置菜单

选择 Modules → HelloWorld → Paths，将下面的 Output path 改成刚刚创建的 classes 文件夹，如图 1.19 所示。

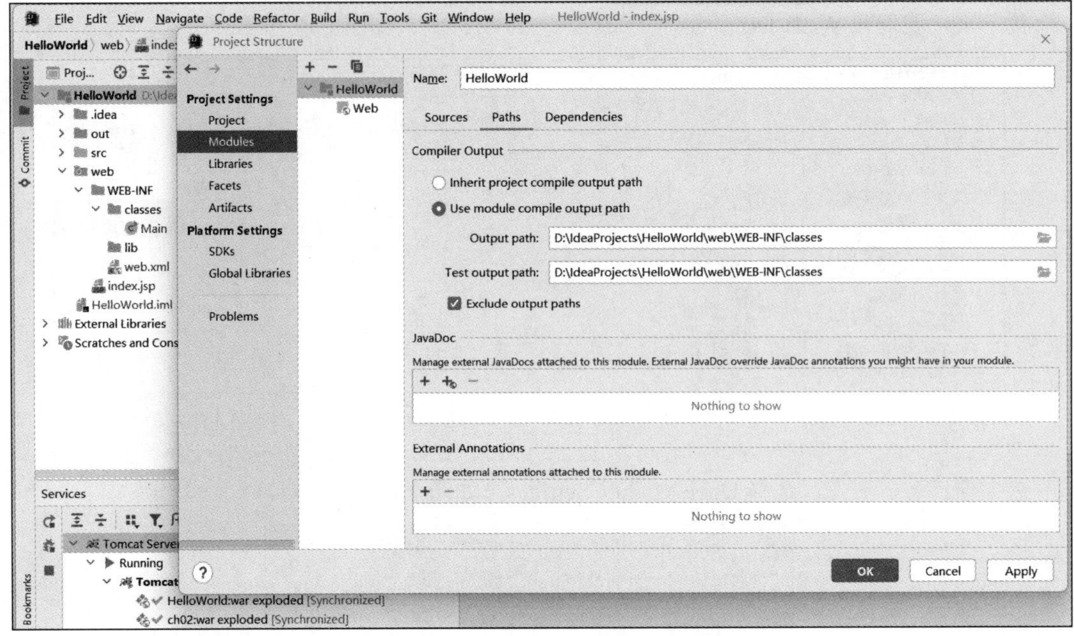

图 1.19 配置 classes 目录

切换至 Dependencies（依赖）选项卡，单击“+”，选择 JARs or Directories，如图 1.20 所示。

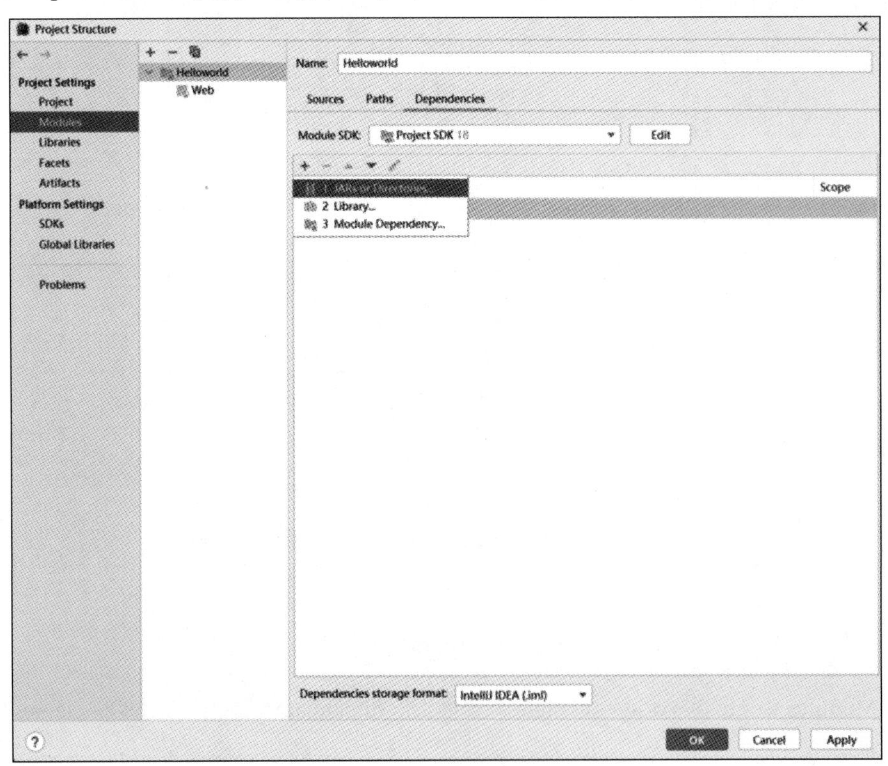

图 1.20 选择配置 JARs 项

选择刚刚创建的 lib 文件夹，如图 1.21 所示。

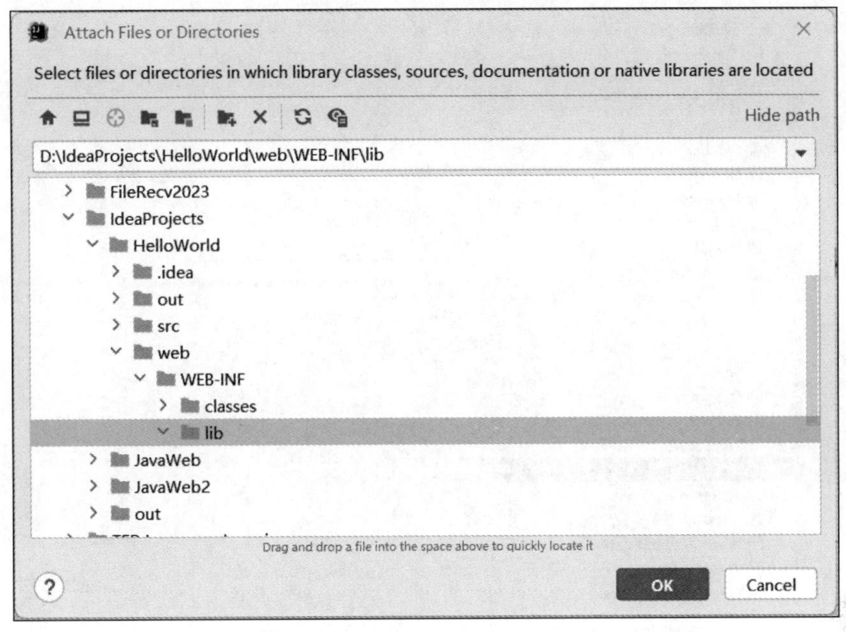

图 1.21　配置 lib 目录

可以看到，依赖项中多了刚刚选择的 lib 目录，如图 1.22 所示，把图示的 JAR 包文件加进来，再单击 OK 按钮关闭配置窗口。

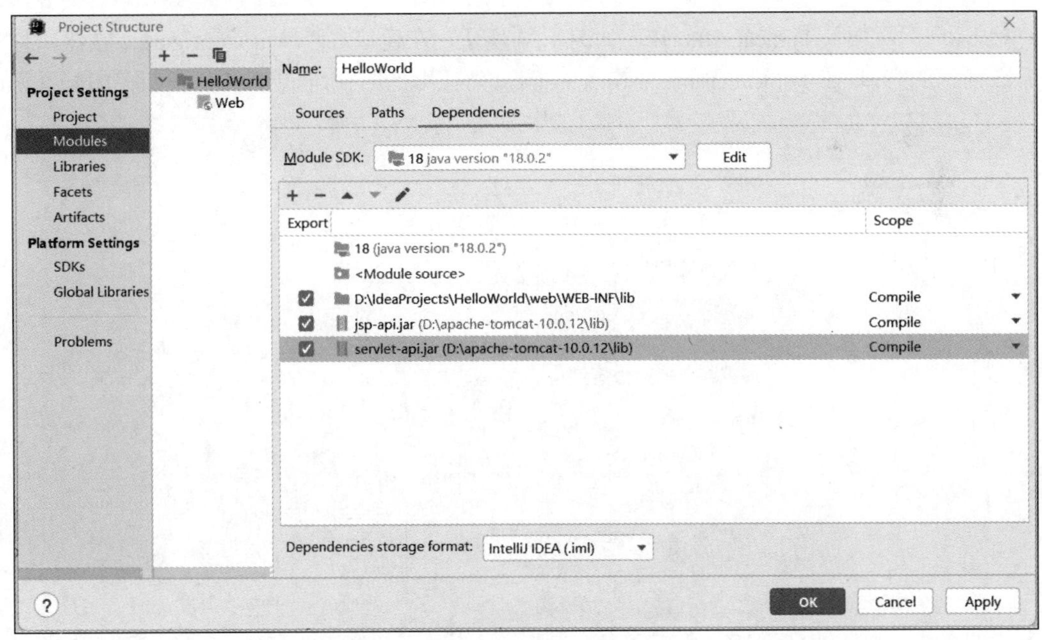

图 1.22　lib 目录配置结果

接下来配置 Web 服务器。从主菜单开始，依次选择 Run→Edit Configuration→Run/Debug Configurations→+→Tomcat Server→Local 选项，打开 Run/Debug Configurations 窗口配置 Web 服务器，如图 1.23 所示。

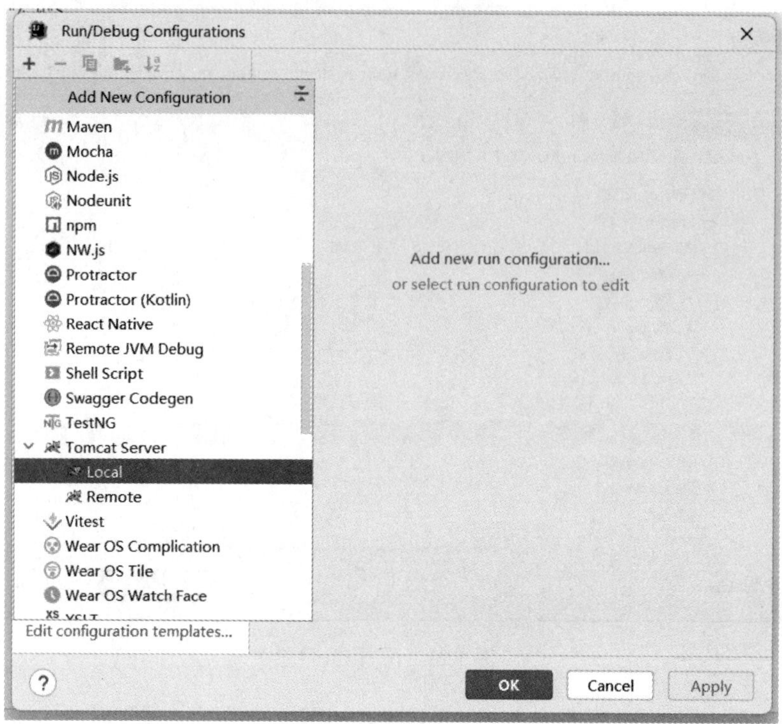

图 1.23　配置 Tomcat

单击“+”，加入 Tomcat 10.0.12，如图 1.24 所示，在窗口右侧单击 Configure…按钮，打开如图 1.25 所示的窗口，在 Tomcat Home 中输入 Tomcat 解压缩的路径，再单击 OK 按钮关闭配置窗口。

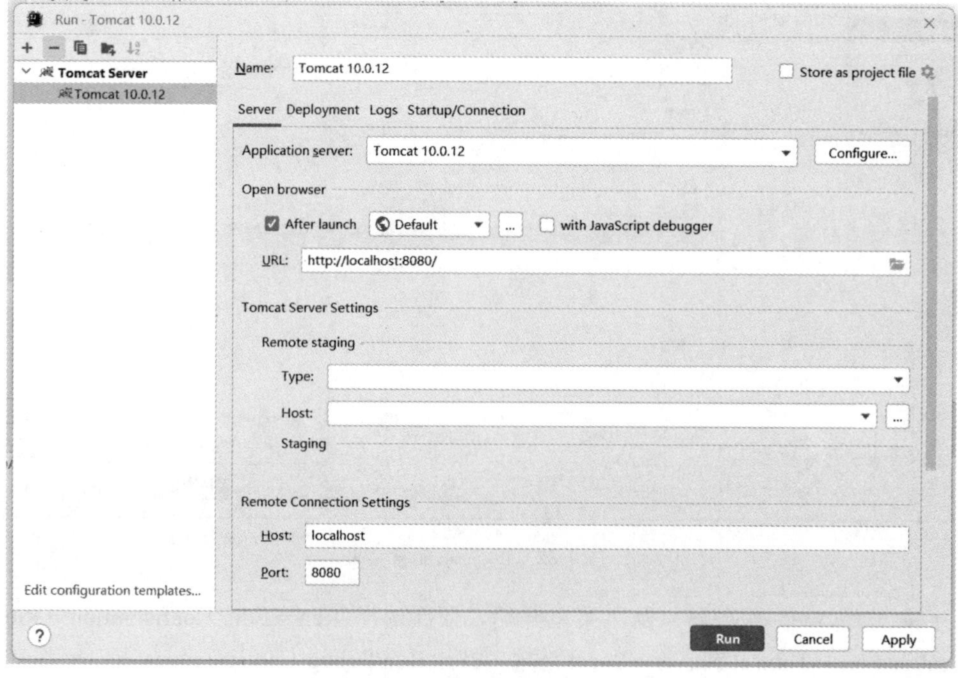

图 1.24　配置 Tomcat

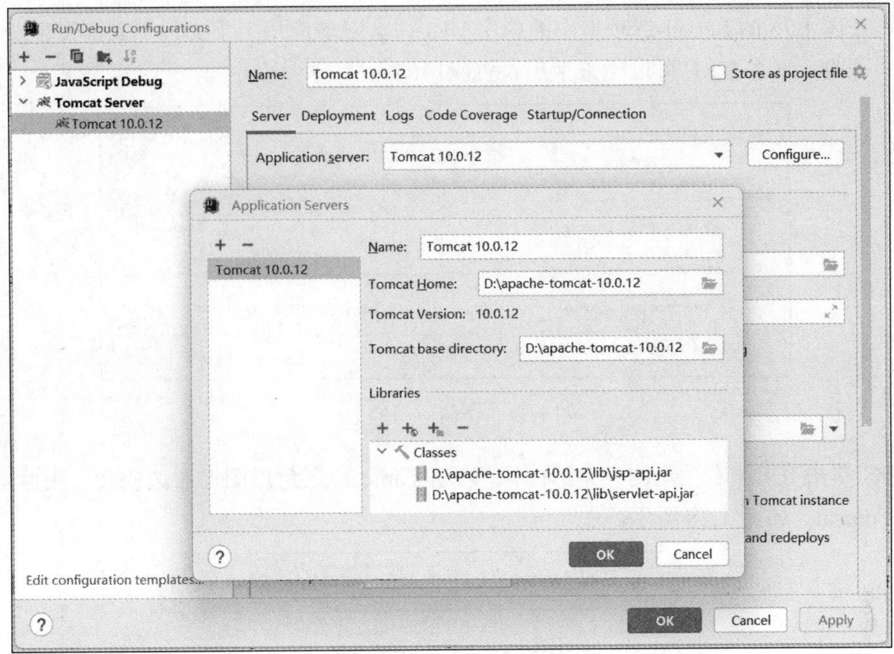

图 1.25　配置 Tomcat 根目录

切换到 Deployment 选项卡，单击“+”，在弹出的菜单中选择 Artifact…，会自动加入本应用的上下文（如图 1.27 中的“/HelloWorld_war_exploded/”），再单击 OK 按钮，如图 1.26 所示。

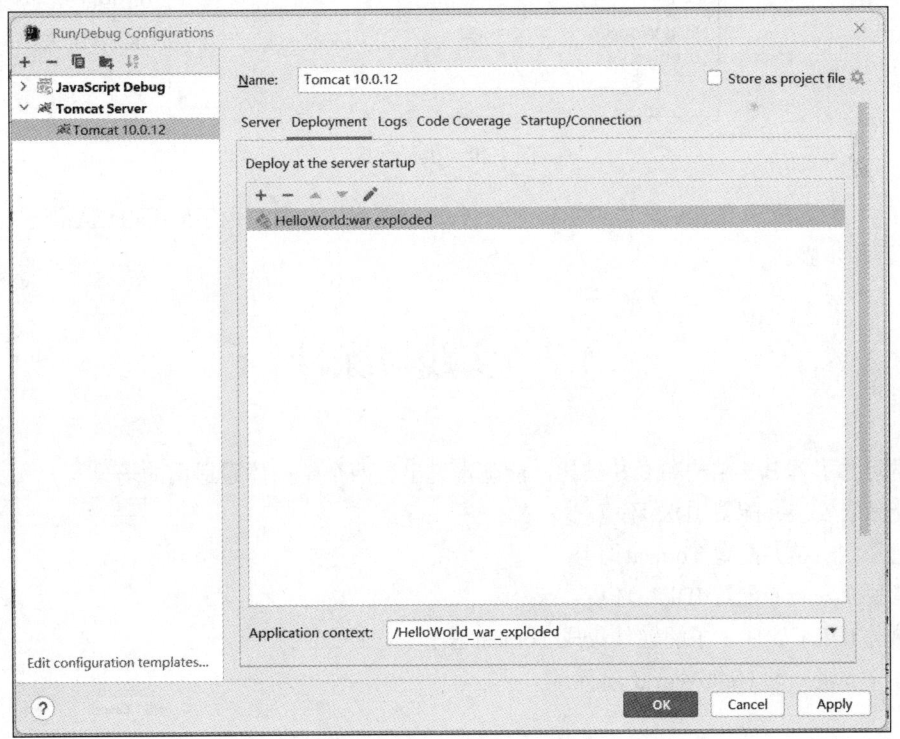

图 1.26　部署 Web 项目

注意，在图 1.26 的 Server 选项卡中的应用 URL，会随着应用上下文的加入而发生变化，如图 1.27 所示。同时，这个 URL 可以用来手工设置应用的入口。

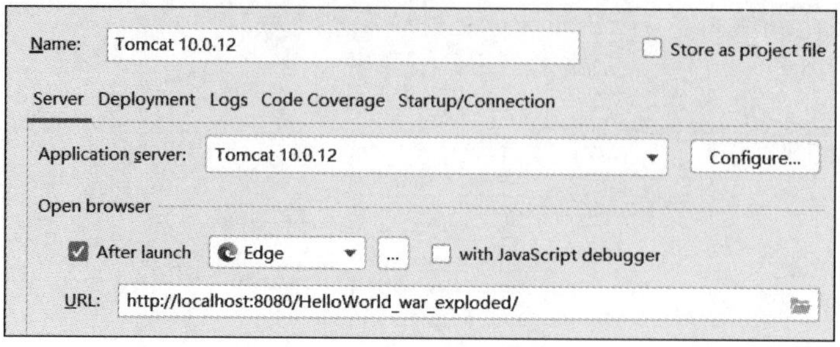

图 1.27 访问应用的 URL

接下来，单击 IDEA 右上角的三角形图标，启动 Tomcat，三角形图标右边的爬虫图标是以 Debug 模式启动 Tomcat，如图 1.28 所示。

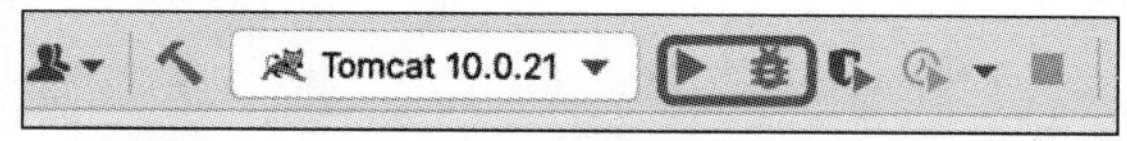

图 1.28 启动 Tomcat

启动 Tomcat 后，会自动打开默认浏览器，执行结果如图 1.29 所示。

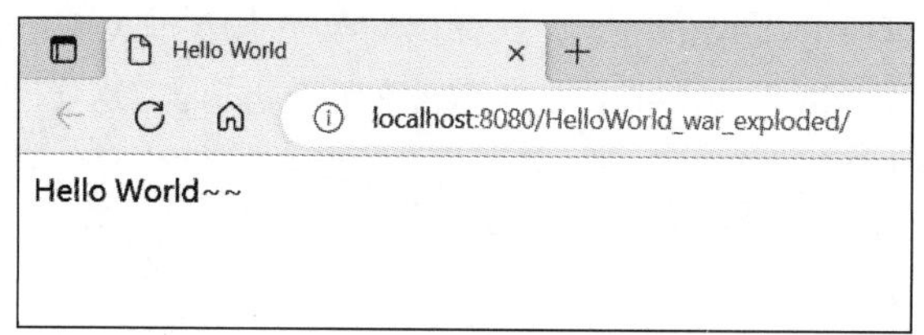

图 1.29 执行结果

至此，我们完成了 IDEA 开发部署第一个 Web 应用程序，同时也了解了 IDEA 部署、发布应用程序的流程和步骤。

1.7 实践与练习

1. 学习并了解 B/S 结构和 C/S 结构，能基本说出这两个结构体系适用的场景。
2. 能独立安装并配置 JDK 环境。
3. 能独立安装并配置 Tomcat 环境。
4. 能独立安装并配置 IDEA 环境。
5. 熟悉 IDEA 软件，了解软件集成 Tomcat 操作。
6. 独立实现一遍 HelloWorld 项目。

第 2 篇

JSP 语言基础

本篇重点介绍以下内容：

- 掌握 JSP 的基本语法，包括注释、脚本、表达式等。
- 掌握 JSP 三大指令和七大动作，并熟练使用指令和动作。
- 深入学习 JSP 九大内置对象，掌握其语法和用法。
- 掌握 JavaBean 技术，了解 JavaBean 的功能和作用。
- 掌握 Servlet 的基本概念，能熟练使用 Servlet API 开发应用。
- 掌握 Servlet、过滤器、监听器技术。
- 了解 Servlet 的高级特性，应用高级特性简化应用开发。

第2章

JSP的基本语法

2.1 了解JSP页面

2.1.1 JSP的概念

JSP（Java Server Pages）是Sun公司开发的一种服务器端动态页面生成技术，主要由HTML和少量的Java代码组成，目的是将表示逻辑从Servlet中分离出来，简化了Servlet生成页面。JSP部署在服务器上，可以响应客户端请求，并根据请求内容动态地生成HTML、XML或其他格式文档的Web网页，然后返回给请求者，因此客户端只要有浏览器就能浏览。它使用JSP标签在HTML网页中插入Java代码。标签通常以“<%”开头，以“%>”结束。

JSP通过网页表单获取用户输入数据、访问数据库及其他数据源，然后动态地创建网页。

JSP标签有多种功能，比如访问数据库、记录用户选择信息、访问JavaBeans组件等，还可以在不同的网页中传递控制信息和共享信息。

Java Servlet是JSP的技术基础，大型的Web应用程序的开发需要Java Servlet和JSP配合才能完成。JSP具备Java技术的简单易用特性，其使用具有以下几点特征：

- 跨平台：JSP是基于Java语言的，它能完全兼容Java API，JSP最终文件也会编译成.class文件，所以它跟Java一样是跨平台的。
- 预编译：预编译是指用户在第一次访问JSP页面时，服务器将对JSP页面进行编译，只编译一次。编译好的程序代码会保存起来，用户下一次访问会直接执行编译后的程序。这样不仅减少了服务器的资源消耗，还大大提升了用户访问速度。
- 组件复用：JSP可以利用JavaBean技术编写业务组件、封装业务逻辑或者作为业务模型。这样其他JSP页面可以重复利用该模型，减少重复开发。

- 解耦合：使用 JSP 开发 Java Web 可以实现界面的开发与应用程序的开发分离，实现显示与业务逻辑解耦合。界面开发专注界面效果，程序开发专注业务逻辑。最后业务逻辑生成的数据会动态填充到界面进行展示。

2.1.2 第一个 JSP 页面

打开 IDEA，选择第 1 章创建的 HelloWorld 项目创建新 Module，右击，弹出的菜单如图 2.1 所示，单击 New→Module...菜单项，打开如图 2.2 所示的窗口，设置模块名为 ch02，定位模块目录。最后单击 Create 按钮创建 ch02 模块。ch02 模块将在 IDEA 主窗口左侧显示。

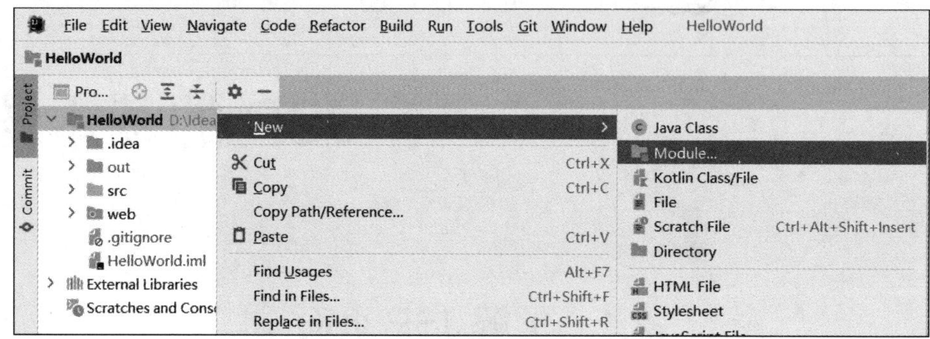

图 2.1 创建 Module

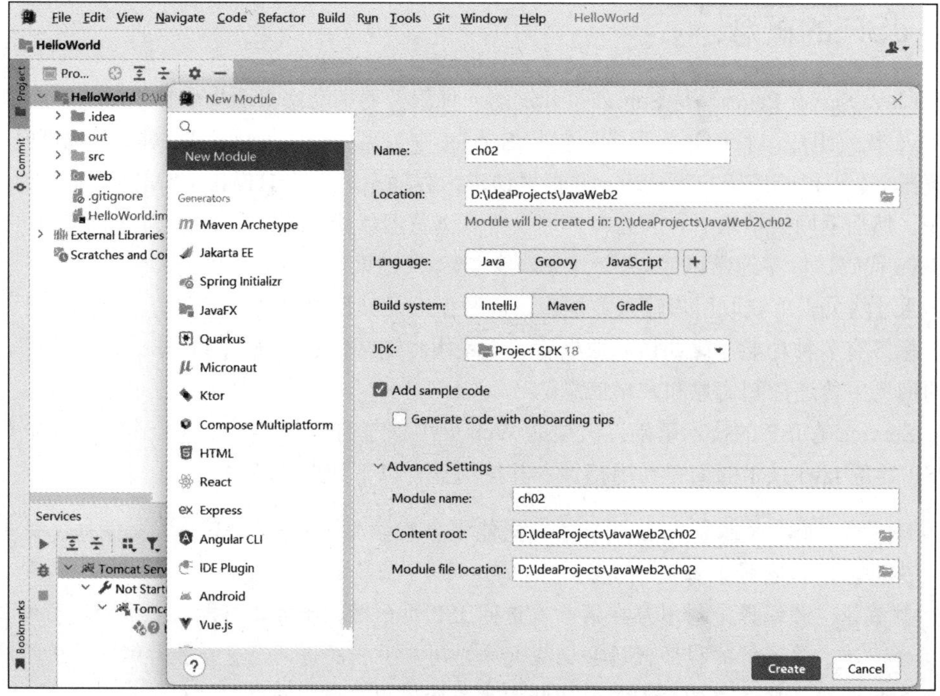

图 2.2 设置模块名称并定位模块目录

在 IDEA 主窗口左侧选择 ch02 并右击，在弹出的菜单中选择 Add Framework Support 选项，弹出如图 2.3 所示的界面，选择 Web Application（4.0）选项。接下来的操作基本跟 1.6.4 节讲解的项目开发和发布步骤一致，读者可以回头查看一下相关细节，并对 ch02 模块进行配置。

图 2.3　添加 Web 支持

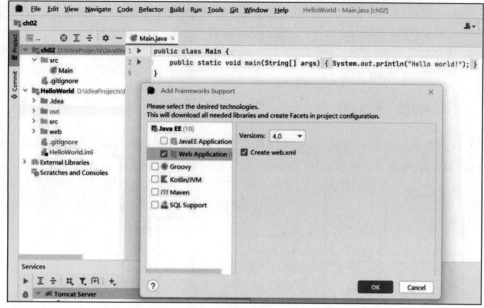

注意有一个重要的配置：选择 ch02 模块名并右击，在弹出的菜单中选择 Open Module Settings 选项，打开 Project Structure 窗口，在 Artifacts 选项窗口的 Output Layout 中，单击+号打开菜单，选取 Directory Content，打开 Select Path 窗口，把 ch02\web 目录加进去，结果如图 2.4 所示。这个用来配置 Web 应用打包时，把 web 目录下的页面文件及其他静态资源文件都打包进去。

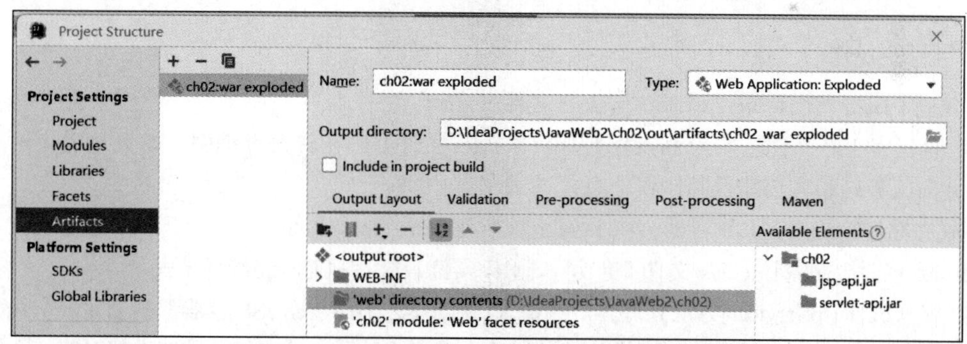

图 2.4　添加 web 目录下的内容

在 ch02 的 web 目录下，创建 JSP 文件，并将文件命名为 jsp_first.jsp，在其中编写如下代码：

```
<%@ page contentType="text/html;charset=UTF-8" language="java" %>
<html>
<head>
    <title>Title</title>
</head>
<body>
    My First JSP ~~
</body>
```

```
</html>
```

可以看到，新建的 JSP 页面与 HTML 几乎没有区别，只不过最上方多了 page 指令。接下来，打开 Tomcat 配置窗体（参看图 1.26），把 URL 设置为 http://localhost:8080/ch02_war_exploded/jsp_first.jsp。运行 ch02 模块，把这个应用发布到 Tomcat，IDEA 自动打开浏览器访问这个应用的 URL，可以看到页面上输出了 body 的文字内容。

2.1.3 JSP 的执行原理

JSP 的工作模式是请求/响应模式，JSP 文件第一次被请求时，JSP 容器把文件转换成 Servlet，然后 Servlet 编译成.class 文件，最后执行.class 文件。过程如图 2.5 所示。

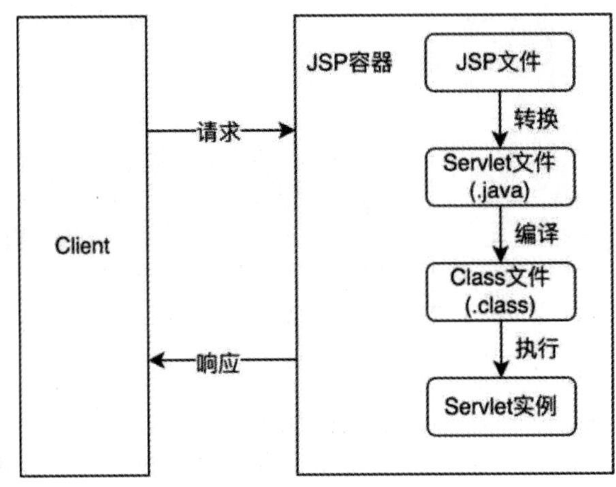

图 2.5 JSP 的执行原理

JSP 执行的具体步骤如下：

首先是 Client 发出请求，请求访问 JSP 文件。

JSP 容器将 JSP 文件转换为 Java 源代码（Servlet 文件）。在转换过程中，如果发现错误，则中断转换并向服务端和客户端返回错误信息，请求结束。

如果文件转换成功，JSP 容器会将 Java 源文件编译成.class 文件。

Servlet 容器会加载该.class 文件并创建 Servlet 实例，然后执行 jspInit()方法。

JSP 容器执行 jspService()方法处理客户端请求，对于每一个请求，JSP 容器都会创建一个线程来处理，对于多个客户端同时请求 JSP 文件，JSP 容器会创建多个线程，使得每一次请求都对应一个线程。

由于首次访问需要转换和编译，因此可能会产生轻微的延迟。另外，当遇到系统资源不足等情况时，Servlet 实例可能会被移除。

处理完请求后，响应对象由 JSP 容器接收，并将 HTML 格式的响应信息发送回客户端。

为了更好地理解 JSP 的执行原理，接下来分析一下 JSP 生成的 Servlet 代码。

以第一个 JSP 页面为例，启动 Tomcat 过程中有参数：CATALINA_BASE，进入后面的目录，目录路径如图 2.6 所示。

```
D:\apache-tomcat-10.0.12\bin\catalina.bat run
[2023-04-11 11:09:08,300] Artifact ch02:war exploded: Waiting for server connection to start artifact deployment...
Using CATALINA_BASE:   "C:\Users\xiayu\AppData\Local\JetBrains\IntelliJIdea2023.1\tomcat\be3a5763-b667-4c2e-ba3d-8cd
Using CATALINA_HOME:   "D:\apache-tomcat-10.0.12"
Using CATALINA_TMPDIR: "D:\apache-tomcat-10.0.12\temp"
Using JRE_HOME:        "C:\Program Files\Java\jdk-18.0.2.1"
Using CLASSPATH:       "D:\apache-tomcat-10.0.12\bin\bootstrap.jar;D:\apache-tomcat-10.0.12\bin\tomcat-juli.jar"
Using CATALINA_OPTS:   ""
```

图 2.6　Tomcat 部署路径

进入目录“CATALINA_BASE/work/Catalina/localhost/ch02_war_exploded/org/apache/jsp”，其目录结构如图 2.7 所示，内有 jsp_first.jsp 转换和编译的结果文件。

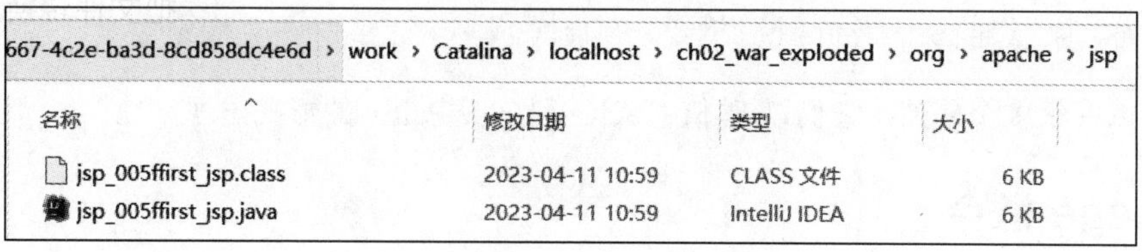

667-4c2e-ba3d-8cd858dc4e6d › work › Catalina › localhost › ch02_war_exploded › org › apache › jsp

名称	修改日期	类型	大小
jsp_005ffirst_jsp.class	2023-04-11 10:59	CLASS 文件	6 KB
jsp_005ffirst_jsp.java	2023-04-11 10:59	IntelliJ IDEA	6 KB

图 2.7　JSP 转换和编译后的文件

可以看出，jsp_first.jsp 被转换和编译成 jsp_005ffirst_jsp.java 和 jsp_005ffirst_jsp.class，其中主要看转化成 Servlet 的代码，如图 2.8 所示。

jsp_005ffirst_jsp.java

```java
package org.apache.jsp;

import jakarta.servlet.*;
import jakarta.servlet.http.*;
import jakarta.servlet.jsp.*;


public final class jsp_005ffirst_jsp extends org.apache.jasper.runtime.HttpJspBase
    implements org.apache.jasper.runtime.JspSourceDependent,
                 org.apache.jasper.runtime.JspSourceImports {
```

图 2.8　JSP 转换和编译后的文件内容

怎么知道这个类就是 Servlet 呢？这个类继承了 HttpJspBase，接着继续跟进 HttpJspBase，可以看到这个类就是 Servlet。由此可见，jsp_005ffirst_jsp.java 就是 Servlet，局部截图如图 2.9 所示。

```java
public abstract class HttpJspBase extends HttpServlet implements HttpJspPage {

    private static final long serialVersionUID = 1L;

    protected HttpJspBase() {
    }

    @Override
    public final void init(ServletConfig config)
        throws ServletException
```

图 2.9　HttpJspBase 源码部分内容

通过跟踪源码，不难发现 JSP 转换成 Servlet，由 Servlet 容器接管执行页面显示代码，最终以 HTML 的形式返回给客户端。

2.2 指令标识

JSP 指令用来设置整个 JSP 页面相关的属性，如网页编码和脚本语言。JSP 指令只负责告诉 JSP 引擎（如 Tomcat）如何处理 JSP 页面的其余部分代码。引擎会根据指令信息来编译 JSP，生成 Java 文件。在生成的 Java 文件中，指令就不存在了。

通常在代码中会把 JSP 指令放在 JSP 文件最上方，但这不是必需的。

指令通常以<%@标记开始，以%>标记结束，它的具体语法如下：

```
<%@ 指令名称 属性 1="属性值 1" 属性 2="属性值 2" … 属性 n="属性值 n" %>
```

指令可以有很多个属性，它们以键-值对（Key-Value Pair）的形式出现。

2.2.1 page 指令

JSP 的 page 指令是页面指令，定义在整个 JSP 页面范围有效的属性和相关的功能。page 指令可以指定使用的脚本语言、导入需要的类、输出内容的类型、处理异常的错误页面以及页面输出缓存的大小，还可以一次性设置多个属性。

一个 JSP 页面可以包含多个 page 指令。

其语法格式如下：

```
<%@ page attribute="value" %>
```

表 2.1 所示是 Page 指令的属性。

表2.1 Page指令的属性

属　性	说　明
buffer	指定 out 对象使用缓冲区的大小
autoFlush	控制 out 对象的缓存区
contentType	指定当前 JSP 页面的 MIME 类型和字符编码
errorPage	指定当 JSP 页面发生异常时需要转向的错误处理页面
isErrorPage	指定当前页面是否可以作为另一个 JSP 页面的错误处理页面
extends	指定 Servlet 从哪一个类继承
import	导入要使用的 Java 类
info	定义 JSP 页面的描述信息
isThreadSafe	指定对 JSP 页面的访问是否为线程安全的
language	定义 JSP 页面所用的脚本语言，默认是 Java
session	指定 JSP 页面是否使用 Session
isELIgnored	指定是否执行 EL 表达式
isScriptingEnabled	确定脚本元素能否被使用

可以在一个页面上使用多个 page 指令，其中的属性只能使用一次（import 属性除外）。

示例代码如下：

```
<%@ page contentType="text/html;charset=UTF-8" language="java" %>
<%@ page import="java.util.Date" %>
```

```
<%@ page import="java.text.SimpleDateFormat" %>
<html>
<head>
  <title>Title</title>
</head>
<body>
<%
  Date dNow = new Date( );
  out.print( "<h2 >" +dNow.toString()+"</h2>");
  SimpleDateFormat ft = new SimpleDateFormat ("yyyy-MM-dd HH:mm:ss");
  out.print( "<h2 >" + ft.format(dNow) + "</h2>");
%>
</body>
</html>
```

注意：如果 out.print 报错，需要把 Tomcat 下面的 jsp-api.jar、servlet-api.jar 引入 Modules 下面的 Dependencies 中。

2.2.2 include 指令

JSP 的 include 指令用于通知 JSP 引擎在编译当前 JSP 页面时，将其他文件中的内容引入当前 JSP 页面转换成的 Servlet 源文件中，这种源文件级别引入的方式称为静态引入。当前 JSP 页面与静态引入的文件紧密结合为一个 Servlet。这些文件可以是 JSP 页面、HTML 页面、文本文件或一段 Java 代码。

其语法格式如下：

```
<%@ include file="relativeURL|absoluteURL" %>
```

file 属性指定被包含的文件，不支持任何表达式，例如下面是错误的用法：

```
<% String f="my.html"; %>
<%@ include file="<%=f %>" %>
```

不可以在 file 所指定的文件后接任何参数，如下用法也是错误的：

```
<%@ include file="my.jsp?id=100" %>
```

如果 file 属性值以“/”开头，将在当前应用程序的根目录下查找文件；如果是以文件名或文件夹名开头的，则在当前页面所在的目录下查找文件。

提示：使用 include 指令包含的文件将原封不动地插入 JSP 文件中，因此在所包含的文件中不能使用标记，否则会因为与原有的 JSP 文件有相同标记而产生错误。另外，因为源文件和被包含的文件可以相互访问彼此定义的变量和方法，所以要避免变量和方法的命名冲突。

示例如下：

jsp_include_01.jsp：

```
<%@ page contentType="text/html;charset=UTF-8" language="java" %>
<html>
<head>
  <title>Title</title>
```

```
</head>
<body>
    <%@ include file="jsp_included.jsp" %> <!--加载jsp 而不是 html 页面-->

    This is the main page ~~~~
</body>
</html>
```

jsp_included.jsp：

```
<%@ page contentType="text/html;charset=UTF-8" language="java" %>
<html>
<head>
    <title>Included Page</title>
</head>
<body>
    This is included page~~
</body>
</html>
```

2.2.3 taglib 指令

taglib 指令可以引入一个自定义标签集合的标签库，包括库路径、自定义标签。

其语法格式如下：

```
<%@ taglib uri="uri" prefix="prefixOfTag" %>
```

uri 属性确定标签库的位置，prefix 属性指定标签库的前缀。

将%TOMCAT_HOME%/webapps/examples/WEB-INF/lib 复制到项目 web/WEB-INF/lib 目录下。

示例代码如下：

```
<%@ page contentType="text/html;charset=UTF-8" language="java" %>
<%@ taglib prefix="c" uri="http://java.sun.com/jsp/jstl/core" %>
<html>
<head>
    <title>Taglib 标签库使用</title>
</head>
<body>
    <c:out value="Hello, Taglib"></c:out>
</body>
</html>
```

此处笔者用了 JSTL 库，详见第 9 章　JSTL 标签。

2.3 脚本标识

JSP 脚本标识包括 3 部分：JSP 表达式（Expression）、声明标识（Declaration）和脚本程序（Scriptlet）。

2.3.1　JSP 表达式

JSP 表达式中包含的脚本语言先被转化成 String，然后插入表达式出现的地方。表达式元素中可以包含任何符合 Java 语言规范的表达式，但是不能使用分号来结束表达式。

JSP 表达式的语法格式如下：

```
<%= 表达式 %>
```

注意：“<%”与“=”之间不可以有空格，“=”与其后面的表达式之间可以有空格。

示例代码如下：

```
<%String name="admin";%>
姓名：<%= name %><br />
5 + 6 = <%= 5+6 %><br />
<p>
    <%String url="test.jpg";%>
    <img src="images/<%=url %>">
</p>
<p>
    今天的日期是：<%= (new java.util.Date()).toLocaleString() %>
</p>
```

2.3.2　声明标识

一个声明语句可以声明一个或多个变量或方法，供后面的 Java 代码使用。在 JSP 文件中，必须先声明这些变量和方法，然后才能使用它们。服务器执行 JSP 页面时，会将 JSP 页面转换为 Servlet 类，在该类中会把使用 JSP 声明标识定义的变量和方法转换为类的成员和方法。

声明标识语法如下：

```
<%! 声明变量或方法的代码 %>
```

注意：“<%”与“!”之间不可以有空格，“<%!”与“%>”可以不在同一行。

示例代码如下：

```
<%!
    int number =0;//声明全局变量
    int count(){
        number ++;
        return number;
    }
%>
<p>
    页面刷新的次数：<%= count() %>
</p>
```

2.3.3　脚本程序/代码片段

脚本程序可以包含任意的 Java 语句、变量、方法或表达式。

语法如下：

```
<% Java 代码或是脚本代码 %>
```

注意：代码片段就是在 JSP 页面中嵌入 Java 代码或脚本代码。代码片段将在页面请求的处理期间被执行。

（1）通过 Java 代码可以定义变量或流程控制语句等。

（2）通过脚本代码可以应用 JSP 的内置对象在页面输出内容、处理请求和响应、访问 Session 会话等。

提示：代码片段与声明标识的区别是，通过声明标识创建的变量和方法在当前 JSP 页面中有效，它的生命周期是从创建开始到服务器关闭结束；代码片段创建的变量或方法也是在当前 JSP 页面中有效，但它的生命周期是页面关闭后就会被销毁。

示例代码如下：

```
<%
    out.println("Your host is " + request.getRemoteHost());
    out.println("Your IP address is " + request.getRemoteAddr());
%>
```

2.4 JSP 注释

注释就是对程序代码的解释和说明。注释的地位跟代码同等重要。它能提高代码的可读性，了解代码的功能机制，从而提高团队合作开发的效率。对一些复杂的大型系统，没有注释会导致异常追踪非常困难，它是代码开发规范必备的要求，每个初学者必须养成写注释的习惯。

JSP 中的注释有 4 种：

- HTML 中的注释。
- 带有 JSP 表达式的注释。
- 隐藏注释。
- 脚本程序中的注释。

2.4.1 HTML 中的注释

JSP 文件中包含大量的 HTML 标记，所以 HTML 中的注释同样可以在 JSP 文件中使用。HTML 注释语法如下：

```
<!-- 注释内容 -->
```

HTML 中的注释内容不会在客户端浏览器中显示，但可以通过 HTML 源代码看到这些注释内容。

示例：

```
<!-- 1. HTML 注释示例 -->
<h1>HTML 注释示例</h1>
```

通过查看网页源码，依然能看到注释信息，如图 2.10 所示。

```


<html>
<head>
    <title>Annotations</title>
</head>
<body>
    <!-- 1. HTML 注释示例 -->
    <h1>HTML注释示例</h1>


</body>
</html>

```

图 2.10 HTML 注释示例

2.4.2　带有 JSP 表达式的注释

通过前面的学习，我们知道 JSP 中常常嵌入表达式，而 JSP 注释中同样可以嵌入 JSP 表达式，其语法格式如下：

```
<!-- HTML 注释内容<%=JSP 表达式%>-->
```

JSP 页面被请求后，服务器能够自动识别并执行注释中的 JSP 表达式，对于注释中的其他内容则不做任何操作。当服务器将执行结果返回给客户端浏览器后，注释的内容也不会在浏览器中显示。

示例如下：

```
<!-- 2. 带有 JSP 表达式的注释示例 -->
<%
    String name = "admin";
%>
<!-- 当前登录用户为:<%=name%> -->
<h1>JSP 欢迎您，<%=name %></h1>
```

查看网页源代码时，只能看到 JSP 表达式执行后的结果，看不到原来的 JSP 表达式，如图 2.11 所示。

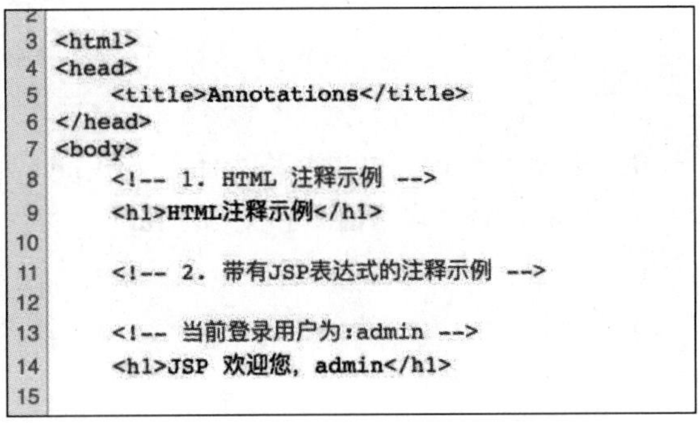

```
<html>
<head>
    <title>Annotations</title>
</head>
<body>
    <!-- 1. HTML 注释示例 -->
    <h1>HTML注释示例</h1>

    <!-- 2. 带有JSP表达式的注释示例 -->

    <!-- 当前登录用户为:admin -->
    <h1>JSP 欢迎您，admin</h1>

```

图 2.11　注释中带有 JSP 表达式示例

2.4.3　隐藏注释

无论是 HTML 注释还是带有 JSP 表达式的注释，虽然都不能在客户端浏览器中显示，但是通过查看网页源代码还是能看到注释的内容，因此严格来说，这两种注释其实并不安全。而下面即将介绍的隐藏注释可以解决这个问题。

隐藏注释的内容不会显示在客户端的任何位置（包括 HTML 源代码），安全性较高，其注释格式如下：

```
<%--注释内容--%>
```

示例如下：

```
<!-- 3. 隐藏注释 -->
<%
    Date date = new Date();
    SimpleDateFormat dateFormat = new SimpleDateFormat("yyyy-MM-dd HH:mm:ss");
    String nowTime = dateFormat.format(date);
```

```
%>
<%--获取当前时间 --%>
<h1>当前时间为：<%=nowTime %></h1>
```

查看网页源代码，如图 2.12 所示。可以看到，代码里面的注释也不显示。

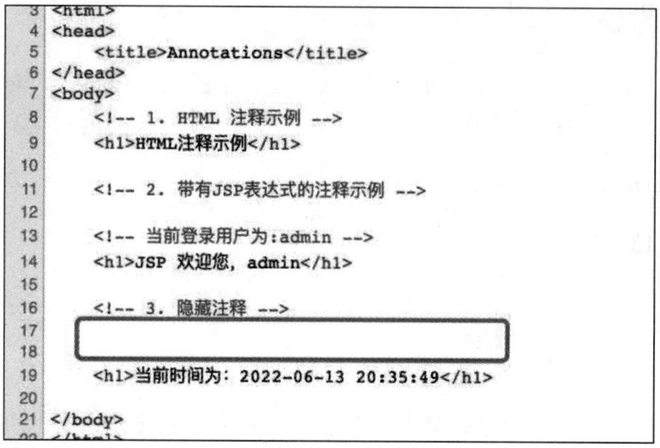

```
<html>
<head>
    <title>Annotations</title>
</head>
<body>
    <!-- 1. HTML 注释示例 -->
    <h1>HTML注释示例</h1>

    <!-- 2. 带有JSP表达式的注释示例 -->

    <!-- 当前登录用户为:admin -->
    <h1>JSP 欢迎您, admin</h1>

    <!-- 3. 隐藏注释 -->


    <h1>当前时间为: 2022-06-13 20:35:49</h1>

</body>
</html>
```

图 2.12　隐藏注释示例

2.4.4　脚本程序中的注释

脚本注释略微复杂，一般如果脚本是 Java 语言，其注释语法跟 Java 是一样的。

脚本程序中的注释有 3 种：单行注释、多行注释和文档注释。

单行注释语法如下：

```
// 注释内容
```

多行注释语法如下：

```
/*
 *注释内容
 */
```

文档注释语法如下：

```
/*
文档的注释内容
*/
```

示例如下：

```
<!-- 4. 脚本程序（Scriptlet）中的注释 -->
<%
    // String password = "123456";
    String password = "123654"; // 更换密码
    String url = "www.javaweb.net";
    /*
    if ("www.javaweb.net".equals(url)) { %>
        <h1>JavaWeb</h1>
    <%} else { %>
        <h1>Others</h1>
```

```
    <%}
    */
%>
<%!
    /**
     * @param parsm
     */
    public String hello(String parsm) {
        return "您好: " + parsm + "!";
    }
%>
<h1><% out.println(hello("JSP")); %></h1>
```

其效果图如图 2.13 所示。

```
<html>
<head>
    <title>Annotations</title>
</head>
<body>
    <!-- 1. HTML 注释示例 -->
    <h1>HTML注释示例</h1>

    <!-- 2. 带有JSP表达式的注释示例 -->

    <!-- 当前登录用户为:admin -->
    <h1>JSP 欢迎您, admin</h1>

    <!-- 3. 隐藏注释 -->


    <h1>当前时间为: 2022-06-13 20:58:48</h1>

    <!-- 4. 脚本程序 (Scriptlet) 中的注释 -->


    <h1>您好: JSP!
</h1>



</body>
</html>
```

图 2.13　脚本注释示例

程序在编译过程中，脚本语言已经自动优化，因此脚本内的 Java 代码注释在网页源代码中不显示。

2.5　动 作 标 识

前面 2.2 节学习的 JSP 三种指令标识称为编译指令，而本节将要学习 7 种常用的动作标识。JSP 动作与 JSP 指令的不同之处是，JSP 页面被执行时首先进入翻译阶段，程序会先查找页面中的指令标识，并将它们转换成 Servlet，这些指令标识会先被执行，从而设置整个 JSP 页面，所以 JSP 指令是在页面转换时期被编译执行的，且编译一次，而 JSP 动作是在客户端请求时按照在页面中出现的顺序被执行的，它们只有被执行的时候才会去实现自己所具有的功能，且基本上是客户每请求一次，动作标识就会被执行一次。

JSP 动作标识的通用格式如下：

```
<jsp:动作名 属生 1="属性值 1"...属性 n="属性值 n" />
```

或者

```
<jsp:动作名; 属性 1="属性值 1"...属性 n="属性值 n">相关内容</jsp:动作名>
```

动作标识基本上都是预定义的函数，常用的动作标识如表 2.2 所示。

表2.2 常用的动作标识

语　法	说　明
jsp:include	在页面被请求的时候引入一个文件
jsp:forword	把请求转到一个新的页面
jsp:param	实现参数的传递
jsp:plugin	在页面中插入 Java Applet 小程序或 JavaBean，它们能够在客户端运行
jsp:useBean	使用 JavaBean
jsp:setProperty	设置 JavaBean 属性
jsp:getProperty	输出某个 JavaBean 属性

下面重点介绍常用的 3 个动作。

2.5.1 包含文件标识<jsp:include>

<jsp:include>动作用来包含静态和动态的文件，把指定文件插入正在生成的页面。语法格式如下：

```
<jsp:include page="相对 URL 地址" flush="true" />
```

前面介绍 include 指令的时候，也是用来包含文件的。它们引入文件的时机不一样，include 指令是在 JSP 文件被转换成 Servlet 的时候引入文件，而<jsp:include>动作是在页面被请求的时候插入文件。

<jsp:include>动作在 JSP 页面执行时引入的方式称为动态引入，主页面程序与被包含文件是彼此独立、互不影响的。

<jsp:include>动作对动态文件和静态文件的处理方式是不同的。

如果包含的是静态文件，被包含文件的内容将直接嵌入 JSP 文件中，当静态文件改变时，必须将 JSP 文件重新保存（重新转译），然后才能访问变化了的文件。

如果包含的是动态文件，则由 Web 服务器负责执行，把执行后的结果传回包含它的 JSP 页面中，若动态文件被修改，则重新运行 JSP 文件时会同步发生变化。

示例代码如下：

```
<h2>include 动作示例：</h2>
<jsp:include page="jsp_included.jsp" flush="true" />
```

前面学习的 include 指令和<jsp:include>动作都是用来包含文件的，其作用基本类似。下面介绍一下它们的差异。

1. 属性不同

include 指令通过文件属性来指定被包含的页面，该属性不支持任何表达式。<jsp:include>动作是通过页面属性来指定被包含页面的，该属性支持 JSP 表达式。

2. 处理方式不同

使用 include 指令，被包含文件的内容会原封不动地插入包含页中，JSP 编译器对合成的新文件进行编译，最终编译后只生成一个文件。使用<jsp:include>动作时，只有当该标记被执行时，程序才会将请求转发到（注意是转发而不是请求重定向）被包含的页面，再将其执行结果输出到浏览器，然后重新返回包含页来继续执行后面的代码。因为服务器执行的是两个文件，所以 JSP 编译器将对这两个文件分别编译。

3. 包含方式不同

include 指令的包含过程为静态包含，在使用 include 指令包含文件时，服务器最终执行的是将两个文件合成后由 JSP 编译器编译成一个 Class 文件，所以被包含文件的内容是固定不变的；如果改变了被包含的文件，主文件的代码就发生了改变，服务器会重新编译主文件。

<jsp:include>动作的包含过程为动态包含，通常用来包含那些经常需要改动的文件。因为服务器执行的是两个文件，被包含文件的改动不会影响主文件，所以服务器不会对主文件重新编译，而只需重新编译被包含的文件即可。编译器对被包含文件的编译是在执行时才进行的，只有当<jsp:include>动作被执行时，使用该标记包含的目标文件才会被编译，否则被包含的文件不会被编译。

4. 对被包含文件的约定不同

使用 include 指令包含文件时，因为 JSP 编译器是对主文件和被包含文件进行合成后再翻译，所以对被包含文件有约定。例如，被包含的文件中不能使用“、”标记，被包含文件要避免变量和方法在命名上与主文件冲突的问题。

注意：include 指令和动作的最终目的是简化复杂页面的代码，提高代码的可读性和可维护性，体现了编程中模块化的思想。

2.5.2　请求转发标识<jsp:forward>

<jsp:forward>动作把请求转到其他的页面。该动作只有一个属性 page。语法格式如下：

```
<jsp:forward page="URL 地址" />
```

读者一定会有这样的体验，在一些需要输入用户密码的网站，登录之后都会有跳转到欢迎页面或者首页，<jsp:forward>动作标记就可以实现页面的跳转，将请求转到另一个 JSP、HTML 或相关的资源文件中。当<jsp:forward>动作被执行后，当前的页面将不再被执行，而是去执行指定的页面，用户此时在地址栏中看到的仍然是当前网页的地址，而页面内容却已经是转向的目标页面的内容了。

示例代码如下：

jsp_action_forword.jsp：

```
<jsp:forward page="jsp_action_forword_b.jsp"></jsp:forward >
```

jsp_action_forword_b.jsp：

```
<%
   out.println("Welcome, Forword~~");
%>
```

2.5.3 传递参数标识<jsp:param>

<jsp:param>动作以键-值对的形式为其他标签提供附加信息，通俗地说就是页面传递参数，它常和<jsp:include>、<jsp:forward>等一起使用，语法如下：

```
<jsp:param name="paramName" value="paramValue" />
```

其中，name 属性用于指定参数名，value 属性用于指定参数值。

示例代码如下：

jsp_action_param.jsp：

```
<form action="" method="post" name="Form"> <!--提交给本页处理-->
    用户名<input name="UserName" type="text" /> <br/>
    密  码 <input name="UserPwd" type="text" /> <br/>
    <input type="submit" value="登录" />
</form>
<%
    //当单击“登录”按钮时，调用 Form.submit()方法提交表单至本文件
    //用户名和密码均不为空时，跳转到 jsp_action_forword_b.jsp，并且把用户名和密码以参数形式传递
    String s1 = request.getParameter("UserName");
    String s2 = request.getParameter("UserPwd");
    if(s1 != null && s2 != null && !"".equals(s1) && !"".equals(s2)) {
%>
<jsp:forward page="jsp_action_forword_b.jsp" >
    <jsp:param name="Title" value="Param" />
    <jsp:param name="Name" value="<%=s1%>" />
    <jsp:param name="Pwd" value="<%=s2%>" />
</jsp:forward >
<%
    }
%>
```

此处，笔者在页面跳转处理上与上一小节共用了一个页面，在之前的程序上添加了部分逻辑处理，代码如下（jsp_action_forword_b.jsp）：

```
<%
    String strName = request.getParameter("UserName");
    String strPwd = request.getParameter("UserPwd");
    if (!"".equals(strName) && null != strName
        && !"".equals(strPwd) && null != strPwd) {
        out.println(strName + "您好，您的密码是:" + strPwd);
    } else {
        out.println("Welcome, Forword~~");
    }
%>
```

页面程序的执行结果如图 2.14 所示。

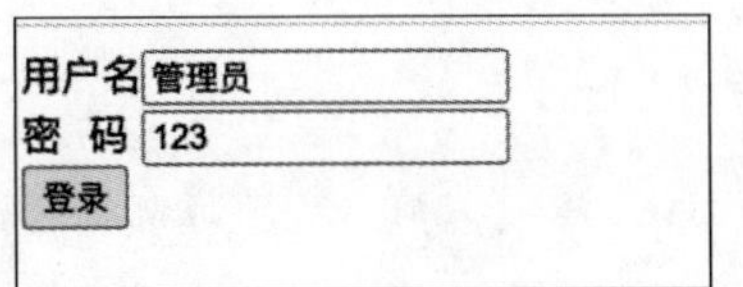

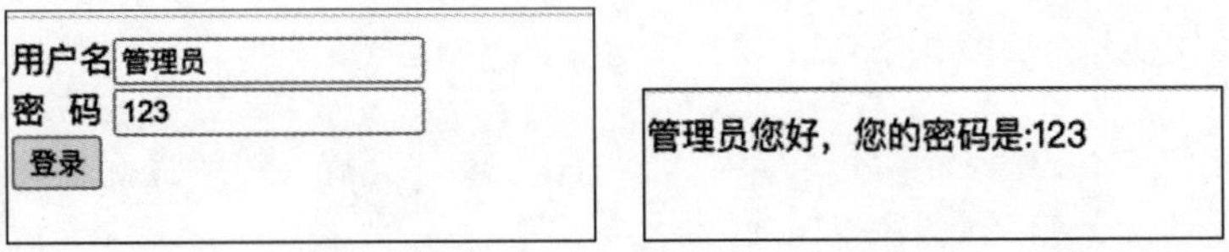

图 2.14　程序的参数传递执行结果

在参数传递过程中，从原始页面输入的用户密码，经过页面跳转，输入的用户密码参数传递到新页面并展示出来。在 Web 开发中，页面传参是非常通用的技术。

2.6　实践与练习

1. 加强 IDEA 软件的使用，用好工具可以极大地提升效率。
2. 简述 JSP 的执行原理，并独立画出 JSP 的执行原理图。
3. 掌握 JSP 指令的作用，了解三大指令的使用场景，学会使用指令。
4. 掌握脚本和注释的使用。
5. 学习并掌握动作标识，并自主学习后面几种动作的使用语法。
6. 尝试使用本章学习的指令、表达式、动作完成简单的登录程序。

第 3 章

JSP 内置对象

3.1　JSP 内置对象概述

JSP 内置对象又称为隐式对象，是指在 JSP 页面系统中已经默认内置的 Java 对象，这些对象不需要显式声明即可使用，也就是可以直接使用。在 JSP 页面中，可以通过存取 JSP 内置对象实现与 JSP 页面和 Servlet 环境的相互访问，极大地提高了程序的开发效率。

JSP 的内置对象主要有以下特点：

- 内置对象是自动载入的，不需要直接实例化。
- 内置对象通过 Web 容器来实现和管理。
- 所有的 JSP 页面都可以直接调用内置对象。
- 只有在脚本元素的表达式或代码段中才可以使用（<%=使用内置对象%>或<%使用内置对象%>）。

表 3.1 所示为 JSP 的九大内置对象。

表3.1　JSP的内置对象

对　　象	说　　明
request	HttpServletRequest 对象的实例
response	HttpServletResponse 对象的实例
out	JspWriter 对象的实例，用于把结果输出至页面
session	HttpSession 对象的实例
application	ServletContext 对象的实例，与应用上下文有关
config	ServletConfig 对象的实例
pageContext	PageContext 对象的实例，提供 JSP 所有对象以及命名空间的访问
page	类似于 Java 类中的 this 关键字
exception	Exception 对象，代表发生错误的 JSP 页面对应的异常对象

下面我们逐步介绍几个重要的内置对象的使用。

3.2 request 对象

request 对象是 HttpServletRequestWrapper 类的实例（笔者这里引入的是 Tomcat 10 版本的 servlet-api.jar）。request 对象的继承体系如图 3.1 所示。

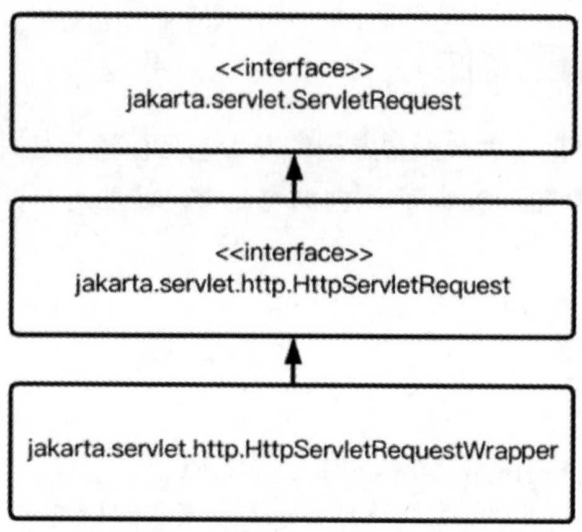

图 3.1 request 对象的继承关系

ServletRequest 接口的唯一子接口是 HttpServletRequest，HttpServletRequest 接口的唯一实现类是 HttpServletRequestWrapper，可以看出，Java Web 标准类库只支持 HTTP 协议。Servlet/JSP 中大量使用了接口而不是实现类，就是面向接口编程的最佳应用。

request 内置对象可以用来封装 HTTP 请求的参数信息、进行属性值的传递以及完成服务端的跳转。

3.2.1 访问请求参数

在上一章 JSP 动作标识示例代码中，我们使用<jsp:param>传递参数，在接收参数页面，我们其实已经用到了 request 内置对象。本小节我们来学习使用 URL 传递参数。

主页面示例代码如下：

```
<li><a href="jsp_req_param.jsp?name=张三李四&sex=man&id=" rel="external
nofollow">访问请求参数</a></li>
```

跳转子页面的示例代码如下（jsp_req_param.jsp）：

```
name: <%= request.getParameter("name") %><br>
sex: <%= request.getParameter("sex") %><br>
id: <%= request.getParameter("id") %><br>
pwd: <%= request.getParameter("pwd") %><br>
```

程序执行后显示的页面如图 3.2 所示。

```
name：张三
sex：man
id：
pwd：null
```

图 3.2 程序执行结果

如果指定的参数不存在，则返回 null（如 pwd 参数）；如果指定了参数名，但未指定参数值，则返回空的字符串"（如 id 参数）。

3.2.2 在作用域中管理属性

在进行请求转发时，需要把一些数据传递到转发后的页面进行处理，这时需要调用 request 对象的 setAttribute 方法将数据保存在 request 范围内的变量中，转发后的页面则调用 getAttribute 方法接收数据。

具体代码如下（jsp_req_attr.jsp）：

```
<%
    try {
        int number = 0;
        request.setAttribute("stat", "good");
        request.setAttribute("result", 100 / number);
    } catch (Exception e) {
        request.setAttribute("stat", "bad");
        request.setAttribute("result", "page error!");
    }
%>
<jsp:forward page="jsp_req_attr_b.jsp"></jsp:forward>
```

接收信息的页面代码如下（jsp_req_attr_b.jsp）：

```
request 作用域中的属性值：<%= request.getAttribute("result") %>
```

getAttribute 方法的返回值是 Object，需要调用 toString 方法转换为字符串。

提示： 把语句<jsp:forward page="jsp_req_attr_b.jsp"/>改成 response.sendRedirect("jsp_req_attr_b.jsp")或者跳转，将得不到 request 范围内的属性值，页面会出现异常。

3.2.3 获取 Cookie

Cookie 是网络服务器上生成并发送给浏览器的小段文本信息。通过 Cookie 可以标识一些常用的信息（比如用户身份，记录用户名和密码等），以便跟踪重复的用户。Cookie 以键-值对的形式保存在客户端的某个目录下。

通过调用 request.getCookies()方法来获得一个 jakarta.servlet.http.Cookie 对象的数组，然后遍历这个数组，调用 getName()方法和 getValue()方法来获取每一个 Cookie 的名称和值。

示例代码如下：

```
<%
    // 获取 Cookies 的数据，是一个数组
```

```
        Cookie[] cookies = request.getCookies();
        if( cookies != null ){
            out.println("<h2> 获取 Cookie</h2>");
            for (int i = 0; i < cookies.length; i++){
                Cookie cookie = cookies[i];
                out.print("参数名 : " + cookie.getName() + "<br>");
                out.print("参数值: " + URLDecoder.decode(cookie.getValue(), "utf-8")
+" <br>");
                out.print("------------------------------------<br>");
                out.print("<br>");
            }
        } else {
            out.println("<p>没有发现 Cookie</p>");
        }
    %>
```

程序执行结果如图 3.3 所示。

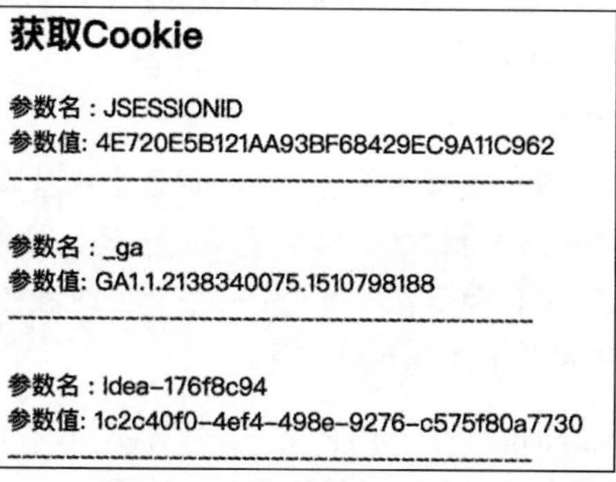

图 3.3　获取 Cookie

3.2.4　获取客户端信息

request 对象提供了很多方法获取客户端信息，具体示例如下：

- 客户使用的协议：<%=request.getProtocol() %>
。
- 客户提交信息的方式：<%=request.getMethod() %>
。
- 客户端地址：<%=request.getRequestURL() %>
。
- 客户端 IP 地址：<%=request.getRemoteAddr() %>
。
- 客户端主机名：<%=request.getRemoteHost() %>
。
- 客户端所请求的脚本文件的文件路径：<%=request.getServletPath() %>
。
- 服务器端口号：<%=request.getServerPort() %>
。
- 服务器名称：<%=request.getServerName() %>
。
- HTTP 头文件中 Host 的值：<%=request.getHeader("host") %>
。
- HTTP 头文件中 User-Agent 的值：<%=request.getHeader("user-agent") %>
。
- HTTP 头文件中 accept 的值：<%=request.getHeader("accept") %>
。
- HTTP 头文件中 accept-language 的值：<%=request.getHeader("accept-language")%>
。

运行结果如图 3.4 所示。

```
客户使用的协议：HTTP/1.1
客户提交信息的方式：GET
客户端地址：http://localhost:8080/ch03_war_exploded/jsp_req_client.jsp
客户端ip地址：0:0:0:0:0:0:0:1
客户端主机名：0:0:0:0:0:0:0:1
客户端所请求的脚本文件的文件路径：/jsp_req_client.jsp
服务器端口号：8080
服务器名称：localhost
Http头文件中Host的值：localhost:8080
Http头文件中User-Agent的值：Mozilla/5.0 (Macintosh; Intel Mac OS X 10_15_7) AppleWebKit/537.36 (KHTML, like Gecko) Chrome/99.0.4844.74 Safari/537.36
Http头文件中accept的值：text/html,application/xhtml+xml,application/xml;q=0.9,image/avif,image/webp,image/apng,*/*;q=0.8,application/signed-exchange;v=b3;q=0.9
Http头文件中accept-language的值：zh-CN,zh;q=0.9,en;q=0.8
```

图 3.4　获取客户端信息

3.2.5 显示国际化信息

JSP 国际化是指能同时应对世界不同地区和国家的访问请求，并针对不同地区和国家的访问请求提供符合来访者阅读习惯的页面或数据。

我们先了解几个相关的概念：

- 国际化（I18N）：一个页面根据访问者的语言或国家来呈现不同的语言版本。
- 本地化（L10N）：向网站添加资源，以使它适应不同的地区和文化。
- 区域：指特定的区域、文化和语言，通常是一个地区的语言标志和国家标志，通过下画线连接起来，比如"en_US"代表美国英语地区。

浏览器可以通过 accept-language 的 HTTP 报头向 Web 服务器指明它所使用的本地语言。java.util.Local 类型对象封装了一个国家或地区所使用的一种语言。示例如下：

```
<%
    Locale locale = request.getLocale();
    String str = "Other language!";
    if (locale.equals(Locale.US)) {
        str = "Welcome to my HomePage!";
    }
    if (locale.equals(Locale.CHINA)) {
        str = "欢迎光临我的个人主页！";
    }
%>
<%= str %>
```

通过语言设置，可以在不同的语言地区，在页面上显示不同的信息提示，因此，比较大型的网站都会对不同地区的客户进行语言适配，从而更加本地化、国际化。

提示：不少初学者在中文处理过程中都会碰到中文乱码的情况，这个主要是文件（JSP 文件）、工具（IDEA）和服务器（Tomcat）三者编码的问题。目前笔者搭建的 Tomcat 10 + IDEA 2022.1.1 没有出现过中文乱码的情况。建议读者在创建项目初期，所有的工具和服务器统一使用 UTF-8 编码。

3.3　response 对象

response 对象用于响应客户请求，向客户端输出信息。与 request 对象类似，response 对象是 HttpServletResponseWrapper 类的实例，它封装了 JSP 产生的响应客户端请求的有关信息（如回应的 Header、HTML 的内容以及服务器的状态码等），以提供给客户端。请求的信息可以是各种数据类型的信息，甚至可以是文件。response 对象的继承体系如图 3.5 所示。

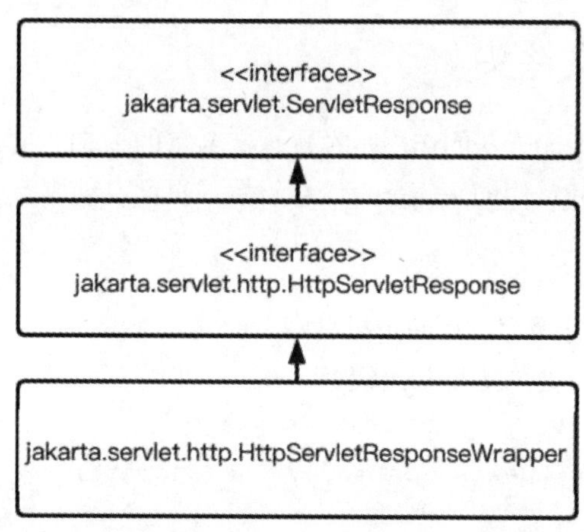

图 3.5　response 对象的继承关系

3.3.1　重定向网页

在很多情况下，当客户要进行某些操作时，需要将客户引导至另一个页面。例如，当客户输入正确的登录信息时，就需要被引导到登录成功页面，否则被引导到错误显示页面。此时，可以调用 response 对象的 sendRedirect(URL)方法将客户请求重定向到一个不同的页面。重定向会丢失所有的请求参数，使用重定向的效果与在地址栏重新输入新地址再按回车键的效果完全一样，即发送了第二次请求。

下面我们通过简单的登录页面来演示重定向：

```
<form action="jsp_rsp_redirect_check.jsp" method="post">
    username: <input type="text" name="username" ><br>
    password: <input type="password" name="password"><br>
    <input type="submit" value="提交"><br>
</form>
```

jsp_rsp_redirect_check.jsp：

```
<%
    request.setCharacterEncoding("UTF-8");
    String name = request.getParameter("username");
    String pawd = request.getParameter("password");
    if ("admin".equals(name) || "admin".equals(pawd)) {
        response.sendRedirect("jsp_rsp_redirect_promp.jsp");
    } else {
        out.println("用户名或密码错误！");
```

```
    }
%>
```

jsp_rsp_redirect_promp.jsp：

```
登录成功，欢迎您
<%
    String name = request.getParameter("username");
    out.print(name);
%>
```

3.3.2 处理 HTTP 文件头

response 对象的 setHeader()方法的作用是设置指定名字的 HTTP 文件头的值，如果该值已经存在，则新值会覆盖旧值。比较常用的头信息有缓存设置，页面自动刷新或者页面定时跳转。

1. 禁用缓存

浏览器通常会对网页进行缓存，目的是提高网页的显示速度。但是很多安全性要求较高的网站（比如支付和个人信息网站）通常需要禁用缓存。

```
<%
  response.setHeader("Cache-Control", "no-store");
  response.setDateHeader("Expires", 0);
%>
```

2. 自动刷新

实现页面一秒刷新一次，代码如下：

```
<%
    // 每隔 1 秒自动刷新一次
    response.setHeader("refresh", "1");
    // 获取当前时间
    SimpleDateFormat sdf = new SimpleDateFormat("yyyy-MM-dd HH:mm:ss");
    String now = sdf.format(new Date());
    out.println("当前时间： "+ now);
%>
```

3. 定时跳转

实现页面定时跳转，如 10 秒后自动跳转到 URL 所指的页面，设置语句如下：

```
<!-- 3.设置页面定时跳转 -->
<% response.setHeader("refresh", "10;URL=index.jsp");%>
```

3.3.3 设置输出缓冲区

一般来说，服务器要输出到客户端的内容不会直接写到客户端，而是先写到输出缓冲区。当满足以下 3 种情况之一时，就会把缓冲区的内容写到客户端：

- JSP 页面的输出信息已经全部写入缓冲区。
- 缓冲区已经满了。

- 在 JSP 页面中调用了 response 对象的 flushBuffer()方法或 out 对象的 flush()方法。

response 对象提供了对缓冲区进行配置的方法，如表 3.2 所示。

表 3.2　response缓冲区配置说明

方　法	说　明
flushBuffer()	强制将缓冲区的内容输出到客户端
getBufferSize()	获取响应所使用的缓冲区的实际大小。如果没有使用缓冲区，则返回 0
setBufferSize(int size)	设置缓冲区的大小
reset()	清除缓冲区的内容，同时清除状态码和报头
isCommitted()	检测服务端是否已经把数据写入客户端

3.3.4　转发和重定向

从表面上看，转发（Forward）动作和重定向（Redirect）动作有些相似：它们都可以将请求传递到另一个页面。但实际上它们之间存在较大的差异。

执行转发动作后依然是上一次的请求；执行重定向动作后生成第二次请求。注意地址栏的变化，执行重定向动作时，地址栏的 URL 会变成重定向的目标 URL。

转发的目标页面可以访问所有原请求的请求参数，转发后是同一次请求，所有原请求的请求参数、request 范围的属性全部存在；重定向的目标页面不能访问原请求的请求参数，因为发生了第二次请求，所有原请求的请求参数全部都会失效。

转发地址栏请求的 URL 不会变；重定向地址栏改为重定向的目标 URL，相当于在浏览器地址栏输入新的 URL。

3.4　session 对象

Session（会话）表示客户端与服务器的一次对话。从客户端打开浏览器并连接服务器开始，到客户端关闭浏览器离开这个服务器结束，被称为一个会话。设置 Session 是为了服务器识别客户。由于 HTTP 是一种无状态协议，即当客户端向服务器发出请求，服务器接收请求，并返回响应后，该连接就结束了，而服务器不保存相关的信息。通过 Session 可以在的 Web 页面进行跳转时保存用户的状态，使整个会话一直存在下去，直到服务器关闭。

session 对象是 HttpSession 类的实例。

3.4.1　创建及获取客户的会话

session 对象提供了 setAttribute()和 getAttribute()方法创建和获取客户的会话。

setAttribute()方法用于设置指定名称的属性值，并将它存储在 session 对象中（用于获取修改输出）。

其语法格式如下：

```
session.setAttribute(String name, Object value);
```

其中，name 为属性名称，value 为属性值（可以是类，也可以是值）。

调用 getAttribute()方法获取与指定属性名 name 相关联的属性值，返回值为 Object 类型（所以可能需要转换为 String 或者 Integer 类型）。

其语法格式如下：

```
session.getAttribute(String name);
```

创建 Session 的示例代码如下：

```
session.setAttribute("name","创建 Session");
session.setAttribute("info","向 Session 中保存数据");
```

获取 Session 的示例代码如下：

```
<h3>Session 示例：</h3>
<%
    out.println(session.getAttribute("info") + "<br>");
    out.println(session.getAttribute("name") + "<br>");
    out.println("SessionId:" + session.getId() + "<br>");
%>
```

程序执行的结果如图 3.6 所示。

Session示例：

向Session中保存数据
创建Session
SessionId:A8E4F6A95D053FC6639FE342E52C030A

图 3.6 获取 Session

3.4.2 从会话中移除指定的绑定对象

调用 removeAttribute()方法将指定名称的对象移除，即从这个会话中删除与指定名称绑定的对象。其语法格式如下：

```
session.removeAttribute(String name);
```

示例代码如下：

```
<h3>Session 示例：</h3>
<%
    session.removeAttribute("info");
    out.println("测试移除对象 info: " + session.getAttribute("info") + "<br>");
    out.println("name: " + session.getAttribute("name") + "<br>");
    out.println("SessionId:" + session.getId() + "<br>");
%>
```

移除对象之后，通过 getAttribute()获取的值是 null，表示对象已经不存在了。

3.4.3　销毁会话

虽然 session 对象经历一段时间后会自动消失，但是有时我们也需要手动销毁会话（比如用户登录之后信息存储在会话对象中，退出的时候应该销毁会话对象以保存的用户数据）。

销毁会话有 3 种方式：

- 调用 session.invalidate()方法。
- 会话过期（超时）。
- 服务器重新启动。

通常我们会调用 session.invalidate()方法销毁会话。

3.4.4　会话超时的管理

在 session 对象中提供了设置会话生命周期的方法，分别说明如下：

- getLastAccessedTime()：返回客户端最后一次与会话相关联的请求时间。
- getMaxInactiveInterval()：以秒为单位返回一个会话内两个请求之间的最大时间间隔。
- setMaxInactiveInterval()：以秒为单位设置会话的有效时间。

例如，设置会话的有效期为 1000 秒，超出这个范围会话将会失效。

3.4.5　session 对象的应用

本例通过对 session 对象的综合学习，使用 session 对象统计页面的创建时间和访问量。

示例代码如下：

```
<%
    SimpleDateFormat df = new SimpleDateFormat("yyyy-MM-dd HH:mm:ss");
    df.setTimeZone(TimeZone.getDefault());
    // 获取会话的创建时间
    Date createTime = new Date(session.getCreationTime());
    // 获取最后访问页面的时间
    Date lastAccessTime = new Date(session.getLastAccessedTime());
    String title = "欢迎再次访问我的个人主页";
    int visitCount = 0;
    String visitCountKey = "visitCount";
    String userIDKey = "userId";
    String userID = "admin";
    // 检测网页是否有新的访问用户，也可用 session.isNew()方法检测，但该方法在子页面的返回
值不对
    if (session.getAttribute(userIDKey) == null){
        title = "欢迎访问我的个人主页";
        session.setAttribute(userIDKey, userID);
        session.setAttribute(visitCountKey,  visitCount);
    } else {
        Object obj = session.getAttribute(visitCountKey);
        visitCount = null == obj ? 0 : (int) obj;
        visitCount += 1;
        userID = (String)session.getAttribute(userIDKey);
```

```
        session.setAttribute(visitCountKey,  visitCount);
    }
%>
```

显示信息的代码如下：

```
<h3>Session 页面访问统计</h3>
<table border="1">
    <tr bgcolor="#949494">
        <th>Session 信息</th>
        <th>值</th>
    </tr>
    <tr>
        <td>id</td>
        <td><% out.print( session.getId()); %></td>
    </tr>
    <tr>
        <td>创建时间</td>
        <td><% out.print(df.format(createTime)); %></td>
    </tr>
    <tr>
        <td>最后访问时间</td>
        <td><% out.print(df.format(lastAccessTime)); %></td>
    </tr>
    <tr>
        <td>用户 ID</td>
        <td><% out.print(userID); %></td>
    </tr>
    <tr>
        <td>访问次数</td>
        <td><% out.print(visitCount); %></td>
    </tr>
</table>
```

本示例应用的执行结果如图 3.7 所示。

Session 页面访问统计

Session 信息	值
id	34A8418B91A36BCB29B04D1D5DB101E1
创建时间	2022-06-19 21:20:29
最后访问时间	2022-06-19 21:20:48
用户 ID	admin
访问次数	7

图 3.7 Session 页面访问次数

3.5 application 对象

服务器启动后就产生了 application 对象，当客户在同一个网站的各个页面浏览时，这个 application 对象都是同一个，它在服务器启动时自动创建，在服务器停止时销毁。与 session 对象相比，application 对象的生命周期更长，类似于系统的全局变量。

一个 Web 应用程序启动后，会自动创建一个 application 对象，而且在整个应用程序的运行过程中只有一个 application 对象，即所有访问该网站的客户都共享一个 application 对象。

3.5.1　访问应用程序初始化参数

在 web.xml 文件中，可利用 context-param 元素来设置系统范围内的初始化参数。

context-param 元素应该包含 param-name、param-value 以及可选的 description 子元素，如图 3.8 所示。

```
<web-app xmlns="http://xmlns.jcp.org/xml/ns/javaee"
         xmlns:xsi="http://www.w3.org/2001/XMLSchema-instance"
         xsi:schemaLocation="http://xmlns.jcp.org/xml/ns/javaee http://xmlns.jcp.org/xml/ns/javaee/w
         version="4.0">

    <context-param>
        <param-name>contextConfigLocation</param-name>
        <param-value>classpath:applicationContext.xml</param-value>
    </context-param>
    <context-param>
        <param-name>emailAddr</param-name>
        <param-value>star2008wang@gmail.com</param-value>
    </context-param>
    <context-param>
        <param-name>webVersion</param-name>
        <param-value>V0.101</param-value>
    </context-param>

</web-app>
```

图 3.8　application 应用程序配置图

使用 application 对象获取初始化参数：

```
<%
    Enumeration<String> e = application.getInitParameterNames();
    while (e.hasMoreElements()) {
        String name = e.nextElement();
        String value = application.getInitParameter(name);
        out.println(name + " " + value + "<br>");
    }
%>
```

3.5.2　管理应用程序环境属性

application 对象设置的属性在整个程序范围内都有效，即使所有的用户都不发送请求，只要不关闭服务器，在其中设置的属性仍然是有效的。

application 对象的环境属性示例代码如下：

```
<h3>获取 Web 应用程序的环境信息</h3>
获取当前 Web 服务器的版本信息：<% out.println(application.getServerInfo()); %><br>
获取 Servlet API 的主版本号：<% out.println(application.getMajorVersion()); %><br>
获取 Servlet API 的次版本号：<% out.println(application.getMinorVersion()); %><br>
获取当前 Web 应用程序的名称：<%
out.println(application.getContext("").getServletContextName()); %><br>
```

```
获取当前 Web 应用程序的上下文路径：<% out.println(application.getContextPath());
%><br>
```

3.5.3 session 对象和 application 对象的比较

1. 作用范围不同

session 对象是用户级的对象，而 application 对象是应用程序级的对象。

一个用户对应一个 session 对象（客户端对象），每个用户的 session 对象不同，在用户所访问网站的多个页面之间共享同一个 session 对象。

一个 Web 应用程序对应一个 application 对象（服务端对象），每个 Web 应用程序的 application 对象不同，但一个 Web 应用程序的多个用户之间共享同一个 application 对象。

在同一网站下，每个用户的 session 对象不同，每个用户的 application 对象相同。

在不同网站下，每个用户的 session 对象不同，每个用户的 application 对象也不同。

2. 生命周期不同

session 对象的生命周期：用户首次访问网站创建，用户离开该网站（不一定要关闭浏览器）消亡。

application 对象的生命周期：启动 Web 服务器就被创建，关闭 Web 服务器就被销毁。

3.6 out 对象

out 对象是一个输出流，用来向客户端输出各种数据类型的内容。同时它还可以管理应用服务器上的输出缓冲区，缓冲区大小的默认值为 8KB，可以通过页面指令 page 来改变这个默认值。out 对象继承自抽象类 jakarta.servlet.jsp.JspWriter 的实例，在实际应用中，out 对象会通过 JSP 容器变换为 java.io.PrintWriter 类的对象。

在使用 out 对象输出数据时，可以对数据缓冲区进行操作，及时清除缓冲区中的残余数据，为其他的输出腾出缓冲空间。数据输出完毕后要及时关闭输出流。

3.6.1 向客户端输出数据

out 对象调用 print()或 println()方法向客户端输出数据。由于客户端是浏览器，因此可以使用 HTML 中的一些标记控制输出格式。例如：

```
<%
    out.println("Hello!<br/>");
    out.println("<input type='button' value='提交'/><br>");
%>
```

其输出结果与 HTML 标记一样。

3.6.2　管理输出缓冲区

默认情况下，服务端要输出到客户端的内容不直接写到客户端，而是先写到一个输出缓冲区中。调用 out 对象的 getBufferSize()方法获取当前缓冲区的大小（单位是 KB），调用 getRemaining()方法获取当前尚剩余的缓冲区的大小（单位是 KB）。

```
<h2>管理输出缓冲区</h2>
<%out.println("out 对象缓冲区内容:");%><br>
缓冲大小：<%=out.getBufferSize()%><br>
剩余缓存大小：<%=out.getRemaining()%><br>
是否自动刷新：<%=out.isAutoFlush()%><br>
```

程序执行结果如图 3.9 所示。

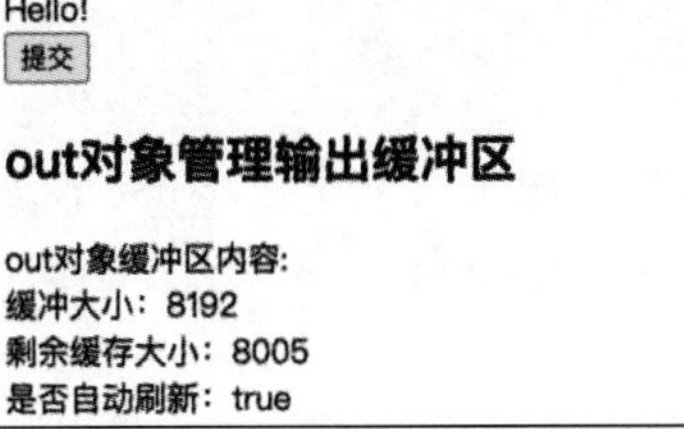

图 3.9　out 对象缓冲输出结果

3.7　其他内置对象

3.7.1　获取会话范围的 pageContext 对象

pageContext 对象是 jakarta.servlet.jsp.PageContext 类的实例对象。它代表页面上下文，主要用于访问 JSP 之间的共享数据，使用 pageContext 可以访问 page、request、session、application 范围的变量。

1. 获得其他对象

获得其他对象的几个重要方法说明如下：

- forward(String relativeUrlPath)：将当前页面转发到另一个页面或者 Servlet 组件上。
- getRequest()：返回当前页面的 request 对象。
- getResponse()：返回当前页面的 response 对象。
- getServetConfig()：返回当前页面的 servletConfig 对象。
- getServletContext()：返回当前页面的 ServletContext 对象，这个对象是所有页面共享的。
- getSession()：返回当前页面的 session 对象。
- findAttribute()：按照页面、请求、会话以及应用程序范围的属性实现对某个属性的搜索。
- setAttribute()：设置默认页面范围或特定对象范围中的对象。
- removeAttribute()：删除默认页面对象或特定对象范围中已命名的对象。

下面用 pageContext 完成一次页面跳转功能，代码如下：

```
    <% pageContext.forward("jsp_pagecontext2.jsp?info=张三
zhangsan@gmail.com"); %>
```

jsp_pagecontext2.jsp 代码如下：

```
<h3>info=<%=pageContext.getRequest().getParameter("info")%></h3>
<h3>realpath=<%=pageContext.getServletContext().getRealPath("/")%></h3>
```

执行结果如图 3.10 所示。

info=张三zhangsan@gmail.com

realpath=D:\IdeaProjects\HelloWorld\web\WEB-INF\classes\artifacts\ch03_war_exploded

/ch03_war_exploded

图 3.10　pageContext 执行结果

2. 操作作用域对象

pageContext 对象可以操作所有作用域对象(4 个域，request、session、application 和 pageContext)，在 getAttribute()、setAttribute()、removeAttribute()三个方法中添加一个参数 scope 来指定作用域（即范围）。

在 PageContext 类中包含 4 个 int 类型的常量表示 4 个作用域：

- PAGE_SCOPE：pageContext 作用域。
- REQUEST_SCOPE：request 作用域。
- SESSION_SCOPE：session 作用域。
- APPLICATION_SCOPE：application 作用域。

示例代码如下：

jsp_pagecontext.jsp：

```
//pageContext 只在本页面有效，在其他页面使用 pageContext 是取不到值的
pageContext.setAttribute("value1", "11", PageContext.PAGE_SCOPE);
pageContext.setAttribute("value2", "22", PageContext.REQUEST_SCOPE);
pageContext.setAttribute("value3", "33", PageContext.SESSION_SCOPE);
pageContext.setAttribute("value4", "44", PageContext.APPLICATION_SCOPE);

pageContext.forward("jsp_pagecontext2.jsp?info=张三 zhangsan@gmail.com");
// response.sendRedirect("jsp_pagecontext2.jsp");
```

jsp_pagecontext2.jsp：

```
    <h3>PageContext 作用域：</h3>
    <%=pageContext.getAttribute("value1") %><!-- 能得到 jsp_pagecontext.jsp 页面 p 的
值吗？ -->
    <%=application.getAttribute("value4") %><!-- 这里能取得到上一页面的值吗？ -->
    <%=pageContext.findAttribute("value1") %>
```

findAttribute(String name)：依次按照 page、request、session、application 作用域查找指定名称的对象，直到找到为止。

3.7.2　读取 web.xml 配置信息的 config 对象

config 对象是 ServletConfig 的实例，它主要用于读取配置的参数，很少在 JSP 页面使用，常用于 Servlet 中，因为 Servlet 需要在 web.xml 文件中进行配置。

先看一下 config 内置对象获取 servlet 名称，代码如下：

```
<!-- 直接输出 config 的 getServletName 的值 -->
<%=config.getServletName()%>
```

上面的程序代码输出了 config 的 getServletName()的返回值，所有的 JSP 都有相同的名字：jsp，所以此行代码将输出 jsp。

获取初始化信息示例（web.xml）如下：

```
<!-- 配置 config 对象参数 -->
<servlet>
    <!-- 指定 Servlet 名字 -->
    <servlet-name>myconfig</servlet-name>
    <!-- 指定将哪个 JSP 页面配置成 Servlet -->
    <jsp-file>/jsp config.jsp</jsp-file>
    <!-- 配置名为 name 的参数，值为 crazyit.org -->
    <init-param>
        <param-name>name</param-name>
        <param-value>vincent</param-value>
    </init-param>
    <!-- 配置名为 age 的参数，值为 30 -->
    <init-param>
        <param-name>age</param-name>
        <param-value>30</param-value>
    </init-param>
</servlet>
<servlet-mapping>
    <!-- 指定将 config Servlet 配置到/config URL-->
    <servlet-name>myconfig</servlet-name>
    <url-pattern>/myconfig</url-pattern>
</servlet-mapping>
```

跳转代码如下：

```
<li><a href="myconfig">config 对象</a></li>
```

显示代码如下：

```
<!-- 直接输出 config 的 getServletName 的值 -->
ServletName：<%=config.getServletName() %><br>
<!-- 输出该 JSP 中名为 name 的参数配置信息 -->
name 配置参数的值：<%=config.getInitParameter("name")%><br>
<!-- 输出该 JSP 中名为 age 的参数配置信息 -->
age 配置参数的值：<%=config.getInitParameter("age")%><br>
```

代码执行结果如图 3.11 所示。

ServletName：myconfig
name配置参数的值：vincent
age配置参数的值：30

图 3.11　config 对象输出结果

3.7.3 应答或请求的 page 对象

page 对象是 java.lang.Object 类的实例。它指向当前 JSP 页面本身，有点像类中的 this 指针，用于设置 JSP 页面的属性，这些属性将用于和 JSP 通信，控制所生成的 Servlet 结构。page 对象很少使用，我们调用 Object 类的一些方法来了解这个对象。

示例代码如下：

```
当前 page 页面对象的字符串描述： <%= page.toString() %><br>
当前 page 页面对象的 class 描述： <%= page.getClass() %><br>
page 跟 this 是否等价： <%= page.equals(this) %><br>
```

代码执行结果如图 3.12 所示。

```
当前page页面对象的字符串描述： org.apache.jsp.jsp_005fpage_jsp@1f2f42bc
当前page页面对象的class描述： class org.apache.jsp.jsp_005fpage_jsp
page跟this是否等价： true
```

图 3.12　page 对象输出结果

提示： page 对象虽然是 this 的引用，但是 page 的类型是 java.lang.Object，所以无法通过 page 调用实例变量、方法等，只能调用 Object 类型的一些方法。

3.7.4 获取异常信息的 exception 对象

JSP 引擎在执行过程中可能会抛出种种异常。exception 对象表示的就是 JSP 引擎在执行代码过程中抛出的种种异常。exception 对象的作用是显示异常信息，只有在包含 isErrorPage="true"的页面中才可以使用，在一般的 JSP 页面中使用该对象将无法编译 JSP 文件。

在 Java 程序中，可以使用 try/catch 关键字来处理异常情况；如果在 JSP 页面中出现没有捕获到的异常，就会生成 exception 对象，并把 exception 对象传送到在 page 指令设定的错误页面中，然后在错误页面中处理相应的 exception 对象。

示例代码如下：

```
<%@ page contentType="text/html;charset=UTF-8" language="java" %>
<%@ page errorPage="jsp_exception_err.jsp" %>
<html>
<head>
    <title>Title</title>
</head>
<body>
    <%
        int age = Integer.parseInt("age");
        out.println("age is " + age);
    %>
</body>
</html>
```

jsp_exception_err.jsp 代码如下：

```
<%@ page contentType="text/html;charset=UTF-8" language="java"
isErrorPage="true" %>
```

```
<html>
<head>
    <title>Title</title>
</head>
<body>
    错误提示为：<%=exception.getMessage() %><br>
    错误信息是：<%=exception.toString() %><br>
</body>
</html>
```

3.8　实践与练习

1. 自主学习并尝试添加和删除 Cookie。
2. 利用会话完成一个猜数字的游戏。
3. 应用 JSP 内置对象，设计并实现登录框架，登录之后用户信息可以在任何页面显示。
4. 掌握 request 和 response 对象的使用，使用 config 对象包装 URL 地址。

第4章

JavaBean 技术

JavaBean 是一个遵循特定写法的 Java 类。在 Java 模型中，通过 JavaBean 可以无限扩充 Java 程序的功能，通过 JavaBean 的组合可以快速生成新的应用程序。JavaBean 技术使 JSP 页面中的业务逻辑变得更加清晰，程序中的实体对象及业务逻辑可以单独封装到 Java 类中。这样不仅提高了程序的可读性和易维护性，还提高了代码的复用性。

本章主要介绍 JavaBean 的构成，以及不同类型属性的使用和 JavaBean 的应用，并详细介绍不同作用域中 JavaBean 的生命周期。

4.1　JavaBean 介绍

4.1.1　JavaBean 概述

JavaBean 本质上是一个 Java 类，一个遵循特定规则的类。当在 Web 程序中使用时，会以组件的形式出现，并完成特定的逻辑处理功能。

使用 JavaBean 的最大优点在于它可以提高代码的复用性。编写一个成功的 JavaBean 的宗旨为“一次性编写，任何地方执行，任何地方复用”。

1. 一次性编写

一个成功的 JavaBean 组件复用时不需要重新编写，开发者只需要根据需求修改和升级代码即可。

2. 任何地方执行

一个成功的 JavaBean 组件可以在任何平台上运行，JavaBean 是基于 Java 语言编写的，所以它易于移植到各种运行平台上

3. 任何地方复用

一个成功的 JavaBean 组件能够用于多种方案，包括应用程序、其他组件、Web 应用等。

4.1.2 JavaBean 的种类

JavaBean 按功能可分为可视化 JavaBean 和不可视 JavaBean 两类。可视化 JavaBean 就是具有 GUI（图形用户界面）的 JavaBean；不可视 JavaBean 就是没有 GUI 的 JavaBean，最终对用户是不可见的，它更多地被应用在 JSP 中。

不可视 JavaBean 又分为值 JavaBean 和工具 JavaBean。

值 JavaBean 严格遵循了 JavaBean 的命名规范，通常用来封装表单数据，作为信息的容器，如下面的 JavaBean 类：

```
public class User {
    private String username;
    private String password;
    public String getUsername() {
        return username;
    }
    public void setUsername(String username) {
        this.username = username;
    }
    public String getPassword() {
        return password;
    }
    public void setPassword(String password) {
        this.password = password;
    }
}
```

工具 JavaBean 可以不遵循 JavaBean 规范，通常用于封装业务逻辑、数据操作等。例如，连接数据库，对数据库进行增、删、改、查，解决中文乱码等操作。工具 JavaBean 可以实现业务逻辑与页面显示的分离，提高了代码的可读性与易维护性，如下面的代码：

```
public class ToolsBean {
    public String change(String source) {
        source = source.replace("<","&lt;");
        source = source.replace(">","&gt;");
        return source;
    }
}
```

4.1.3 JavaBean 的规范

通常一个标准的 JavaBean 类需要遵循以下规范。

1. 实现可序列接口

JavaBean 应该直接或间接实现 java.io.Serializable 接口，以支持序列化机制。

2. 公有的无参构造方法

一个 JavaBean 对象必须拥有一个公有类型以及默认的无参构造方法，从而可以通过 new 关键字直接对它进行实例化。

3. 类的声明是非 final 类型的

当一个类声明为 final 类型时，它是不可以更改的，所以 JavaBean 对象的声明应该是非 final 类型的。

4. 为属性声明访问器

JavaBean 中的属性应该设置为私有类型（private），可以防止外部直接访问，它需要提供对应的 setXXX()和 getXXX()方法来存取类中的属性，方法中的 XXX 为属性名称，属性的第一个字母应大写。若属性为布尔类型，则可用 isXXX()方法代替 getXXX()方法。

JavaBean 的属性是内部核心的重要信息，当 JavaBean 被实例化为一个对象时，改变它的属性值也就等于改变了这个 Bean 的状态。这种状态的改变常常伴随着许多数据处理操作，使得其他相关的属性值也跟着发生变化。

实现 java.io.Serializable 接口的类实例化的对象被 JVM（Java 虚拟机）转化为一个字节序列，并且能够将这个字节序列完全恢复为原来的对象，序列化机制可以弥补网络传输中不同操作系统的差异问题。作为 JavaBean，对象的序列化也是必需的。使用一个 JavaBean 时，一般情况下是在设计阶段对它的状态信息进行配置，并在程序启动后期恢复，这种具体工作是由序列化完成的。

4.2 JavaBean 的应用

4.2.1 在 JSP 中访问 JavaBean

相信很多开发者都有这样的经历，比如在开发中经常碰到要在网页录入大量信息（如人力资源管理系统、客户关系管理系统），导致 JSP 页面代码冗余复杂。此时引入 JavaBean 技术，可以实现 HTML 代码和 Java 代码的分离，可以对代码进行复用和封装，极大地提升开发效率，简化 JSP 页面，使 JSP 更易于开发和维护。因此，JavaBean 成为 JSP 程序员必备的利器。下面具体来说明如何在 JSP 中使用 JavaBean。

1. 导入 JavaBean 类

通过<%@ page import>指令导入 JavaBean 类，例如：

```
<%@ page import="com.vincent.bean.UserBean" %>
```

2. 声明 JavaBean 对象

JSP 定义了<jsp:useBean>标签用来声明 JavaBean 对象，例如：

```
    <jsp:useBean id="user" class="com.vincent.bean.UserBean"
scope="session"></jsp:useBean>
```

说明：属性 id 的值定义了 Bean 变量，使之能在后面的程序中使用此变量名来分辨不同的 Bean，这个变量名对大小写敏感（区分字母大小写），必须符合所使用的脚本语言的规定。如果 Bean 已经在别的<jsp:useBean>标记中创建，则当使用这个已经创建过的 Bean 时，id 的值必须与原来的 id 值一致；否则意味着创建了同一个类的两个不同的对象。

定义 JavaBean 的示例如下：

```
package com.vincent.bean;
import java.io.Serializable;
public class UserBean implements Serializable {
    private int id = 123;
    private String username = "Andy";
    private String password = "test";
    private String email = "Andy@gmail.com";
    private String mobile = "987654321";
    private int gender = 1;
    private boolean role = true;

    public UserBean() {
    }
    public int getId() {
        return id;
    }
    public void setId(int id) {
        this.id = id;
    }
    public String getUsername() {
        return username;
    }
    public void setUsername(String username) {
        this.username = username;
    }
    public String getPassword() {
        return password;
    }
    public void setPassword(String password) {
        this.password = password;
    }
    public String getEmail() {
        return email;
    }
    public void setEmail(String email) {
        this.email = email;
    }
    public String getMobile() {
        return mobile;
    }
    public void setMobile(String mobile) {
        this.mobile = mobile;
    }
    public int getGender() {
        return gender;
    }
    public void setGender(int gender) {
        this.gender = gender;
    }
    public boolean isRole() {
        return role;
    }
    public void setRole(boolean role) {
        this.role = role;
    }
}
```

4.2.2 获取 JavaBean 的属性信息

JSP 提供了访问 JavaBean 属性的标签，如果要将 JavaBean 的某个属性输出到页面，可以使用<jsp:getProperty>标签，示例代码如下：

```
<%@ page contentType="text/html;charset=UTF-8" language="java" %>
<!-- 经测试，不导入包 JavaBean 也能识别 -->
<%@ page import="com.vincent.bean.UserBean" %>
<html>
<head>
   <title>获取 JavaBean 的属性信息</title>
</head>
<body>
   <!--
      1. class 文件必须位于某个包内
      2. Bean 文件必须有默认无参构造器
      3. class 文件必须在 WEB-INF/classes 目录下
   -->
   <jsp:useBean id="user" class="com.vincent.bean.UserBean"
scope="session"></jsp:useBean>
   <ul>
      <li>
         编号:<jsp:getProperty property="id" name="user"/>
      </li>
      <li>
         名称:<jsp:getProperty property="username" name="user"/>
      </li>
      <li>
         邮箱:<jsp:getProperty property="email" name="user"/>
      </li>
      <li>
         手机:<jsp:getProperty property="mobile" name="user"/>
      </li>
      <li>
         性别:<jsp:getProperty property="gender" name="user"/>
      </li>
   </ul>
</body>
</html>
```

有 3 点需要重点注意的事项：

- class 文件必须位于某个包内。
- Bean 文件必须有默认无参构造器。
- class 文件必须在 WEB-INF/classes 目录下。

否则，页面会出现 UserBean 无法解析的错误。

4.2.3 给 JavaBean 属性赋值

与获取 JavaBean 属性类似，JSP 也提供了给 JavaBean 属性赋值的标签<jsp:setProperty>，示例代码如下：

```
<%@ page contentType="text/html;charset=UTF-8" language="java" %>
<!-- 经测试，不导入包 JavaBean 也能识别 -->
<%@ page import="com.vincent.bean.UserBean" %>
```

```
<html>
<head>
   <title>获取 JavaBean 的属性信息</title>
</head>
<body>
   <%
      String uname = request.getParameter("username");
   %>
   <!--
      1. class 文件必须位于某个包内
      2. Bean 文件必须有默认无参构造器
      3. class 文件必须在 WEB-INF/classes 目录下
   -->
   <jsp:useBean id="user" class="com.vincent.bean.UserBean"
scope="session"></jsp:useBean>
   <h3>JavaBean 属性变更前</h3>
   <ul>
      <li>
         编号:<jsp:getProperty property="id" name="user"/>
      </li>
      <li>
         名称:<jsp:getProperty property="username" name="user"/>
      </li>
      <li>
         邮箱:<jsp:getProperty property="email" name="user"/>
      </li>
      <li>
         手机:<jsp:getProperty property="mobile" name="user"/>
      </li>
      <li>
         性别:<jsp:getProperty property="gender" name="user"/>
      </li>
   </ul>
   <jsp:include page="jsp_properties_2.jsp"></jsp:include>
</body>
</html>
```

读者可以思考一下，此处为什么要使用 include 标签，页面加载的顺序是什么？如果使用 include 指令，会是什么结果？

jsp_properties_2.jsp 示例代码如下：

```
<%
   String uname = request.getParameter("username");
%>
<jsp:useBean id="user" class="com.vincent.bean.UserBean"
scope="session"></jsp:useBean>
<jsp:setProperty property="username" name="user" value="<%=uname%>"/>
<jsp:setProperty property="mobile" name="user" value="11122223333"/>
<h3>JavaBean 属性变更后</h3>
<ul>
   <li>
      编号:<jsp:getProperty property="id" name="user"/>
   </li>
   <li>
```

```
            名称:<jsp:getProperty property="username" name="user"/>
        </li>
        <li>
            邮箱:<jsp:getProperty property="email" name="user"/>
        </li>
        <li>
            手机:<jsp:getProperty property="mobile" name="user"/>
        </li>
        <li>
            性别:<jsp:getProperty property="gender" name="user"/>
        </li>
    </ul>
```

程序执行结果如图 4.1 所示。

JavaBean属性变更前

- 编号:123
- 名称:Andy
- 邮箱:Andy@gmail.com
- 手机:987654321
- 性别:1

JavaBean属性变更后

- 编号:123
- 名称:小马哥
- 邮箱:Andy@gmail.com
- 手机:11122223333
- 性别:1

图 4.1　B/S 体系结构

4.3　在 JSP 中应用 JavaBean

4.3.1　解决中文乱码的 JavaBean

在 JSP 页面中，中文经常会出现乱码的现象，特别是通过表单传递中文数据时。解决办法有很多，如将 request 的字符集指定为中文字符集，编写 JavaBean 对乱码字符进行转码等。下面通过实例编写 JavaBean 对象来解决中文乱码问题。

```
    <%@ page contentType="text/html;charset=GBK" language="java" %>
    <%
        // 下面这条语句用于解决中文乱码问题，注释掉这条语句，程序执行时若在名称框中输入中文，显
示出的中文就是乱码
        request.setCharacterEncoding("GBK");
    %>
    <html>
    <head>
        <title>Title</title>
    </head>
    <jsp:useBean id="userbean" scope="session" 
class="com.vincent.bean.UserBean"/>
    <body>
        <%
```

```
        String username = request.getParameter("username");
        if(null != username) {
            userbean.setUsername(username);
        }
    %>
    <form method="post" action="jsp_javabean_encoding.jsp">
        请输入名称：
        <input type="text" name="username" size=20>
        <input type="submit" name="msubmit" value="提交">
    </form>
    <br>
    Bean 的 username 属性值是：<br>
    <font color=red size=5><%=userbean.getUsername() %></font>
</body>
</html>
```

如果注释掉程序中用粗体标记的那条语句，程序执行时输入中文再显示中文就会出现乱码，如图 4.2 所示。

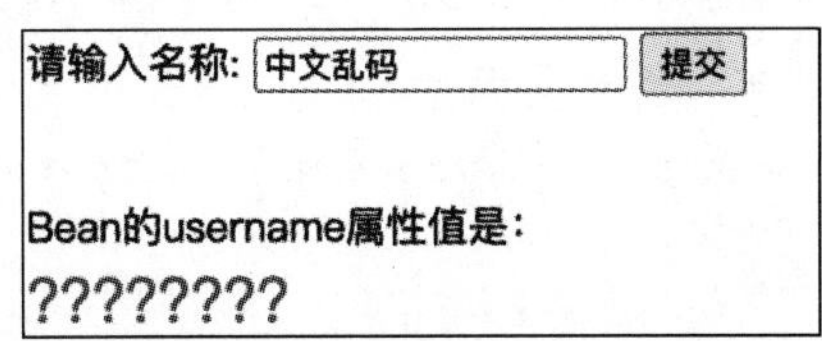

图 4.2　JavaBean 中文乱码

解决中文乱码问题的关键在于设置字符集时保持一致，也就是将 request 请求字符集和页面字符集保持统一。在系统中，我们常用 UTF-8 字符集来配置页面和类，以避免出现中文乱码的情况。

4.3.2　在 JSP 页面中用来显示时间的 JavaBean

JavaBean 是用 Java 语言所写的可复用组件，它可以是一个实体类对象，也可以是一个业务逻辑的处理。下面通过实例在 JSP 页面中调用获取当前时间的 JavaBean，实现在网页中创建一个简易的电子时钟。

创建名称为 DateBean 的类，主要对当前时间、星期进行封装。关键代码如下：

```
package com.vincent.bean;
import java.text.SimpleDateFormat;
import java.util.Calendar;
import java.util.Date;
public class DateBean {
    private String dateTime;
    private String week;
    private Calendar calendar = Calendar.getInstance();
    /**
     * 获取当前日期及时间
     * @return 日期及时间的字符串
     */
    public String getDateTime() {
        //获取当前时间
        Date currDate = Calendar.getInstance().getTime();
        SimpleDateFormat sdf = new SimpleDateFormat("yyyy 年 MM 月 dd 日  HH 点 mm
```

```
分 ss 秒");
            //格式化日期时间
            dateTime = sdf.format(currDate);
            return dateTime;
        }
        /**
         * 获取星期几
         * @return 返回星期字符串
         */
        public String getWeek() {
            String[] weeks = {"星期日","星期一","星期二","星期三","星期四","星期五","星
期六"};
            int index = calendar.get(Calendar.DAY_OF_WEEK);
            week = weeks[index-1];
            return week;
        }
    }
```

创建名称为 jsp_clock.jsp 的页面，在页面中实例化 DateBean 对象，并获取当前日期时间及星期实现电子时钟效果。关键代码如下：

```
    <jsp:useBean id="bean" class="com.vincent.bean.DateBean"
scope="application"></jsp:useBean>
    <div align="center">
        <div id="clock">
            <div id="time">
                <jsp:getProperty property="dateTime" name="bean"/>
            </div>
            <div id="week">
                <jsp:getProperty property="week" name="bean"/>
            </div>
        </div>
    </div>
```

运行效果如图 4.3 所示。

2022年06月21日 20点25分40秒
星期二

图 4.3　JavaBean 显示时间

我们看到，实际上页面显示了时间，但是最后发现页面上的时间不会变化，读者可以思考一下怎样实现时间会不断刷新的电子时钟功能。

4.3.3 数组转换成字符串

在程序开发中，我们经常会碰到需要将数组转换成字符串的情况，如表单中的复选框按钮，在提交之后就是一个数组对象，由于数组对象在业务处理中不方便，因此在实际应用中先将它转换成字符串再进行处理。

创建 JavaBean，并封装将数组转换成字符串的方法，代码如下：

```
    package com.vincent.bean;
    import java.io.Serializable;
```

```
public class VitaeBean implements Serializable {
   // 定义保存编程语言的字符串数组
   private String[] languages;
   //定义保存要掌握的技术的字符串数组
   private String[] technics;
   //定义保存求职意向的字符串数组
   private String[] intentions;

   public VitaeBean(){

   }
   public String[] getLanguages() {
      return languages;
   }
   public void setLanguages(String[] languages) {
      this.languages = languages;
   }
   public String[] getTechnics() {
      return technics;
   }
   public void setTechnics(String[] technics) {
      this.technics = technics;
   }
   public String[] getIntentions() {
      return intentions;
   }
   public void setIntentions(String[] intentions) {
      this.intentions = intentions;
   }
   //将数组转换成为字符串
   public String arrToString(String[] arr) {
      StringBuffer sb = new StringBuffer();
      if(arr != null && arr.length > 0) {
         for(String s : arr) {
            sb.append(s);
            sb.append(",");
         }
         if(sb.length() > 0) {
            sb = sb.deleteCharAt(sb.length() - 1);
         }
      }
      return sb.toString();
   }
}
```

创建JSP表单，代码如下：

```
<form action="jsp_to_string2.jsp" method="post">
   <div>
      <h1>个人简历</h1>
      <hr/>
      <ul>
         <li>您擅长的技术是：</li>
         <li>
            <input type="checkbox" name="languages" value="JAVA"/>JAVA
```

```
                <input type="checkbox" name="languages" value="PHP"/>PHP
                <input type="checkbox" name="languages" value=".NET"/>.NET
                <input type="checkbox" name="languages" value="C++"/>C++
                <input type="checkbox" name="languages" value="C"/>C
            </li>
        </ul>
        <ul>
            <li>您常用的开发工具是：</li>
            <li>
                <input type="checkbox" name="technics" value="IDEA"/>IDEA
                <input type="checkbox" name="technics" value="Eclipse"/>Eclipse
                <input type="checkbox" name="technics" value="Visual
Studio"/>Visual Studio
                <input type="checkbox" name="technics" value="Tomcat"/>Tomcat
            </li>
        </ul>
        <ul>
            <li>您的求职意向是：</li>
            <li>
              <input type="checkbox" name="intentions" value="技术专家"/>技术专家
              <input type="checkbox" name="intentions" value="架构师"/>架构师
              <input type="checkbox" name="intentions" value="技术主管"/>技术主管
              <input type="checkbox" name="intentions" value="CTO"/>CTO
            </li>
        </ul>
        <input type="submit" value="提交"/>
    </div>
</form>
```

最后，展示转换后的页面代码如下：

```
<jsp:useBean id="bean" class="com.vincent.bean.VitaeBean"></jsp:useBean>
<jsp:setProperty property="*" name="bean"/>
<div>
    <h1>个人简历</h1><hr/>
    <ul>
        <li>
            您擅长的技术是：<%=bean.arrToString(bean.getLanguages()) %>
        </li>
        <li>
            您常用的开发工具是：<%=bean.arrToString(bean.getTechnics()) %>
        </li>
        <li>
            您的求职意向是：<%=bean.arrToString(bean.getIntentions()) %>
        </li>
    </ul>
</div>
```

4.4 实践与练习

1. 创建一个简单的 JavaBean 类 Student，该类中包含属性 name、age 和 sex，分别表示学生的姓名、年龄和性别。

2. 为 Student 类增加一个属性 id，表示学号，在 JSP 页面中设置一个表单，录入 Student 类的信息，提交并显示录入的信息。

3. 完善 4.3.2 节中时钟不刷新的问题。

4. 在录入 Student 信息的页面增加学生的兴趣爱好和课程选项，提交并显示录入的信息。

第 5 章

Servlet 技术

Servlet 是基于 Java 语言的 Web 服务器端编程技术，是一种实现动态网页的解决方案，其作用是扩展 Web 服务器的功能。

Servlet 是运行在 Servlet 容器中的 Java 类，它能处理 Web 客户端的 HTTP 请求，并产生 HTTP 响应。当浏览器发送一个请求到服务器后，服务器会把请求交给一个特定的 Servlet，该 Servlet 对请求进行处理后会构造一个合适的响应（通常以 HTML 网页形式）返回给客户端。

Servlet 对请求的处理和响应过程可进一步细分为如下几个步骤：

（1）接收 HTTP 请求。

（2）获取请求信息，包括请求头和请求参数数据。

（3）调用其他 Java 类方法完成具体的业务功能。

（4）实现到其他 Web 组件的跳转（包括重定向或请求转发）。

（5）生成 HTTP 响应（包括 HTTP 或非 HTTP 响应）。

浏览器访问 Servlet 的交互过程如图 5.1 所示。

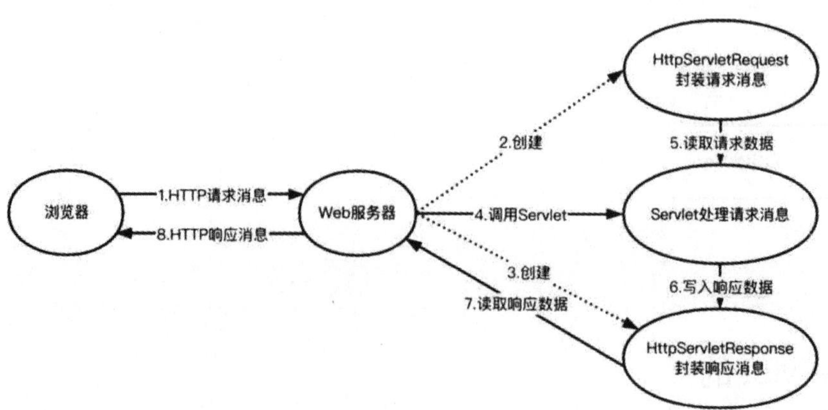

图 5.1　浏览器访问 Servlet 的过程

首先浏览器向 Web 服务器发送了一个 HTTP 请求，Web 服务器根据收到的请求会先创建一个 HttpServletRequest 和 HttpServletResponse 对象，然后调用相应的 Servlet 程序。在 Servlet 程序运行时，它首先会从 HttpServletRequest 对象中读取数据信息，然后通过 service()方法处理请求消息，并将处理后的响应数据写入 HttpServletResponse 对象中。最后，Web 服务器会从 HttpServletResponse 对象中读取响应数据，并发送给浏览器。

5.1 Servlet 基础

Servlet 是运行在服务器端的小程序（Server Applet）由 Servlet 容器管理。

Servlet 容器也叫 Servlet 引擎，是 Web 服务器或应用服务器的一部分，用于在发送请求和响应时提供网络服务、解码基于 MIME 的请求、格式化基于 MIME 的响应。Servlet 容器是为 Servlet 提供运行环境的一种程序，并且具有管理 Servlet 生命周期的功能。一般来说，实际的 Servlet 容器同时也具有 Web 服务器的功能。

5.1.1 Servlet 的体系结构

Servlet 是使用 Servlet API（应用程序设计接口）及相关类和方法的 Java 程序。它包含两个软件包：jakarta.servlet 包和 jakarta.servlet.http 包。

其体系结构图如图 5.2 所示。

图 5.2　Servlet 的体系结构

笔者会在 5.3 节详细介绍 Servlet 体系结构中的主要类和接口。

5.1.2 Servlet 的技术特点

Servlet 技术在 Java Web 应用中是一个绕不开的门槛，它牢牢占据了绝大部分 Web 应用，在功能、性能和安全等方面都很不错，技术特点明显。其技术特点主要体现如下：

- 功能强大：Servlet 采用 Java 语言编写，可以调用 Java API 的对象和方法，同时 Servlet 封装了 Servlet API 的编程接口，在业务功能方面相当强大。
- 可移植性强：继承了 Java 语言的可移植性，Servlet 也是可移植的，不受操作系统平台的限制，可以做到一次编码，多平台运行。
- 性能高：Servlet 对象在容器启动时初始化并在第一次请求时实例化，实例化之后存储在内存中，当有多个请求时不用反复实例化，从而达到每个请求是一个独立的线程而不是一个进程。
- 扩展性强：Servlet 能够通过封装、继承等来拓展实际的业务需要。
- 安全性高：Servlet 使用了 Java 的安全框架，同时 Servlet 容器还为 Servlet 提供额外的安全功能，因此安全性也相当高。

5.1.3 Servlet 与 JSP 的区别

Servlet 是使用 Java Servlet API 运行在 Web 服务器上的 Java 程序，而 JSP 是一种在 Servlet 上的动态网页技术，Servlet 和 JSP 存在本质上的区别，其区别主要体现在以下 3 个方面。

1. 承担的角色不同

Servlet 承担着客户请求和业务处理的中间角色，处理负责业务逻辑，最后将客户请求内容返回给 JSP；而 JSP 页面 HTML 和 Java 代码可以共存，主要负责显示请求结果。

2. 编程方法不同

使用 Servlet 的 Web 应用程序需要遵循 Java 标准，需要调用 Servlet 提供的相关 API 接口才能对 HTTP 请求及业务进行处理，在业务逻辑方面的处理功能更为强大；JSP 需要遵循一定的脚本语言规范，通过 HTML 代码和 JSP 内置对象实现对 HTTP 请求和页面的处理，在显示界面方面功能强大。

3. 执行方式不同

Servlet 需要在 Java 编译器编译后才能运行，如果 Servlet 在编写完成或修改后没有重新编译，则不能运行或应用修改后的内容；而 JSP 由 JSP 容器进行管理，也由 JSP 容器自动编辑，JSP 无论是创建或修改，都无须对它进行编译便可以运行。

5.1.4 Servlet 代码结构

Servlet 是指 HttpServlet 对象，声明一个对象为 Servlet 时需要继承 HttpServlet 类，然后根据需要重写方法对 HTTP 请求进行处理，示例如下：

```
public class HttpServletDemo extends HttpServlet {
    @Override
    public void init() throws ServletException {
        //TODO 初始化方法
    }
```

```
        @Override
        protected void doGet(HttpServletRequest req, HttpServletResponse resp)
throws ServletException, IOException {
            //TODO http get 请求
        }
        @Override
        protected void doPost(HttpServletRequest req, HttpServletResponse resp)
throws ServletException, IOException {
            //TODO http post 请求
        }
        @Override
        public void destroy() {
            super.destroy();
            //TODO 销毁
        }
    }
```

主要方法说明如下：

- init()方法为 Servlet 初始化的调用方法。
- destroy()方法为 Servlet 的生命周期结束的调用方法。
- doGet()、doPost()这两个方法分别用来处理 Get、Post 请求，如表单对象声明的 method 属性为 post，把数据提交到 Servlet，由 doPost()方法进行处理，Android 客户端向 Servlet 发送 Get 请求，则由 doGet()方法进行处理。

5.2　开发 Servlet 程序

前面我们了解了 Servlet 的基本概念和体系架构，本节先来看如何开发一个 Servlet 程序，有了基本的了解之后，再逐一介绍 Servlet 相关的 API 接口。

5.2.1　Servlet 的创建

创建 Servlet 有 3 种方法，基于上一节我们了解的体系结构以及示例代码，这 3 种创建 Servlet 的方法分别是：

（1）创建自定义 Servlet 实现 jakarta.servlet.Servlet 接口，实现里面的方法。

（2）创建自定义 Servlet 继承 jakarta.servlet.GenericServlet 类，重写 service()方法。

（3）创建自定义 Servlet 继承 jakarta.servlet.http.HttpServlet 类，重写业务方法。

在实际工作中，我们主要还是继承 HttpServlet，因此笔者在讲解 Servlet 开发的时候主要以第 3 种方法为主来讲解。具体步骤如下：

（1）新建一个 Java 类，继承 HttpServlet。

（2）重写 Servlet 生命周期的方法。一般重写 doGet()、doPost()、destroy()和 service()方法。

（3）编写业务功能代码。

5.2.2 Servlet 的配置

创建 Servlet 之后，还需要配置 Servlet 运行环境，否则无法在项目中使用。这里讲解两种配置方式。

1. 配置 web.xml 文件

在 web.xml 中需要配置两个类型：servlet 和 servlet-mapping，示例如下：

```
<!-- 配置 Servlet -->
<servlet>
    <servlet-name>quickstart</servlet-name>
    <servlet-class>com.vincent.servlet.ServletQuickStart</servlet-class>
    <init-param>
        <param-name>key</param-name>
        <param-value>value</param-value>
    </init-param>
</servlet>
<!-- 配置 servlet 的 url -->
<servlet-mapping>
    <servlet-name>quickstart</servlet-name>
    <url-pattern>/quickstart</url-pattern>
</servlet-mapping>
```

配置好之后，我们可以通过页面访问，访问方式如下：

```
<li><a href="quickstart">Web.xml 配置 Servlet</a></li>
```

浏览器中显示的 URL：http://localhost:8080/项目部署的名称/quickstart。

2. 使用注解配置

使用注解方式非常简单，只需要写上注解的属性即可：

```
@WebServlet(name = "quickstart", urlPatterns = "/quickstart")
```

或

```
@WebServlet("/quickstart")
```

使用注解效果跟 XML 配置是一样的，其主要作用是简化 XML 配置。

5.3 Servlet API 编程常用的接口和类

5.3.1 Servlet 接口

所有的 Servlet 都必须直接或间接地实现 jakarta.servlet.Servlet 接口。Servlet 接口规定了必须由 Servlet 类实现并且由 Servlet 引擎识别和管理的方法集。

我们来看 Servlet 的源码：

```
public interface Servlet {
```

```
        void init(ServletConfig config) throws ServletException;
        ServletConfig getServletConfig();
        void service(ServletRequest req, ServletResponse resp) throws
ServletException, IOException;
        String getServletInfo();
        void destroy();
    }
```

Servlet 接口中的主要方法及说明如下：

（1）init(ServletConfig config)：Servlet 的初始化方法。在 Servlet 实例化后，容器调用该方法进行 Servlet 的初始化。ServletAPI 规定对于任何 Servlet 实例，init()方法只能被调用一次，如果此方法没有正常结束，就会抛出一个 ServletException 异常，一旦抛出异常，Servlet 将不再执行，而随后对它进行再次调用会导致容器重新载入并再次运行 init()方法。

（2）service(ServiceRequest req, ServletResponse resp)：Servlet 的服务方法。当用户对 Servlet 发出请求时，容器会调用该方法处理用户的请求。

（3）destroy()：Servlet 的销毁方法。容器在终止 Servlet 服务前调用此方法，容器调用此方法前必须给 service()线程足够的时间来结束执行，因此接口规定当 service()正在执行时，destroy()不被执行。

（4）getServletConfig()：此方法可以让 Servlet 在任何时候获得 ServletConfig 对象。

（5）getServletInfo()：此方法返回一个 String 对象，该对象包含 Servlet 的信息，例如开发者、创建日期和描述信息等。

在实现 Servlet 接口时必须实现它这 5 个方法。

5.3.2　ServletConfig 接口

初始化 Servlet 时，Servlet 容器会为这个 Servlet 创建一个 ServletConfig 对象，并将它作为参数传递给 Servlet。通过 ServletConfig 对象即可获得当前 Servlet 的初始化参数信息。一个 Web 应用中可以存在多个 ServletConfig 对象，一个 Servlet 只能对应一个 ServletConfig 对象。

获取 ServletConfig 对象一般有两种方式：

- 直接从带参的 init()方法中提取。
- 调用 GenericServlet 提供的 getServletConfig()方法获得。

ServletConfig 接口提供了如表 5.1 所示的方法。

表5.1　ServletConfig接口的方法

返回值类型	方　法	说　明
String	getInitParameter(String name)	根据初始化参数名 name 返回对应的初始化参数值
Enumeration<String>	getInitParameterNames()	返回 Servlet 所有的初始化参数名的枚举集合，如果该 Servlet 没有初始化参数，则返回一个空的集合
ServletContext	getServletContext()	返回一个代表当前 Web 应用的 ServletContext 对象
String	getServletName()	返回 Servlet 的名字，即 web.xml 中<servlet-name>元素的值

示例代码（web.xml）如下：

```
<!-- 配置 Servlet -->
<servlet>
    <servlet-name>quickstart</servlet-name>
    <servlet-class>com.vincent.servlet.ServletQuickStart</servlet-class>
    <init-param>
        <param-name>key</param-name>
        <param-value>value</param-value>
    </init-param>
</servlet>
<servlet-mapping>
    <servlet-name>quickstart</servlet-name>
    <url-pattern>/quickstart</url-pattern>
</servlet-mapping>
```

ServletQuickStart.java 代码如下：

```
public class ServletQuickStart implements Servlet {
    private ServletConfig config;
    @Override
    public void init(ServletConfig servletConfig) throws ServletException {
        this.config = servletConfig;
    }
    @Override
    public ServletConfig getServletConfig() {
        return config;
    }
    @Override
    public void service(ServletRequest servletRequest, ServletResponse
servletResponse) throws ServletException, IOException {
        System.out.println("quick start~~~~~");
        String initKey = config.getInitParameter("key");
        System.out.println(initKey);
    }
    @Override
    public String getServletInfo() {
        return null;
    }
    @Override
    public void destroy() {
    }
}
```

5.3.3 HttpServletRequest 接口

在 Servlet API 中定义了一个 HttpServletRequest 接口，它继承自 ServletRequest 接口。它专门用于封装 HTTP 请求消息，简称 request 对象。

HTTP 请求消息分为请求行、请求消息头和请求消息体 3 部分，所以 HttpServletRequest 接口中定义了获取请求行、请求消息头和请求消息体的相关方法。

1. 获取请求行信息

HTTP 请求的请求行中包含请求方法、请求资源名、请求路径等信息，HttpServletRequest 接口定义了一系列获取请求行信息的方法。

示例代码（RequestDemo.java）如下：

```
writer.println(
        "<h3>获取请求行信息</h3>" +
        "请求方式:" + req.getMethod() + "<br/>" +
        "客户端的 IP 地址:" + req.getRemoteAddr() + "<br/>" +
        "应用名字(上下文):" + req.getContextPath() + "<br/>" +
        "URI:" + req.getRequestURI() + "<br/>" +
        "请求字符串:" + req.getQueryString() + "<br/>" +
        "Servlet 所映射的路径:" + req.getServletPath() + "<br/>" +
        "客户端的完整主机名:" + req.getRemoteHost() + "<br/>"
);
```

2. 获取请求头信息

当浏览器发送请求时，需要通过请求头向服务器传递一些附加信息，例如客户端可以接收的数据类型、压缩方式、语言等。为了获取请求头中的信息，HttpServletRequest 接口定义了一系列用于获取 HTTP 请求头字段的方法。

示例代码（RequestDemo.java）如下：

```
writer.write("<h3>获取请求头信息</h3>");
//获取所有请求头字段的枚举集合
Enumeration<String> headers = req.getHeaderNames();
while (headers.hasMoreElements()) {
    //获取请求头字段的值
    String value = req.getHeader(headers.nextElement());
    writer.write(headers.nextElement() + ":" + value + "<br/>");
}
```

3. 获取 form 表单的数据

在实际开发中，我们经常需要获取用户提交的表单数据，例如用户名和密码等。为了方便获取表单中的请求参数，ServletRequest 定义了一系列获取请求参数的方法。

示例代码（RequestDemo.java）如下：

```
writer.write(
        "<h3>获取 form 表单的数据</h3>" +
        "用户名: " + req.getParameter("username") + "<br/>" +
        "密码: " + req.getParameter("password") + "<br/>" +
        "性别: " + req.getParameter("sex") + "<br/>" +
        "城市: " + req.getParameter("city") + "<br/>" +
        "使用过的语言: " + Arrays.toString(req.getParameterValues("language")) +
"<br/>"
    );
```

5.3.4　HttpServletResponse 接口

HttpServletResponse 接口继承自 ServletResponse 接口，主要用于封装 HTTP 响应消息。由于 HTTP 响应消息分为响应状态码、响应消息头、响应消息体 3 部分。因此，在 HttpServletResponse 接口中定义了向客户端发送响应状态码、响应消息头、响应消息体的方法。

在 Servlet API 中，ServletResponse 接口被定义为用于创建响应消息，ServletResponse 对象由 Servlet 容器在用户每次请求时创建并传入 Servlet 的 service()方法中。

HttpServletResponse 接口继承自 ServletResponse 接口，是专门用于 HTTP 的子接口，用于封装 HTTP 响应消息。在 HttpServlet 类的 service()方法中，传入的 ServletResponse 对象被强制转换为 HttpServletResponse 对象进行 HTTP 响应信息的处理。

1. 设置响应状态

HttpServletResponse 接口提供了如下设置状态码和生成响应状态行的方法：

- setStatus(int sc)：以指定的状态码将响应返回给客户端。
- setError(int sc)：使用指定的状态码向客户端返回一个错误响应。
- sendError(int sc, String msg)：使用指定状态码和状态描述向客户端返回一个错误响应。
- sendRedirect(String location)：请求重定向，会设定响应 location 报头及改变状态码。

通过设置资源暂时转移状态码和 location 响应头，实现 sendRedirect()方法的重定向功能。

2. 构建响应消息头

响应头有两种方法：一种是 addHeader()方法；另一种是 setHeader()方法。addHeader()方法会添加属性，不会覆盖原来的属性；setHeader()会覆盖原来的属性。

3. 创建响应正文

在 Servlet 中，客户端输出的响应数据是通过输出流对象来完成的，HttpServletResponse 接口提供了两个获取不同类型输出流对象的方法：

- getOutputStream()：返回字节输出流对象 ServletOutputStream。
- getWriter()：返回字符输出流对象 PrintWriter。

ServletOutputStream 对象主要用于输出二进制字节数据，如配合 setContentType()方法响应输出一个图像、视频等。

PrintWriter 对象主要用于输出字符文本内容，但其内部实现仍是将字符串转换成某种字符集编码的字节数组后再进行输出 。

当向 ServletOutputStream 或 PrintWriter 对象中写入数据后，Servlet 容器会将这些数据作为响应消息的正文，然后与响应状态行和各响应头组合成完整的响应报文输出到客户端。在 Servlet 的 service()方法结束后，容器还将检查 getWriter()或 getOutputStream()方法返回的输出流对象是否已经调用过 close()方法，如果没有，容器将调用 close()方法关闭该输出流对象。

通过下面的示例代码，我们一次性学习 HttpServletResponse 接口中向客户端发送响应状态码、响应消息头、响应消息体的方法。

servlet_response.jsp 代码如下：

```
<li><a href="responsedemo?type=1">设置响应状态码</a></li>
<li><a href="responsedemo?type=2">构建响应消息头</a></li>
<li><a href="responsedemo?type=3">创建响应正文</a></li>
```

Servlet 代码如下：

```
@WebServlet("/responsedemo")
public class ResponseDemo extends HttpServlet {
```

```
    @Override
    protected void doGet(HttpServletRequest req, HttpServletResponse resp)
throws ServletException, IOException {
        String type = req.getParameter("type");
        if ("1".equals(type)) {
            // 设置响应状态码
            resp.sendError(406, "设置响应状态码：错误信息");
        } else if ("2".equals(type)) {
            // 构建响应消息头
            resp.setContentType("text/html;charset=utf-8");
            resp.setHeader("refresh", "1");
            PrintWriter out = resp.getWriter();
            SimpleDateFormat sdf = new SimpleDateFormat("yyyy-MM-dd hh:mm:ss");
            out.print("现在时间是：" + sdf.format(new Date()));
            out.flush();
        } else {
            // 响应正文输出图片
            resp.setContentType("image/jpeg");
            ServletContext context = getServletContext();
            InputStream is =
context.getResourceAsStream("/images/javaweb.png");
            ServletOutputStream os = resp.getOutputStream();
            int i = 0;
            while ((i = is.read()) != -1) {
                os.write(i);
            }
            is.close();
            os.close();
        }
    }

    @Override
    protected void doPost(HttpServletRequest req, HttpServletResponse resp)
throws ServletException, IOException {
        doGet(req, resp);
    }
}
```

通过请求 type 的不同，分别为 response 对象响应不同的处理逻辑。

5.3.5 GenericServlet 类

GenericServlet 是 Servlet 接口的实现类，但它是一个抽象类，它唯一的抽象方法就是 service()方法，我们可以通过继承 GenericServlet 来编写自己的 Servlet。Servlet 每次被访问的时候，Tomcat 传递给它一个 ServletConfig 对象。在所有的方法中，第一个被调用的是 init()。

在 GenericServlet 中定义了一个 ServletConfig 实例对象，并在 init(ServletConfig)方法中以参数方式把 ServletConfig 赋给了实例变量 config。GenericServlet 类的很多方法中使用了实例变量 config。如果子类覆盖了 GenericServlet 的 init(StringConfig)方法，那么 this.config=config 这一条语句就会被覆盖，也就是说 GenericServlet 的实例变量 config 的值为 null，那么所有依赖 config 的方法都不能使用了。如果真的希望完成一些初始化操作，那么就需要覆盖 GenericServlet 提供的 init()方法，它是没有参数的 init()方法，会在 init(ServletConfig)方法中被调用。

GenericServlet 还实现了 ServletConfig 接口，所以可以直接调用 getInitParameter()、getServletContext()等 ServletConfig 的方法。

使用 GenericService 的优点如下：

- 通用 Servlet 很容易写。
- 有简单的生命周期方法。
- 写通用 Servlet 只需要继承 GenericServlet，重写 service()方法。

使用 GenericServlet 的缺点如下：

- 使用通用 Servlet 并不是很简单，因为没有类似于 HttpServlet 中的 doGet()、doPost()等方法。

5.3.6 HttpServlet 类

通过前面的知识点和 Servlet 结构的讲解，我们知道 HttpServlet 继承了 GenericServlet，它包含 GenericServlet 的所有功能点，同时它也有自己的特殊性。

HttpServlet 首先必须读取 HTTP 请求的内容。Servlet 容器负责创建 HttpServlet 对象，并把 HTTP 请求直接封装到 HttpServlet 对象中，大大简化了 HttpServlet 解析请求数据的工作量。HttpServlet 容器响应 Web 客户请求的流程如下：

（1）Web 客户向 Servlet 容器发出 HTTP 请求。

（2）Servlet 容器解析 Web 客户的 HTTP 请求。

（3）Servlet 容器创建一个 HttpRequest 对象，在这个对象中封装 HTTP 请求信息。

（4）Servlet 容器创建一个 HttpResponse 对象。

（5）Servlet 容器调用 HttpServlet 的 service()方法，把 HttpRequest 和 HttpResponse 对象作为 service()方法的参数传给 HttpServlet 对象。

（6）HttpServlet 调用 HttpRequest 的有关方法获取 HTTP 请求信息。

（7）HttpServlet 调用 HttpResponse 的有关方法生成响应数据。

（8）Servlet 容器把 HttpServlet 的响应结果传给 Web 客户。

5.4 实践与练习

1. 掌握 Servlet 体系结构，能自己画出体系结构图，同时读者可以考虑如何在体系结构图中纳入 ServletConfig、HttpServletRequest、HttpServletResponse 对象。

2. 掌握 JSP 和 Servlet 的区别，能独立创建 Servlet 开发并尝试把第 3 章的登录页面及其功能用 Servlet 技术实现。

3. 加深对 Servlet 接口和类的使用，自主研究 Servlet 的生命周期。

4. 掌握 Servlet 的配置，学会使用注解。

第 6 章

过滤器和监听器

上一章我们初步认识了 Servlet 及其体系结构，总体上对 Servlet 有了一个初步的认识，本章我们来重点学习 Servlet 几个重要的特性及其用法。

6.1 Servlet 过滤器

6.1.1 什么是过滤器

过滤器是处于客户端和服务端目标资源之间的一道过滤网，在客户端发送请求时，会先经过过滤器再到 Servlet，响应时会根据执行流程再次反向执行过滤器。

其执行流程如图 6.1 所示。

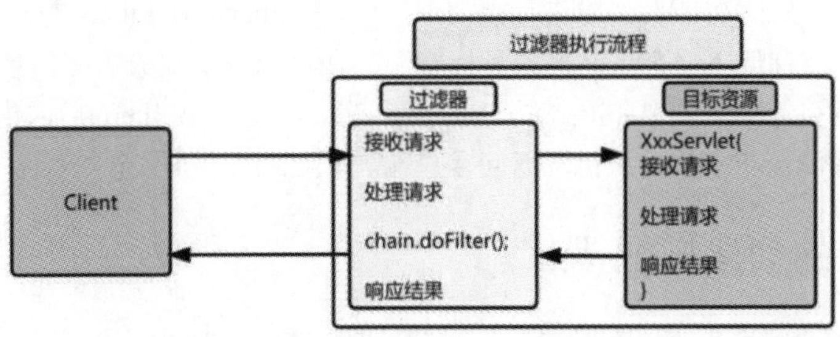

图 6.1 Servlet 过滤器的执行流程

过滤器的主要作用是将请求进行过滤处理，然后将过滤后的请求交给下一个资源。其本质是 Web 应用的一个组成部件，承担了 Web 应用安全的部分功能，阻止不合法的请求和非法的访问。一般客户端发出请求后会交给 Servlet，如果过滤器存在，则客户端发出的请求都先交给过滤器，然后交给 Servlet 处理。

如果一个 Web 应用中使用一个过滤器不能解决实际的业务需求，那么可以部署多个过滤器对业务请求多次处理，这样做就组成了一个过滤器链，Web 容器在处理过滤器时将按过滤器的先后顺序对请求进行处理，在第一个过滤器处理请求后，会传递给第二个过滤器进行处理，以此类推，直到传递到最后一个过滤器为止，再将请求交给目标资源进行处理，目标资源在处理经过过滤的请求后，其回应信息再从最后一个过滤器依次传递到第一个过滤器，最后传送到客户端。

过滤器的使用场景有登录权限验证、资源访问权限控制、敏感词汇过滤、字符编码转换等，其优势在于代码复用，不必每个 Servlet 中还要进行相应的操作。

6.1.2 过滤器的核心对象

过滤器对象 jakarta.servlet.Filter 是接口，与其相关的对象还有 FilterConfig 与 FilterChain，分别作为过滤器的配置对象与过滤器的传递工具。在实际开发中，定义过滤器对象只需要直接或间接地实现 Filter 接口即可。

Servlet 过滤器的整体工作流程如图 6.2 所示。

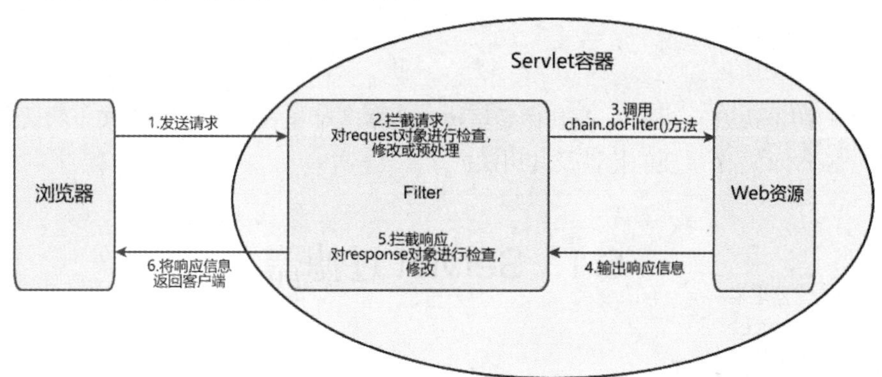

图 6.2 Servlet 过滤器的整体工作流程

客户端请求访问容器内的 Web 资源。Servlet 容器接收请求，并针对本次请求分别创建一个 request 对象和 response 对象。请求到达 Web 资源之前，先调用 Filter 的 doFilter()方法检查 request 对象，修改请求头和请求正文，或对请求进行预处理操作。在 Filter 的 doFilter()方法内，调用 FilterChain.doFilter()方法将请求传递给下一个过滤器或目标资源。在目标资源生成响应信息返回客户端之前，处理控制权会再次回到 Filter 的 doFilter()方法，执行 FilterChain.doFilter()后的语句，检查 response 对象，修改响应头和响应正文。响应信息返回客户端。

6.1.3 过滤器的创建与配置

创建一个过滤器对象需要实现 Filter 接口，同时实现 Filter 的 3 个方法。

- init()方法：初始化过滤器。
- destroy()方法：过滤器的销毁方法，主要用于释放资源。
- doFilter()方法：过滤处理的业务逻辑，在请求过滤处理后，需要调用 chain 参数的 doFilter()方法将请求向下传递给下一个过滤器或者目标资源。

示例代码如下：

```
public class FilterDemo implements Filter {
    @Override
    public void init(FilterConfig filterConfig) throws ServletException {
        Filter.super.init(filterConfig);
        System.out.println("init 初始化方法......");
    }
    @Override
    public void doFilter(ServletRequest servletRequest, ServletResponse
servletResponse, FilterChain filterChain) throws IOException, ServletException {
        // 过滤处理
        System.out.println("doFilter 过滤处理前......");
        filterChain.doFilter(servletRequest, servletResponse);
        System.out.println("doFilter 过滤处理后......");
    }
    @Override
    public void destroy() {
        Filter.super.destroy();
        // 释放资源
        System.out.println("destroy 销毁处理.......");
    }
}
```

过滤器的配置主要分为两个步骤，分别是声明过滤器和创建过滤器映射。

示例代码（web.xml）如下：

```
<!-- 过滤器声明 -->
<filter>
    <!-- 过滤器名称 -->
    <filter-name>demo</filter-name>
    <!-- 过滤器的完整类名 -->
    <filter-class>com.vincent.servlet.FilterDemo</filter-class>
    <init-param>
        <param-name>count</param-name>
        <param-value>10</param-value>
    </init-param>
</filter>
<!-- 过滤器的映射 -->
<filter-mapping>
    <!-- 过滤器名称 -->
    <filter-name>demo</filter-name>
    <url-pattern>/index.jsp</url-pattern>
</filter-mapping>
```

<filter>标签用于声明过滤器的对象，在这个标签中必须配置两个元素：<filter-name>和<filter-class>，其中<filter-name>为过滤器的名称，<filter-class>为过滤器的完整类名。

<filter-mapping>标签用于创建过滤器的映射，其主要作用是指定 Web 应用中 URL 应用对应的过滤器处理，在<filter-mapping>标签中需要指定过滤器的名称和过滤器的 URL 映射，其中<filter-name>用于定义过滤器的名称，<url-pattern>用于指定过滤器应用的 URL。

注意：</filter-mapping>标签中的<filter-name>用于指定已定义的过滤器的名称，必须和<filter>标签中的<filter-name>一一对应。

6.1.4 字符编码过滤器

字符编码过滤器，顾名思义就是用于解决字符编码的问题，通俗地讲就是解决 Web 应用中的中文乱码问题。

前面我们大致提到过解决中文乱码的方法：设置 URIEncoding、设置 CharacterEncoding、设置 ContentType 等。这几种解决方案都需要按照一定的规则去配置或者编写代码，一旦出现代码遗漏或者字符设置不一样，都会出现中文乱码问题，所以为了应对这种情况，字符集过滤器应运而生。

示例代码如下：

```
    public class CharacterEncodingFilter implements Filter {
        @Override
        public void init(FilterConfig filterConfig) throws ServletException {
            Filter.super.init(filterConfig);
        }
        @Override
        public void doFilter(ServletRequest servletRequest, ServletResponse
servletResponse, FilterChain filterChain) throws IOException, ServletException {
            // 因为这个过滤器是基于 HTTP 请求来进行的，所以需要将 ServletRequest 转换成
HttpServletRequest
            HttpServletRequest request = (HttpServletRequest) servletRequest;
            request.setCharacterEncoding("UTF-8");
            HttpServletResponse response = (HttpServletResponse) servletResponse;
            response.setContentType("text/html;charset=UTF-8");
            filterChain.doFilter(request, response);
        }
        @Override
        public void destroy() {
            Filter.super.destroy();
        }
    }
```

通过示例可以看出，过滤器的作用不局限于拦截和筛查，它还可以完成很多其他功能，即过滤器可以在拦截一个请求（或响应）后，对这个请求（或响应）进行其他的处理后再予以放行。

6.2 Servlet 监听器

在 Servlet 技术中定义了一些事件，可以针对这些事件来编写相关的事件监听器，从而对事件做出相应的处理。例如，想要在 Web 应用程序启动和关闭时执行一些任务（如数据库连接的建立和释放），或者想要监控 Session 的创建和销毁，就可以通过监听器来实现。

6.2.1 Servlet 监听器简介

监听器就是一个 Java 程序，专门用于监听另一个 Java 对象的方法调用或属性改变，当被监听对象发生上述事件后，监听器某个方法将立即被执行。

详细地说，就是监听器用于监听观察某个事件（程序）的发生情况，当被监听的事件真的发生了，事件发生者（事件源） 就会给注册该事件的监听者（监听器）发送消息，告诉监听者某些信息，

同时监听者也可以获得一份事件对象，根据这个对象可以获得相关属性和执行相关操作，并做出适当的响应。

监听器可以看成是观察者模式的一种实现。监听器程序中有 4 种角色：

（1）监听器（监听者）：负责监听发生在事件源上的事件，它能够注册在对应的事件源上，当事件件发生后会触发执行对应的处理方法（事件处理器）。

（2）事件源（被监听对象，可以产生某些事件的对象）：提供订阅与取消监听器的方法，并负责维护监听器列表，以及发送对应的事件给对应的监听器。

（3）事件对象：事件源发生某个动作时，比如某个增、删、改、查的动作，该动作将封装为一个事件对象，并且事件源在通知事件监听器时会把这个事件对象传递过去。

（4）事件处理器：可以作为监听器的成员方法，也可以独立出来注册到监听器中，当监听器接收到对应的事件时，将会调用对应的方法或者事件处理器来处理该事件。

6.2.2　Servlet 监听器的原理

Servlet 实现了特定接口的类为监听器，用来监听另一个 Java 类的方法调用或者属性改变，当被监听的对象发生方法调用或者属性改变后，监听器的对应方法就会立即执行。

其工作原理图如图 6.3 所示。

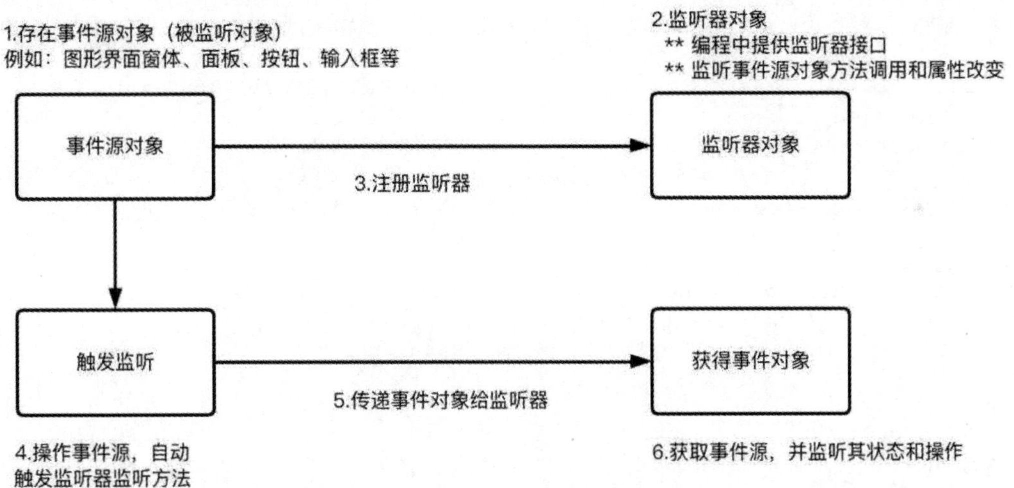

图 6.3　Servlet 监听器的工作原理

6.2.3　Servlet 上下文监听器

Servlet 上下文监听器可以监听 ServletContext 对象的创建、删除以及属性添加、删除和修改操作，该监听器需要用到以下两个接口。

1. ServletContextListener 接口

该接口主要实现监听 ServletContext 的创建和删除。ServletContextListener 接口提供了 2 个方法，它们也被称为 Web 应用程序的生命周期方法。下面分别进行介绍。

- contextInitialized(ServletContextEvent event)方法：通知正在监听的对象，应用程序已经被加载及初始化。
- contextDestroyed(ServletContextEvent event)方法：通知正在监听的对象，应用程序已经被销毁，即关闭。

2. ServletAttributeListener 接口

该接口主要实现监听 ServletContext 属性的增加、删除和修改。ServletAttributeListener 接口提供了以下 3 个方法。

- attributeAdded(ServletContextAttributeEvent event)方法：当有对象加入 application 作用域时，通知正在监听的对象。
- attributeReplaced(ServletContextAttributeEvent event)方法：当在 application 作用域内有对象取代另一个对象时，通知正在监听的对象。
- attributeRemoved(ServletContextAttributeEvent event)方法：当有对象从 application 作用域内移除时，通知正在监听的对象。

示例代码（MyServletContextListener.java）如下：

```
/**
 * MyServletContextListener 类实现了 ServletContextListener 接口
 * 因此可以对 ServletContext 对象的创建和销毁这两个操作进行监听
 */
public class MyServletContextListener implements ServletContextListener {
    @Override
    public void contextInitialized(ServletContextEvent sce) {
        ServletContextListener.super.contextInitialized(sce);
        System.out.println("============ServletContext 对象创建");
    }
    @Override
    public void contextDestroyed(ServletContextEvent sce) {
        ServletContextListener.super.contextDestroyed(sce);
        System.out.println("============ServletContext 对象销毁");
    }
}
```

web.xml 中的注册监听器代码如下：

```
<listener>
<listener-class>com.vincent.servlet.MyServletContextListener</listener-class>
</listener>
```

6.2.4 HTTP 会话监听

HTTP 会话监听（HttpSession）信息有 4 个接口。

1. HttpSessionListener 接口

HttpSessionListener 接口实现监听 HTTP 会话的创建和销毁。HttpSessionListener 接口提供了 2 个方法。

- sessionCreated(HttpSessionEvent event)方法：通知正在监听的对象，会话已经被加载及初始化。
- sessionDestroyed(HttpSessionEvent event)方法：通知正在监听的对象，会话已经被销毁（HttpSessionEvent 类的主要方法是 getSession()，可以使用该方法回传一个会话对象）。

2. HttpSessionActivationListener 接口

HttpSessionActivationListener 接口实现监听 HTTP 会话的 active 和 passivate。HttpSessionActivationListener 接口提供了以下 3 个方法。

- attributeAdded(HttpSessionBindingEvent event)方法：当有对象加入 Session 的作用域时，通知正在监听的对象。
- attributeReplaced(HttpSessionBindingEvent event)方法：当在 Session 的作用域内有对象取代另一个对象时，通知正在监听的对象。
- attributeRemoved(HttpSessionBindingEvent event)方法：当有对象从 Session 的作用域内移除时，通知正在监听的对象（HttpSessionBindingEvent 类主要有 3 个方法：getName()、getSession()和 getValues()）。

3. HttpBindingListener 接口

HttpBindingListener 接口实现监听 HTTP 会话中对象的绑定信息。它是唯一不需要在 web.xml 中设定监听器的。HttpBindingListener 接口提供以下 2 个方法。

- valueBound(HttpSessionBindingEvent event)方法：当有对象加入 Session 的作用域内时会被自动调用。
- valueUnBound(HttpSessionBindingEvent event)方法：当有对象从 Session 的作用域内移除时会被自动调用。

4. HttpSessionAttributeListener 接口

HttpSessionAttributeListener 接口实现监听 HTTP 会话中属性的设置请求。HttpSessionAttributeListener 接口提供以下 2 个方法。

- sessionDidActivate(HttpSessionEvent event)方法：通知正在监听的对象，它的会话已经变为有效状态。
- sessionWillPassivate(HttpSessionEvent event)方法：通知正在监听的对象，它的会话已经变为无效状态。

6.2.5 Servlet 请求监听

服务端能够在监听程序中获取客户端的请求，然后对请求进行统一处理。要实现客户端的请求和请求参数设置的监听，需要实现两个接口。

1. ServletRequestListener 接口

ServletRequestListener 接口提供了以下 2 个方法。

- requestInitalized(ServletRequestEvent event)方法：通知正在监听的对象，ServletRequest 已经被加载及初始化。
- requestDestroyed(ServletRequestEvent event)方法：通知正在监听的对象，ServletRequest 已经被销毁，即关闭。

2. ServletRequestAttributeListener 接口

ServletRequestAttribute 接口提供了以下 3 个方法。

- attributeAdded(ServletRequestAttributeEvent event)方法：当有对象加入 request 的作用域时，通知正在监听的对象。
- attributeReplaced(ServletRequestAttributeEvent event)方法：当在 request 的作用域内有对象取代另一个对象时，通知正在监听的对象。
- attributeRemoved(ServletRequestAttributeEvent event)方法：当有对象从 request 的作用域移除时，通知正在监听的对象。

6.2.6 AsyncListener 异步监听

AsyncListener 接口负责管理异步事件，AsyncListener 接口提供了 4 个方法。

- onStartAsync(AsyncEvent event)方法：当异步线程开始时，通知正在监听的对象。
- onError(AsyncEvent event)方法：当异步线程出错时，通知正在监听的对象。
- onTimeout(AsyncEvent event)方法：当异步线程执行超时时，通知正在监听的对象。
- onComplete(AsyncEvent event)方法：当异步线程执行完毕时，通知正在监听的对象。

6.2.7 应用 Servlet 监听器统计在线人数

监听器的作用是监听 Web 容器的有效事件，它由 Servlet 容器管理，利用 Listener 接口监听某个执行程序，并根据该程序的需求做出适当的响应。下面介绍一个应用 Servlet 监听器实现统计在线人数的实例。

当一个用户登录后，显示欢迎信息，同时显示出当前在线人数和用户名单。当用户退出登录或会话（Session）过期时，从在线用户名单中删除该用户，同时将在线人数减 1。

使用 HttpSessionListener 和 HttpSessionAttributeListener 实现。

监听代码（LoginOnlineListener.java）如下：

```
    public class LoginOnlineListener implements HttpSessionListener,
HttpSessionAttributeListener {
        @Override
        public void attributeAdded(HttpSessionBindingEvent event) {
            ServletContext cx = event.getSession().getServletContext();//根据
session 对象获取当前容器的 ServletContext 对象
            List<String> userlist = (List<String>) cx.getAttribute("userlist");
            if(userlist == null) {
```

```
            userlist = new ArrayList<>();
        }
        String username =(String) event.getSession().getAttribute("username");
        //向已登录集合中添加当前账号
        userlist.add(username);
        System.out.println("用户: "+username+" 成功加入在线用户列表");
        for (int i = 0; i < userlist.size(); i++) {
            System.out.println(userlist.get(i));
        }
        cx.setAttribute("userlist", userlist);
        System.out.println("当前登录的人数为:" + userlist.size());
    }

    @Override
    public void sessionDestroyed(HttpSessionEvent se) {
        HttpSession session = se.getSession();
        ServletContext application = session.getServletContext();
        List<String> userlist = (List<String>)
application.getAttribute("userlist");
        // 取得登录的用户名
        String username = (String) session.getAttribute("username");
        if (!"".equals(username) && username != null && userlist != null &&
userlist.size() > 0) {
            // 从在线列表中删除用户名
            userlist.remove(username);
            System.out.println(username + "已经退出! ");
            System.out.println("当前在线人数为" + userlist.size());
        } else {
            System.out.println("会话已经销毁! ");
        }
    }
}
```

Web.xml 配置如下：

```
<listener>
    <listener-class>com.vincent.servlet.LoginOnlineListener</listener-class>
</listener>
```

登录页面代码（listener_online.jsp）如下：

```
<head>
    <title>在线人数统计</title>
```

```
    <script style="language: javascript">
        function checkEmpty(form) {
            for (i = 0; i < form.length; i++) {
                if (form.elements[i].value == "") {
                    alert("表单信息不能为空");
                    return false;
                }
            }
        }
    </script>
</head>
<body>
  <form name="form" method="post" action="login" onSubmit="return
checkEmpty(form)">
      username: <input type="text" name="username"><br>
      password: <input type="password" name="password"><br>
      <input type="submit" name="Submit" value="登录">
  </form>
</body>
```

登录处理（ListenerLoginServlet.java）如下：

```
@WebServlet("/login")
public class ListenerLoginServlet extends HttpServlet {
    @Override
    protected void doGet(HttpServletRequest req, HttpServletResponse resp)
throws ServletException, IOException {
        String username = req.getParameter("username");
        String pwd = req.getParameter("password");
        System.out.println(username + ":" + pwd);
        PrintWriter writer = resp.getWriter();
        String logined = (String) req.getSession().getAttribute("username");
        if ("".equals(username) || username == null) {
            System.out.println("非法操作，您没有输入用户名");
            resp.sendRedirect("listener_online.jsp");
        } else {
            if (!"".equals(logined) && logined != null) {
                System.out.println("您已经登录，重复登录无效，请先退出当前账号重新登录！
");
                writer.write("<h3>您好，您已经登录了账户：" + logined + "</h3>"
                        + "如要登录其他账号，请先退出当前账号重新登录！");
```

```
            } else {
                req.getSession().setAttribute("username", username);
                writer.write("<h3>" + username + ": 欢迎您的到来</h3>");
            }
            // 从上下文中获取已经登录账号的集合
            List<String> onLineUserList = (List<String>)
req.getServletContext().getAttribute("onLineUserList");
            if (onLineUserList != null) {
                // 向页面输出结果
                writer.write(
                        "<h3>当前在线人数为: " + onLineUserList.size() + "</h3>" +
"<table border=\"1\" width=\"50%\">");
                for (int i = 0; i < onLineUserList.size(); i++) {
                    writer.write("<tr>\r\n" + "<td align=\"center\">" +
onLineUserList.get(i) + " </td>\r\n" + "</tr>");
                }
            }
            writer.write("</table><br/>" + "<a href=\"logout\">退出登录</a>");
        }
    }

    @Override
    protected void doPost(HttpServletRequest req, HttpServletResponse resp)
throws ServletException, IOException {
        doGet(req, resp);
    }
}
```

退出处理（ListenerLogoutServlet.java）如下：

```
@WebServlet("/logout")
public class ListenerLogoutServlet extends HttpServlet {
    @Override
    protected void doGet(HttpServletRequest req, HttpServletResponse resp)
throws ServletException, IOException {
        req.getSession().invalidate();
        resp.sendRedirect("listener_online.jsp");
    }

    @Override
    protected void doPost(HttpServletRequest req, HttpServletResponse resp)
```

```
throws ServletException, IOException {
            doGet(req, resp);
        }
    }
```

程序执行结果如图 6.4 所示。

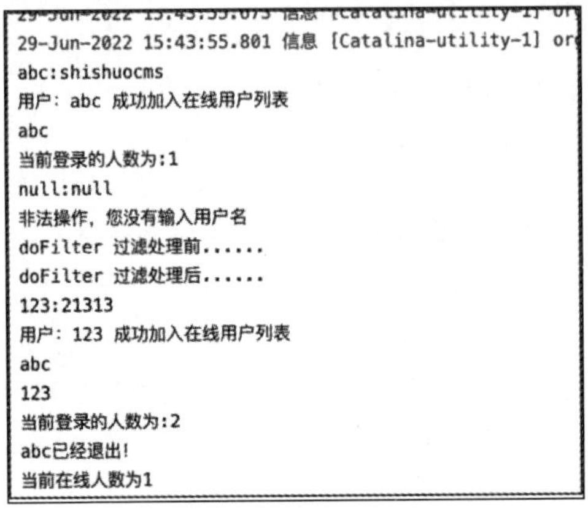

```
29-Jun-2022 15:43:55.801 信息 [Catalina-utility-1] or
abc:shishuocms
用户: abc 成功加入在线用户列表
abc
当前登录的人数为:1
null:null
非法操作，您没有输入用户名
doFilter 过滤处理前......
doFilter 过滤处理后......
123:21313
用户: 123 成功加入在线用户列表
abc
123
当前登录的人数为:2
abc已经退出!
当前在线人数为1
```

图 6.4　应用 Servlet 监听器统计在线人数结果图

提示：如果在本机测试，则需要用不同浏览器测试才能看到结果。

6.3　Servlet 的高级特性

6.3.1　使用注解

Servlet 3.0 规范中允许在定义 Servlet、Filter 与 Listener 三大组件时使用注解，而不再用 web.xml 进行注册。Servlet 规范允许 Web 项目没有 web.xml 配置文件。

Servlet 注解方式与传统配置 web.xml 文件的方式等价，但与之相比，注解方式更清晰、更便利。

1. Servlet 注解

Servlet 注解用@WebServlet 表示，该注解将会在部署时被容器处理，容器将根据具体的属性配置将相应的类部署为 Servlet。该注解具有表 6.1 给出的一些常用属性（以下所有属性均为可选属性，但是 value 或者 urlPatterns 通常是必需的，且二者不能共存，如果同时指定，通常会忽略 value 的取值）。

表6.1　@WebServlet的主要属性

属性名	类型	说明
name	String	指定 Servlet 的 name 属性，等价于<servlet-name>标签。如果没有显式指定，则该 Servlet 的取值为类的全限定名
value	String[]	该属性等价于 urlPatterns 属性。两个属性不能同时使用

（续表）

属　性　名	类　　型	说　　明
urlPatterns	String[]	指定一组 Servlet 的 URL 匹配模式，等价于<url-pattern>标签
loadOnStartup	int	指定 Servlet 的加载顺序，等价于<servlet--on-startup>标签
initParams	WebInitParam[]	指定 Servlet 的初始化参数，等价于<init-param>标签
asyncSupported	boolean	是否支持异步操作，等价于<async-supported>标签
description	String	描述信息，等价于<description>标签
displayName	String	Servlet 显示名称，等价于<display-name>标签

2. Filter 注解

Filter 注解用@WebFilter 表示，该注解将会在部署时被容器处理，容器将根据具体的属性配置将相应的类部署为过滤器。该注解具有表 6.2 给出的一些常用属性（以下所有属性均为可选属性，但是 value、urlPatterns、servletNames 三者必须至少包含一个，且 value 和 urlPatterns 不能共存，如果同时指定，通常忽略 value 的取值）。

表6.2　@WebFilter的主要属性

属　性　名	类　　型	说　　明
filterName	String	指定过滤器的 name 属性，等价于<filter-name>标签
value	String[]	该属性等价于 urlPatterns 属性。两个属性不能同时使用
urlPatterns	String[]	指定过滤器的 URL 匹配模式，等价于<url-pattern>标签
servletNames	String[]	指定过滤器应用于哪个 Servlet。取值是@WebServlet 的 name 属性
dispatcherType	DispatcherType	指定过滤器的转发模式
initParams	WebInitParam[]	指定过滤器的初始化参数，等价于<init-param>标签
asyncSupported	boolean	是否支持异步操作，等价于<async-supported>标签
description	String	描述信息，等价于<description>标签
displayName	String	Servlet 显示名称，等价于<display-name>标签

3. Listener 注解

Listener 注解用@WebListener 表示，该注解非常简单，只有 value 一个属性，该属性主要是监听器的描述信息。

6.3.2　对文件上传的支持

Servlet 3.0 中提供了对文件上传的原生支持，我们不需要借助任何第三方上传组件，直接使用 Servlet 3.0 提供的 API 就能够实现文件上传功能。

@MultipartConfig 注解主要是为了辅助 Servlet 3.0 中 HttpServletRequest 提供的对上传文件的支持。该注解标注在 Servlet 上，以表示 Servlet 希望处理的请求的 MIME 类型是 multipart/form-data。@MultipartConfig 的主要属性如表 6.3 所示。

表6.3 @MultipartConfig的主要属性

属 性 名	类 型	说 明
fileSizeThreshold	int	数据大于该值时，内容将被写入文件
location	String	存放文件的地址
maxFileSize	long	允许上传文件的最大值。默认值为-1，表示没有限制
maxRequestSize	long	对 multipart/form-data 请求的最大数量。默认值为-1，表示没有限制

文件上传页面示例代码（servlet_upload.jsp）如下：

```
<fieldset>
    <legend>上传单个文件</legend>
    <!--
    1.表单的提交方法必须是 post
    2.必须有一个文件上传组件 <input type="file" name="xxxx"/>
    3.文件上传时必须设置表单的 enctype="multipart/form-data"
    -->
    <form action="uploadServlet" method="post" enctype="multipart/form-data">
      上传文件：<input type="file" name="f"><input type="submit" value="上传">
    </form>
</fieldset>
<br>
<fieldset>
    <legend>上传多个文件</legend>
    <form action="uploadServlet" method="post" enctype="multipart/form-data">
        上传文件：
        <input type="file" name="f1"><br>
        <input type="file" name="f2"><br>
        <input type="submit" value="上传">
    </form>
</fieldset>
```

UploadServlet.java 代码如下：

```
@WebServlet("/uploadServlet")
// 使用注解@MultipartConfig 将一个 Servlet 标识为支持文件上传
@MultipartConfig
public class UploadServlet extends HttpServlet {
    @Override
    protected void doPost(HttpServletRequest req, HttpServletResponse resp)
throws ServletException, IOException {
        String savePath =
req.getServletContext().getRealPath("/WEB-INF/uploadFile");
```

```
        File f = new File(savePath);
        if (!f.exists())
            f.mkdirs();
        Collection<Part> parts = req.getParts();
        for (Part part : parts) {
            String fileName = part.getSubmittedFileName();
            part.write(savePath + File.separator + fileName);
            part.delete();
        }
        PrintWriter writer = resp.getWriter();
        writer.write("上传成功！");
        writer.flush();
    }
    @Override
    protected void doGet(HttpServletRequest req, HttpServletResponse resp)
throws ServletException, IOException {
        doPost(req, resp);
    }
}
```

页面定义了 Servlet 3.0 之后支持文件上传的特性，示例给出了单文件上传和多文件上传，选择上传文件，就可以在部署包找到上传的文件，如图 6.5 所示。

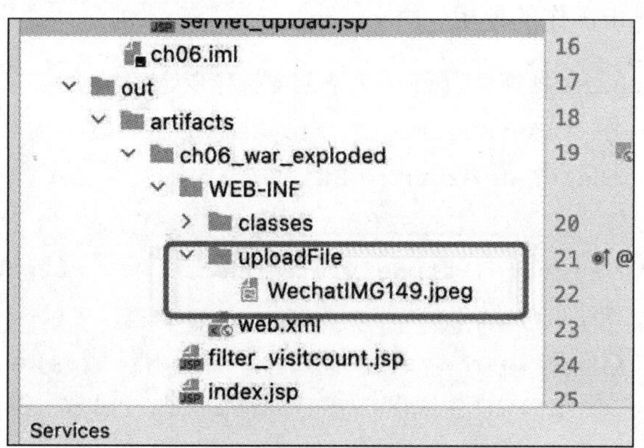

图 6.5 Servlet 上传文件效果图

通常在实际项目中会在服务器固定的目录下配置上传文件存放的路径，这样做避免了因为系统升级（项目部署包升级）导致以前上传的文件丢失的情况。

6.3.3 异步处理

默认情况下，Web 容器会为每个请求分配一个请求处理线程，在响应完成前，该线程资源都不会被释放。也就是说，处理 HTTP 请求和执行具体业务代码的线程是同一个线程。如果 Servlet 或

Filter 中的业务代码处理时间相当长（如数据库操作、跨网络调用等），那么请求处理线程将一直被占用，直到任务结束。这种情况下，随着并发请求数量的增加，可能会导致处理请求线程全部被占用，请求堆积到内部阻塞队列容器中，如果存放请求的阻塞队列也满了，那么后续进来的请求将会遭遇拒绝服务，直到有线程资源可以处理请求为止。

开启异步请求处理之后，Servlet 线程不再一直处于阻塞状态以等待业务逻辑的处理，而是启动异步线程之后可以立即返回。异步处理的特性可以帮助应用节省容器中的线程，特别适合执行时间长且用户需要得到响应结果的任务，这将大大减少服务器资源的占用，并且提高并发处理速度。如果用户不需要得到结果，那么直接将一个 Runnable 对象交给内存中的 Executor 并立即返回响应即可。

异步处理的步骤如下：

1. 开启异步处理

启用异步处理有两种方式：一种是 web.xml；另一种是注解形式。为了方便讲解以及学习，笔者后续主要以注解形式为主进行介绍。

设置@WebServlet 的 asyncSupported 属性为 true，表示支持异步处理：

```
@WebServlet(asyncSupported = true)
```

2. 启动异步请求

调用 req.startAsync(req, resp)方法获取异步处理上下文对象 AsyncContext。

3. 完成异步处理

在其他线程中执行业务操作，输出结果，并调用 asyncContext.complete()完成异步处理。

下面通过案例讲解异步操作的使用。

```
// 1.设置 asyncSupported 属性为 true，表示支持异步处理
@WebServlet(value = "asyncServlet", asyncSupported = true)
public class AsyncServlet extends HttpServlet {
    @Override
    protected void service(HttpServletRequest req, HttpServletResponse resp)
throws ServletException, IOException {
        long startTimeMain = System.currentTimeMillis();
        System.out.println("主线程：" + Thread.currentThread() + "-" +
System.currentTimeMillis() + "-start");
        // 2.启动异步处理：调用 req.startAsync(req,resp)方法，获取异步处理上下文对象
AsyncContext
        AsyncContext asyncContext = req.startAsync(req, resp);
        asyncContext.addListener(new AsyncListener() {
            @Override
            public void onComplete(AsyncEvent asyncEvent) throws IOException{
            }
            @Override
```

```
            public void onTimeout(AsyncEvent asyncEvent) throws IOException {
            }
            @Override
            public void onError(AsyncEvent asyncEvent) throws IOException {
            }
            @Override
            public void onStartAsync(AsyncEvent asyncEvent) throws IOException
{
            }
        });
        // 3.调用 start()方法进行异步处理，调用这个方法之后主线程就结束了
        asyncContext.start(() -> {
            long startTimeChild = System.currentTimeMillis();
            System.out.println("子线程: " + Thread.currentThread() + "-" +
System.currentTimeMillis() + "-start");
            try {
                // 这里休眠 2 秒，模拟业务耗时
                TimeUnit.SECONDS.sleep(2);
                // 这里是子线程，请求在这里进行处理
                asyncContext.getResponse().getWriter().write("ok");
                // 4.调用 complete()方法，表示请求处理完成
                asyncContext.complete();
            } catch (Exception e) {
                e.printStackTrace();
            }
            System.out.println("子线程: " + Thread.currentThread() + "-" +
System.currentTimeMillis() + "-end,耗时(ms):" + (System.currentTimeMillis() -
startTimeChild));
        });
        System.out.println("主线程: " + Thread.currentThread() + "-" +
System.currentTimeMillis() + "-end,耗时(ms):" + (System.currentTimeMillis() -
startTimeMain));
    }
}
```

我们可以看到后台的异步处理结果如图 6.6 所示。

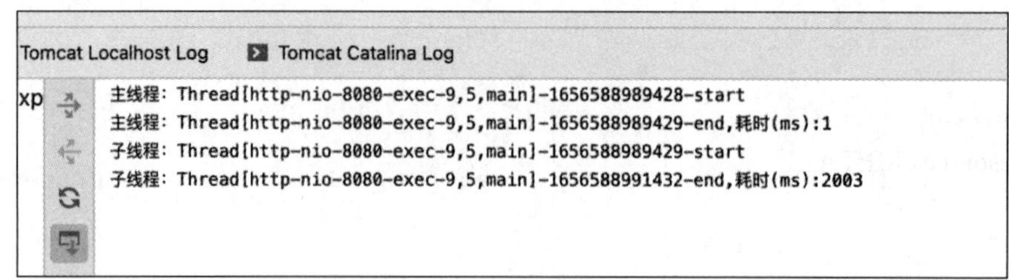

图 6.6 异步处理结果

注意：如果在项目中之前配置过 Filter 和 Listener，就要开启异步支持，否则程序会报错。

6.3.4 可插性支持——Web 模块化

Servlet 3.0 引入了称为“Web 模块部署描述符片段”的 web-fragment.xml 部署描述文件，该文件必须存放在 JAR 文件的 META-INF 目录下，该部署描述文件可以包含一切可以在 web.xml 中定义的内容。JAR 包通常放在 WEB-INF/lib 目录下，该目录包含所有该模块使用的资源，如.class 文件、配置文件等。

现在，为一个 Web 应用增加一个 Servlet 配置有如下 3 种方式：

（1）编写一个类继承 HttpServlet，将该类放在 classes 目录下的对应包结构中，修改 web.xml，增加 Servlet 声明。这是最原始的方式。

（2）编写一个类继承 HttpServlet，并且在该类上使用@WebServlet 注解将该类声明为 Servlet，将该类放在 classes 目录下的对应包结构中，无须修改 web.xml 文件。

（3）编写一个类继承 HttpServlet，将该类打成 JAR 包，并在 JAR 包的 META-INF 目录下放置一个 web-fragment.xml 文件，用于声明 Servlet 配置。web-fragment.xml 文件示例如下：

```
<?xml version="1.0" encoding="UTF-8"?>
<web-fragment
        xmlns="https://jakarta.ee/xml/ns/jakartaee"
        xmlns:xsi="http://www.w3.org/2001/XMLSchema-instance"
        xsi:schemaLocation="https://jakarta.ee/xml/ns/jakartaee
https://jakarta.ee/xml/ns/jakartaee/web-app_5_0.xsd"
        version="5.0"
        metadata-complete="true">

    <servlet>
        <servlet-name>pluginServlet</servlet-name>
        <servlet-class>com.vincent.servlet.PluginServlet</servlet-class>
    </servlet>
    <servlet-mapping>
        <servlet-name>pluginServlet</servlet-name>
        <url-pattern>/pluginServlet</url-pattern>
    </servlet-mapping>
```

```
</web-fragment>
```

web-fragment.xml 需要放在 JAR 包文件内的 META-INF 目录下，在 IntelliJ IDEA 中开发，则是放在项目/resources/META-INF/目录下。其目录结构如图 6.7 所示。

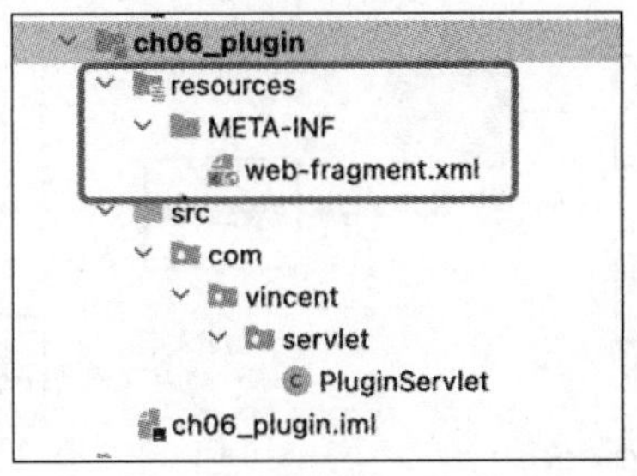

图 6.7 插件项目清单

Servlet 代码如下：

```
public class PluginServlet extends HttpServlet {
    @Override
    protected void service(HttpServletRequest req, HttpServletResponse resp)
throws ServletException, IOException {
        System.out.println("=====这是 PluginServlet======");
        PrintWriter writer = resp.getWriter();
        writer.write("=====这是 PluginServlet======");
        writer.flush();
    }
}
```

完成之后，我们将上述内容打成 JAR 包：ch06_plugin.jar，并放入项目 web/WEB-INF/lib 目录。然后访问 PluginServlet，页面访问入口代码如图 6.8 所示。

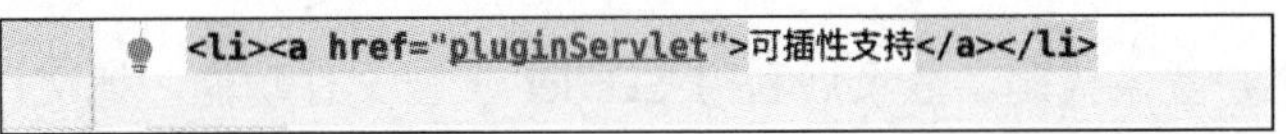

图 6.8 访问插件

在主项目中，只需要正常访问 Servlet 即可。

6.4 实践与练习

1. 使用过滤器实现敏感词过滤，可以自定义敏感词，比如傻瓜、笨蛋、二货等不文明词汇。

2. 在前面的练习中我们学会了登录，尝试为登录页面加上自动登录功能，使用过滤器实现自动登录。

提示：流程如图 6.9 所示。

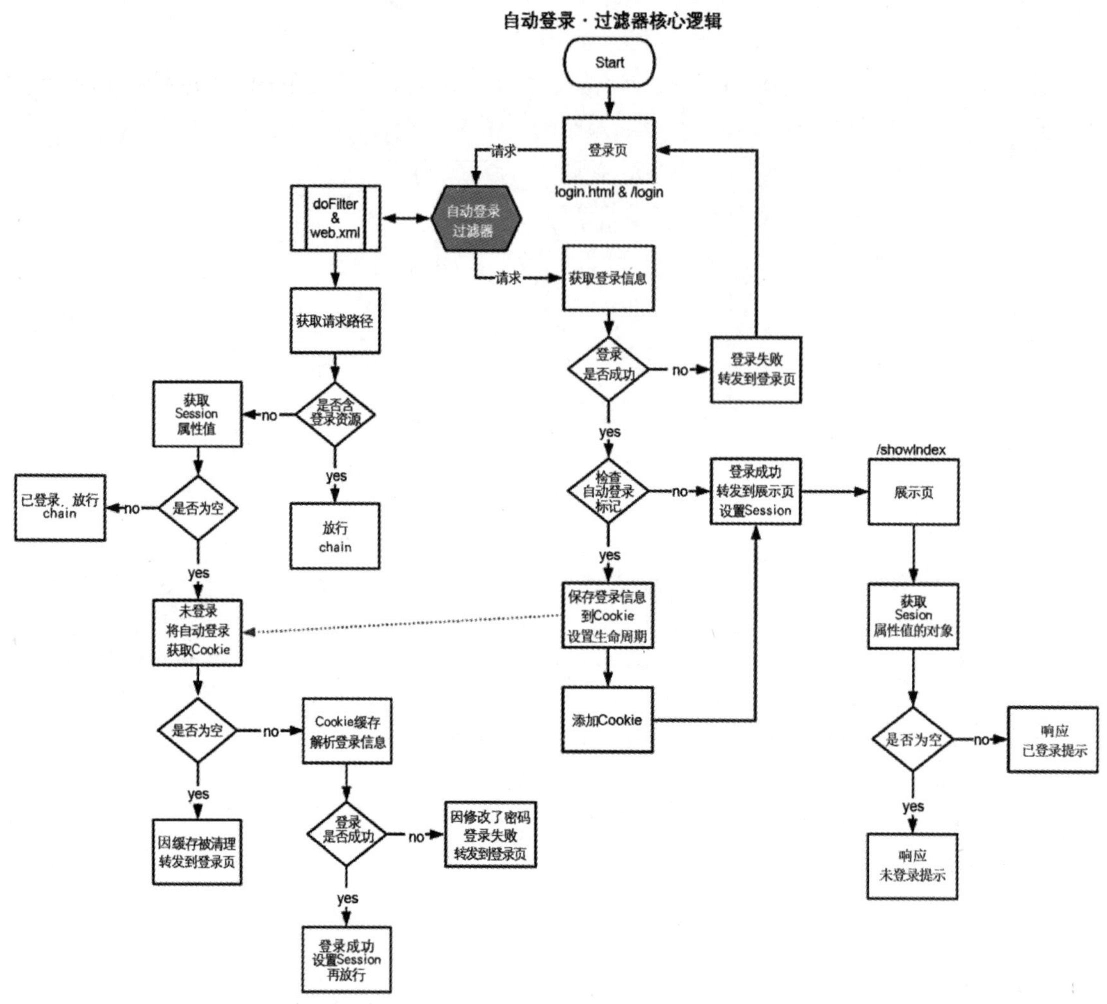

图 6.9　流程图

3. 结合之前的用户登录代码，登录后利用 Servlet 上传文件功能，把文件上传到服务器的登录用户名目录下。

第 3 篇

Java Web 整合开发

本篇重点介绍以下内容：

- 掌握 Java Web 对数据库的基本操作，并熟练使用 JDBC 相关的 API。
- 掌握 EL 表达式，深入了解 EL 表达式的特点和使用场景。
- 深入学习 JSTL 标签，掌握 JSTL 标签核心库的基本操作。
- 扩展学习 JSTL 标签格式化标签库和函数标签库。
- 掌握 Ajax 的基本概念和使用场景。
- 深入学习 Ajax 技术，掌握 Ajax 异步操作的优势和应用场景。

第 7 章

Java Web 的数据库操作

在 Java Web 开发中，通过页面操作的记录最终都会持久化存储，持久化存储方便管理数据，能保证客户端数据持久化存储在服务端。持久化存储通用的是数据库存储，Java Web 通过前端页面与后台数据库交互实现数据互通，常见的数据库操作是 JDBC。

本章主要涉及的知识点有：

- 掌握 JDBC 的基本概念。
- 学会使用 JDBC 进行 MySQL 数据库的开发。
- 如何使用 JDBC 操作数据实现数据的增、删、改、查。
- 如何正确使用 JDBC 实现数据库分页查询。

7.1 JDBC 技术

在现代程序开发中，有大量开发基于数据库，使用数据库可以方便地实现数据的存储以及查找，本节将讲解数据库操作技术——JDBC。

7.1.1 JDBC 简介

JDBC（Java DataBase Connectivity，Java 数据库连接）是标准的 Java API，是一套客户端程序与数据库交互的规范。JDBC 提供了一套通过 Java 操纵数据库的完整接口，具体就是通过 Java 连接广泛的数据库，并对表中的数据执行增、删、改、查等操作。

JDBC API 库包含与数据库相关的下列功能。

- 制作到数据库的连接。

- 创建 SQL 或 MySQL 语句。
- 执行 SQL 或 MySQL 查询数据库。
- 查看和修改所产生的记录。

从根本上来说，JDBC 是一种规范，它提供了一套完整的接口，以方便对底层数据库的访问，因此可以用 Java 编写不同类型的可执行文件，例如：

- Java 应用程序。
- Java Applets。
- Java Servlets。
- Java ServerPages (JSPs)。
- Enterprise JavaBeans (EJBs)。

这些不同的可执行文件通过 JDBC 驱动程序来访问数据库。

JDBC 具有 ODBC 一样的性能，允许 Java 程序包含的代码具有不依赖特定数据库的特性，即具有数据库无关性（Database Independent）。

JDBC API 是由 JDBC 驱动程序实现的，不同的数据库对应不同的驱动程序。选择了数据库，就需要使用针对该数据库的 JDBC 驱动程序，并将对应的 JAR 包引入项目中。

在调用 JDBC API 时，JDBC 会将请求交给 JDBC 驱动程序，最终由该驱动程序完成与数据库的交互。此外，数据库驱动程序会提供 API 操作来实现打开数据库连接、关闭数据库连接以及控制事务等功能。

JDBC 的目标是使程序做到“一次编写，到处运行”，使用 JDBC API 访问数据库，无论是更换数据库还是更换操作系统，都不需要修改调用 JDBC API 的程序代码，因为 JDBC 提供了使用相同的 API 来访问不同的数据库的服务（比如 MySQL 和 Oracle 等），这样就可以编写不依赖特定数据库的 Java 程序。更高层的数据访问框架也是以 JDBC 为基础构建的，其框架图如图 7.1 所示。

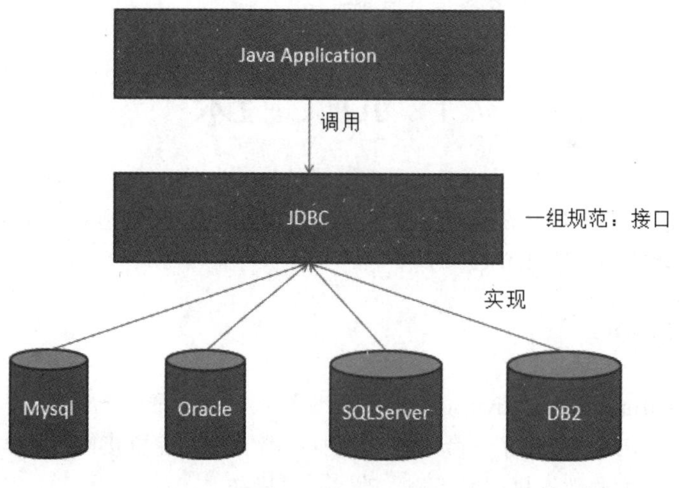

图 7.1　JDBC 框架图

可以看到，上层应用（Java Application）在使用数据库时，其实不需要知道底层是什么数据库，这部分工作交给 JDBC 接口完成就行了，因此实现了灵活的接口规范和超强的适配能力。

7.1.2　安装 MySQL 数据库

读者若要使用 JDBC 操作数据库，则需要安装数据库软件，市面上常用的数据库软件有很多，常见的有关系型数据库 MySQL、Oracle、SQL Server、DB2、TiDB 等，笔者这里选用 MySQL 数据库作为示例。

下载 MySQL 比较简单，访问官网下载页面，如图 7.2 所示。

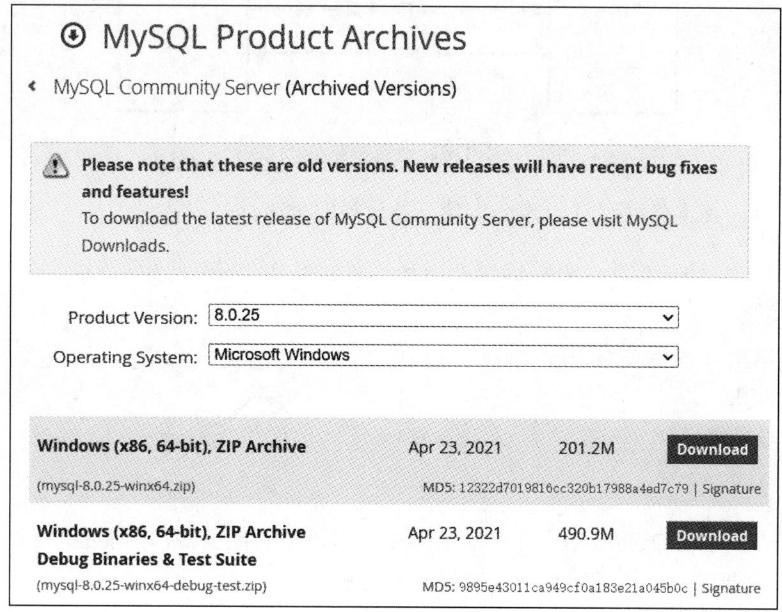

图 7.2　MySQL 下载页面

读者可根据自己系统情况选择相应的版本，笔者用的是 Windows 系统的 MySQL 8.0.25 版本。

接下来安装软件，安装过程非常简单，按向导一步一步执行即可。MySQL 的具体安装步骤和使用请参考数据库相关书籍，笔者这里就不一一说明了。

7.1.3　JDBC 连接数据库的过程

JDBC 连接数据库示意图如图 7.3 所示。

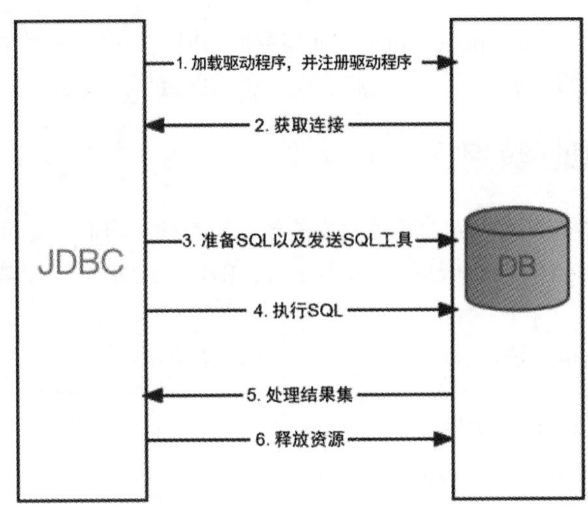

图 7.3　JDBC 连接数据库的过程

从图 7.3 来看，其连接过程分为 6 个步骤，具体说明如下：

（1）加载 JDBC 驱动程序，并注册驱动程序（高版本可以省略此步骤）。

（2）获取连接。

（3）准备 SQL 以及发送 SQL 工具。

（4）执行 SQL。

（5）处理结果集。

（6）释放资源。

在处理过程中，除了在高版本中注册驱动可以省略外，其他步骤都不能省略。尤其是最后的释放资源，否则多次调用极容易导致系统资源耗尽而宕机。

7.2　JDBC API

上一节大致介绍了 JDBC，了解了 JDBC 操作数据库的基本步骤。本节主要深入了解操作数据库的核心 API，如表 7.1 所示。

表7.1　JDBC的核心API介绍

接口或类	说　明
DriverManager 类	管理和注册数据库驱动，得到数据库连接对象
Connection 接口	一个连接对象，可用于创建 Statement 和 PreparedStatement 对象
Statement 接口	一个 SQL 语句对象，用于将 SQL 语句发送给数据库服务器
PreparedStatement 接口	一个 SQL 语句对象，是 Statement 的子接口
ResultSet 接口	用于封装数据库查询结果集，返回给客户端 Java 程序

在使用 JDBC 之前，需要加载和注册 JDBC 驱动程序。不同厂商对 JDBC 的实现各不相同，但是它们都遵循 JDBC 的接口规范，加载和注册驱动程序的代码如下：

```
Class.forName(driver);  //向 DriverManager 注册驱动程序，即加载驱动程序
```

注意：MySQL 5 之后的驱动 JAR 包可以省略注册驱动程序的步骤，因为在 java.sql.Driver 中已经写好了。

7.2.1 DriverManager 类

DriverManager 是驱动程序管理类，负责管理和注册驱动程序，并创建数据库连接，如表 7.2 所示。

表7.2　DriverManager相关API介绍

静 态 方 法	说　明
getConnection(String url, String user, String password)	通过 URL、数据库用户名和密码来获取数据库连接对象
getConnection(String url, Properties info)	通过 URL、属性对象来获取数据库连接对象

连接参数说明如下：

- url：不同数据库，定义了不同的字符串连接规范。格式为"协议名:子协议://服务器名或者IP 地址:端口号/数据库名?参数=参数值"。例如访问 MySQL 数据库 test 的 url 格式为 jdbc:mysql://localhost:3306/test?。如果是本地服务器，访问 MySQL 的 test 数据库，url 可以简写为：jdbc:mysql:///test（前提必须是本地服务器，且端口必须是 3306）。
- user：数据库登录的用户名。
- password：对应 user 用户名的数据库登录密码。

7.2.2 Connection 接口

Connection 接口是特定数据库的连接(会话)接口。在连接上下文中执行 SQL 语句并返回结果，通过以下方式可以建立连接：

```
Connection con=DriverManager.getConnection(url, username, password);//建立连接
```

Connection 接口 API 包含两个重要功能：创建执行 SQL 语句的对象和事务管理。

1. 创建执行 SQL 语句的对象

JDBC 主要用于操作数据库，Connection 是抽象的数据库接口，主要是为了获取数据库连接并操作数据库，具体操作数据库的过程下一节会详细讲解，现在先来看获取数据库连接相关的 API，如表 7.3 所示。

表7.3　Connection相关的API介绍

返 回 值	方 法 名	说　明
Statement	createStatement()	创建 Statement 对象并将 SQL 语句发送到数据库
CallableStatement	prepareCall(String sql)	创建 CallableStatement 对象并调用数据库存储过程
PreparedStatement	prepareStatement(String sql)	创建 PreparedStatement 对象并将参数化的 SQL 语句发送到数据库

2. 事务管理

如果 JDBC 连接处于自动提交模式下，该模式为默认模式，那么每条 SQL 语句都是在其完成时提交到数据库的。

对简单的应用程序来说这种模式相当好，但有 3 个原因导致用户可能想关闭自动提交模式，并管理自己的事务：为了提高性能、为了保持业务流程的完整性以及使用分布式事务。

可以通过事务在任意时间来控制以及把更改应用于数据库。它把单条 SQL 语句或一组 SQL 语句作为一个逻辑单元，如果其中任一条语句失败，则整个事务失败。

若要启用手动事务模式来代替 JDBC 驱动程序默认使用的自动提交模式，则调用 Connection 对象的 setAutoCommit()方法。如果把布尔值 false 传递给 setAutoCommit()方法，则表示关闭自动提交模式，如果把布尔值 true 传递给该方法，则会将再次开启自动提交模式，具体涉及的 API 如表 7.4 所示。

表7.4 Connection事务管理API介绍

返 回 值	方 法 名	说 明
void	setAutoCommit(boolean autoCommit)	按指定的布尔值设置连接的自动提交模式
void	commit()	使上一次提交/回滚后进行的更改进行持久更新，并释放 Connection 对象当前持有的所有数据库锁
void	rollback()	取消在当前事务中进行的所有更改，并释放 Connection 对象当前持有的所有数据库锁

7.2.3 Statement 接口

Statement 代表一条语句对象，用于发送 SQL 语句给服务器。想完成对数据库的增、删、改、查，只需要通过这个对象向数据库发送增、删、改、查语句即可。其 API 如表 7.5 所示。

- Statement.executeUpdate 方法：用于向数据库发送增、删、改、查的 SQL 语句。executeUpdate 执行完后，将会返回一个整数（增、删、改、查语句导致数据库几行数据发生了变化）。
- Statement.executeQuery 方法：用于向数据库发送查询语句，executeQuery 方法返回代表查询结果的 ResultSet 对象。

表7.5 Statement相关API介绍

返 回 值	方 法 名	说 明
int	executeUpdate(String sql)	执行给定的 SQL 语句
ResultSet	executeQuery(String sql)	向数据库发送查询语句，executeQuery 方法返回代表查询结果的 ResultSet 对象

【例 7.1】执行 create

```
   int num = stat.executeUpdate("insert into Employees values (11, 32, 'Zara',
'Ali')");
   if (num > 0) {
      System.out.println("插入成功，改变了" + num + "行");
   }
```

【例 7.2】执行 delete

```
int num = stat.executeUpdate("delete from Employees where id = 11 ");
if (num > 0) {
   System.out.println("删除成功，改变了" + num + "行");
}
```

【例 7.3】执行 update

```
int num = stat.executeUpdate("update Employees set age = 28 where id = 11");
if (num > 0) {
   System.out.println("修改成功了");
}
```

7.2.4 PreparedStatement 接口

PreparedStatement 是一个特殊的 Statement 对象，如果只是作为查询数据或者更新数据的接口，用 PreparedStatement 代替 Statement 是一个非常理想的选择，因为它有以下优点：

- 简化 Statement 中的操作。
- 提高执行语句的性能。
- 可读性和可维护性更好。
- 安全性更好。

使用 PreparedStatement 能够预防 SQL 注入攻击，所谓 SQL 注入，指的是通过把 SQL 命令插入 Web 表单提交或者输入字段名或页面请求的查询字符串，最终达到欺骗服务器，执行恶意 SQL 命令的目的。注入只对 SQL 语句的编译过程有破坏作用，而执行阶段只是把输入串作为数据处理，不再需要对 SQL 语句进行解析，因此也就避免了类似 select * from user where name='aa' and password='bb' or 1=1 的 SQL 注入问题的发生。

作为特殊的 Statement 对象，这里顺便对两者做个对比。

- 关系：PreparedStatement 继承自 Statement，都是接口。
- 区别：PreparedStatement 可以使用占位符，是预编译的，批处理比 Statement 效率高。

PreparedStatement 使用“?”作为占位符，执行 SQL 前调用 setXX()方法为每个“?”位置的参数赋值。示例代码如下：

【例 7.4】执行 PreparedStatement

```
   PreparedStatement pstat = conn.prepareStatement("update Employees set age = ?
where id = ?");
   pstat.setInt(1,28);
   pstat.setInt(2,11);
   int result = pstat.executeUpdate();
   System.out.printf("更新记录数："+result+"\n");
```

7.2.5 ResultSet 接口

ResultSet（结果集）封装了数据库返回的结果集。

1. 基本的 ResultSet

基本的 ResultSet 的作用就是实现查询结果的存储功能，而且只能读取结果集一次，不能来回地滚动读取。这种结果集的创建方式如下：

【例 7.5】ResultSet 结果集的遍历

```
Statement st = conn.CreateStatement();
ResultSet rs = Statement.executeQuery("select * from Employees");
while (rs.next()) {
    System.out.println(rs.getInt("id"));
    System.out.println(rs.getInt("age"));
    System.out.println(rs.getString("first"));
    System.out.println(rs.getString("last"));
}
```

由于这种结果集不支持滚动读取功能，因此，如果获得这样一个结果集，只能调用结果集的 next() 方法逐个地读取数据。

2. 可滚动的 ResultSet

可滚动的 ResultSet 内部维护一个行游标（在数据库中一行数据即为一条记录，反过来，一条记录即为一行），并提供了一系列方法来移动游标。

- void beforeFirst()：把游标放到第一行（即第一条记录）的前面，这也是游标默认的位置。
- void afterLast()：把游标放到最后一行（即最后一条记录）的后面。
- boolean first()：把游标放到第一行的位置上，返回值表示调控游标是否成功。
- boolean last()：把游标放到最后一行的位置上。
- boolean isBeforeFirst()：当前游标位置是否在第一行前面。
- boolean isAfterLast()：当前游标位置是否在最后一行后面。
- boolean isFirst()：当前游标位置是否在第一行上。
- boolean isLast()：当前游标位置是否在最后一行上。
- boolean previous()：把游标向上挪一行（即向上挪一条记录）。
- boolean next()：把游标向下挪一行（即向下挪一条记录）。
- boolean relative(int row)：相对位移，当 row 为正数时，表示向下移动 row 行，为负数时表示向上移动 row 行。
- boolean absolute(int row)：绝对位移，把游标移动到指定的行上。
- int getRow()：返回当前游标所在的行。

这些方法分为两类，一类用来判断游标位置，另一类是用来移动游标。其创建方式如下：

```
Statement st = conn.createStatement(
   ResultSet.TYPE_SCROLL_INSENSITIVE,ResultSet.CONCUR_READ_ONLY);
   ResultSet rs = st.executeQuery("select * from Employees");
```

其中两个参数的意义如下：

（1）resultSetType 用于设置 ResultSet 对象的类型为可滚动或者不可滚动，其取值如下：

- ResultSet.TYPE_FORWARD_ONLY：只能向前滚动。
- ResultSet.TYPE_SCROLL_INSENSITIVE 和 Result.TYPE_SCROLL_SENSITIVE: 这两个值用于实现任意前、后滚动（各种移动的 ResultSet 游标）的方法。二者的区别在于前者对于修改不敏感，而后者对于修改敏感。

（2）resultSetConcurency 用于设置 ResultSet 对象是否能修改，其取值如下：

- ResultSet.CONCUR_READ_ONLY：设置为只读类型的参数。
- ResultSet.CONCUR_UPDATABLE：设置为可修改类型的参数。

所以，如果想要得到具有可滚动类型的 ResultSet 对象，只要把 Statement 赋值为 ResultSet.CONCUR_READ_ONLY 即可。执行这个 Statement 查询语句得到的就是可滚动的 ResultSet 对象。

3. 可更新的 ResultSet

可更新的 ResultSet 对象可以完成对数据库中表的修改，结果集只是相当于数据库中表的视图，所以并不是所有的 ResultSet 只要设置了可更新就能够完成更新，能够完成更新的 ResultSet 的 SQL 语句必须具备如下属性：

- 只引用了单个表。
- 不含有 join 或者 group by 子句。
- 列中要包含主键。

具有上述条件的、可更新的 ResultSet 可以完成对数据的修改，可更新的 ResultSet 的创建方法如下：

```
Statement st = conn.createStatement(
ResultSet.TYPE_SCROLL_INSENSITIVE,ResultSet.CONCUR_UPDATABLE);
```

执行结果得到的就是可更新的 ResultSet。若要更新，把结果集中的游标移动到要更新的行，然后调用 updateXXX()方法，其中 XXX 的含义和 getXXX()方法中的 XXX 是相同的。updateXXX()方法有两个参数！第一个是要更新的列（即数据库的字段），可以是列名或者序号；第二个是要更新的数据，这个数据类型要和 XXX 相同。每完成一行（一条记录）的更新，都要调用 updateRow()完成对数据库的写入，而且是在 ResultSet 的游标没有离开该修改行之前，否则修改将不会被提交。

调用 updateXXX()方法还可以完成插入操作。下面先要介绍其他两个方法：

（1）moveToInsertRow()：用于把 ResultSet 的游标移动到插入行，这个插入行是表中特殊的一行，不需要指定具体哪一行，只要调用这个方法，系统会自动移动到那一行的。

（2）moveToCurrentRow()：用于把 ResultSet 的游标移动到记忆中的某个行，通常是当前行。如果没有执行过 insert 操作，这个方法就没有什么效果，如果执行过 insert 操作，这个方法用于返回 insert 操作之前所在的那一行，即离开插入行回到当前行，当然也可以通过 next()、previous()等方法离开插入行返回当前行。

要完成对数据库的插入操作，首先调用 moveToInsertRow()把游标移动到插入行，然后调用 updateXXX()方法完成对各列数据（即插入记录的各个字段）的更新，与更新操作一样，更新的内容要写到数据库中。不过这里调用的是 insertRow()，因此还要保证在该方法执行之前结果集的游标没有离开插入行，否则插入操作不会被执行，并且对插入行的更新操作将被放弃。

4. 可保持的 ResultSet

正常情况下，如果使用 Statement 执行完一个查询，又去执行另一个查询，这时第一个查询的结果集就会被关闭，也就是说，所有的 Statement 查询语句对应的结果集是一个，如果调用 Connection 的 commit()方法也会关闭结果集。可保持性就是指当 ResultSet 结果集被提交时，该结果集是被关闭还是不被关闭。JDBC 2.0 和 1.0 都是提交后 ResultSet 结果集就会被关闭。不过在 JDBC 3.0 中提供了可以设置 ResultSet 是否关闭的操作。要创建这样的 ResultSet 对象，生成 Statement 对象的时候需要有 3 个参数，代码如下：

```
    // 实例化 Statement 对象
    Statement st=createStatement(int resultsetscrollable,int
resultsetupdateable,int resultsetSetHoldability);
    // 执行 SQL 语句
    ResultSet rs = st.executeQuery(sqlStr);
```

前两个参数及其 createStatement()方法中的参数是完全相同的，这里只介绍第 3 个参数 resultSetHoldability，它用于表示在 ResultSet 提交后是打开还是关闭，该参数的取值有两个：

- ResultSet.HOLD_CURSORS_OVER_COMMIT：表示修改提交时，不关闭 ResultSet。
- ResultSet.CLOSE_CURSORS_AT_COMMIT：表示修改提交时 ResultSet 关闭。

当使用 ResultSet 对象且查询出来的数据集记录很多时，假如有一千万条时，ResultSet 对象是否会占用很多内存？如果记录过多，那么程序会不会耗尽系统的内存呢？答案是不会，ResultSet 对象表面上看起来是查询数据库数据记录一个结果集，其实这个对象中只是存储了结果集的相关信息，查询到的数据库记录并没有存放在该对象中，这些内容要等到用户通过 next()方法和相关的 getXXX()方法提取数据记录的字段内容时才能从数据库中得到，这些相关信息并不会占用内存，只有当用户将记录集中的数据提取出来加入自己的记录集中时才会消耗内存，如果用户没有使用记录集，就不会发生严重消耗内存的情况。

7.3 JDBC 操作数据库

通过前面两节的学习，读者基本已经了解了 JDBC 的使用和一些常见的操作数据库的 API，本节会以实际的示例来操作数据库，实现数据库增、删、改、查的过程。

在操作数据库之前，必须先建立数据库连接，再执行 SQL 语句。

7.3.1 添加数据

在数据库命令中，使用 insert 实现添加数据的功能。结合 JDBC API 中 Statement 接口的作用，通过 JDBC 执行 SQL 语句，即可把数据添加到数据库中。

【例 7.6】创建数据库连接

```
conn = DriverManager.getConnection(url,user,pwd);
stat = conn.createStatement();
insertEmp(stat); // 插入数据
conn.close();
```

可以看到，上面的代码在中间行调用了 insertEmp()方法，该自定义的方法 insertEmp()中包含了将添加数据的语句，具体代码如下：

【例 7.7】添加数据

```
private static void insertEmp(Statement stat) throws SQLException {
    String sql = "INSERT INTO Employees VALUES (1000, 32, 'xueyou', 'zhang')";
    stat.executeUpdate(sql);
    sql = "INSERT INTO Employees VALUES (1001, 26, 'dehua', 'liu')";
    stat.executeUpdate(sql);
    sql = "INSERT INTO Employees VALUES (1002, 28, 'ming', 'li')";
    stat.executeUpdate(sql);
    sql = "INSERT INTO Employees VALUES (1003, 30, 'fucheng', 'guo')";
    stat.executeUpdate(sql);
    System.out.println("Inserted records into the table ...");
}
```

执行这段程序，然后在后台查询，发现数据已经入库，如图 7.4 所示。

```
mysql> select * from Employees;
+------+-----+---------+-------+
| id   | age | first   | last  |
+------+-----+---------+-------+
|   11 |  28 | Zara    | Ali   |
| 1000 |  32 | xueyou  | zhang |
| 1001 |  26 | dehua   | liu   |
| 1002 |  28 | ming    | li    |
| 1003 |  30 | fucheng | guo   |
+------+-----+---------+-------+
```

图 7.4　JDBC 操作数据库查询员工表

7.3.2　查询数据

查询数据的命令是 select，查询的结果是一个数据集合，需要用到前面讲解的 ResultSet 对象来处理结果集。

【例 7.8】查询数据

```
conn = DriverManager.getConnection(url,user,pwd);
stat = conn.createStatement();
// insertEmp(stat); // 插入数据
queryEmp(stat); // 查询数据
conn.close();
```

queryEmp()方法的代码如下：

```
private static void queryEmp(Statement stat) throws SQLException {
    String sql = "SELECT id, age, first, last FROM Employees";
```

```
        ResultSet rs = stat.executeQuery(sql);
        while(rs.next()) {
            int id  = rs.getInt("id");
            int age = rs.getInt("age");
            String first = rs.getString("first");
            String last = rs.getString("last");
            //Display values
            System.out.print("ID: " + id);
            System.out.print(", Age: " + age);
            System.out.print(", First: " + first);
            System.out.println(", Last: " + last);
        }
        rs.close();
    }
```

7.3.3 修改数据

修改数据的命令是 update，数据是否真实发生了变化，需要执行上一节查询数据的程序代码来查看。

【例 7.9】修改数据

```
conn = DriverManager.getConnection(url,user,pwd);
stat = conn.createStatement();
// insertEmp(stat); // 插入数据
// queryEmp(stat); // 查询数据
updateEmp(stat);
conn.close();
```

updateEmp()方法的代码如下：

```
private static void updateEmp (Statement stat) throws SQLException {
    System.out.println("Update Employees...");
    String sql = "UPDATE Employees SET age = 30 WHERE id in (1000, 1001)";
    stat.executeUpdate(sql);
    queryEmp(stat);
}
```

7.3.4 删除数据

删除数据的命令是 delete，与修改数据一样，数据是否真实发生了变化，删除成功之后需要执行查询数据的程序代码来查看。

【例 7.10】删除数据

```
conn = DriverManager.getConnection(url,user,pwd);
stat = conn.createStatement();
// insertEmp(stat); // 插入数据
// queryEmp(stat); // 查询数据
// updateEmp(stat);
deleteEmp(stat);
conn.close();
```

deleteEmp()方法的代码如下：

```
private static void updateEmp (Statement stat) throws SQLException {
    System.out.println("Delete Employees...");
    String sql = "delete from Employees WHERE id in (1002, 1003)";
    stat.executeUpdate(sql);
    queryEmp(stat);
}
```

7.3.5 批处理

批处理是指将关联的 SQL 语句组合成一个批处理，并将它当成一个调用提交给数据库。

这个批处理包含多条 SQL 语句，这样做可以减少通信资源的消耗，从而提高程序执行的性能。

JDBC 驱动程序不一定支持批处理功能。

调用 DatabaseMetaData.supportsBatchUpdates()方法来确定目标数据库是否支持批处理更新。如果 JDBC 驱动程序支持此功能，则该方法返回值为 true。

Statement、PreparedStatement 和 CallableStatement 的 addBatch()方法用于添加单条语句到批处理中。

executeBatch()方法用于启动执行所有组合在一起的语句，即批处理。

executeBatch()方法返回一个整数数组，数组中的每个元素代表各自的更新语句的更新数目。

正如可以添加语句到批处理中，也可以调用 clearBatch()方法删除批处理，此方法删除所有用 addBatch()方法添加的语句。

1. 批处理和 Statement 对象

通过 Statement 对象使用批处理的典型步骤如下：

（1）调用 createStatement()方法创建一个 Statement 对象。

（2）调用 setAutoCommit()方法将自动提交设为 false。

（3）Statement 对象调用 addBatch()方法来添加用户想要的所有 SQL 语句。

（4）Statement 对象调用 executeBatch()执行所有的 SQL 语句。

（5）调用 commit()方法提交所有的更改。

【例 7.11】批处理

```
private static void batch01(Connection conn) throws SQLException {
    conn.setAutoCommit(false);
    Statement stat = conn.createStatement();
    stat.addBatch("INSERT INTO Employees VALUES (1010, 32, 'xueyou', 'zhang')");
    stat.addBatch("INSERT INTO Employees VALUES (1011, 26, 'dehua', 'liu')");
    stat.addBatch("INSERT INTO Employees VALUES (1012, 28, 'ming', 'li')");
    stat.addBatch("UPDATE Employees SET age = 32 where id = 1012");
    int[] rs = stat.executeBatch();
    System.out.println("execute batch  ...");
    conn.commit();
}
```

2. 批处理和 PreparedStatement 对象

通过 prepareStatement 对象使用批处理的典型步骤如下：

（1）使用占位符创建 SQL 语句。

（2）调用任一 prepareStatement()方法创建 prepareStatement 对象。

（3）调用 setAutoCommit()方法将自动提交设为 false。

（4）Statement 对象调用 addBatch()方法来添加用户想要的所有 SQL 语句。

（5）Statement 对象调用 executeBatch()执行所有的 SQL 语句。

（6）调用 commit()方法提交所有的更改。

【例 7.12】批处理

```
    private static void batch02(Connection conn) throws SQLException {
        conn.setAutoCommit(false);
        PreparedStatement pstat = conn.prepareStatement("INSERT INTO Employees
VALUES (?,?,?,?)");
        pstat.setInt(1, 400);
        pstat.setInt(2, 33);
        pstat.setString(3, "Pappu");
        pstat.setString(4, "Singh");
        pstat.addBatch();
        pstat.setInt( 1, 401);
        pstat.setInt( 2, 31);
        pstat.setString( 3, "Pawan" );
        pstat.setString( 4, "Singh" );
        pstat.addBatch();
        int[] num = pstat.executeBatch();
        System.out.println("execute batch 2 ...");
        conn.commit();
    }
```

7.3.6 调用存储过程

存储过程其实是数据库一段代码片段的执行。调用存储过程之前，需要先在数据库中创建存储过程。下面以 MySQL 语法为例，讲解创建并调用存储过程的方法。

【例 7.13】创建存储过程

```
DELIMITER $$

DROP PROCEDURE IF EXISTS `TEST`.`getEmpName` $$
CREATE PROCEDURE `TEST`.`getEmpName`
(IN EMP_ID INT, OUT EMP_FIRST VARCHAR(255))
BEGIN
    SELECT first INTO EMP_FIRST
    FROM Employees
    WHERE ID = EMP_ID;
END $$

DELIMITER ;
```

【例 7.14】调用存储过程

```
private static void execProcedure(Connection conn) throws SQLException {
    String SQL = "{call getEmpName (?, ?)}";
    CallableStatement cstat = conn.prepareCall (SQL);
```

```
        cstat.registerOutParameter(2, Types.NVARCHAR);
        cstat.setInt(1, 1001);
        cstat.execute();
        System.out.println(cstat.getString(2));
        cstat.close();
    }
```

7.4　JDBC 在 Java Web 中的应用

从互联网起步，发展到今天五花八门、令人眼花缭乱的复杂应用，大到企业级的 Web 应用系统，小到简单的页面应用，Web 应用无时无刻不在改变人们的认知方式。

7.4.1　开发模式

在硬件性能提升的同时，通过各种技术实现了海量数据存储，解决了高并发的性能瓶颈，追求极致的用户体验等。从前端到后端，随着业务需求的变更和技术的更新迭代，开发模式也随之发生着改变。

下面笔者带领读者简单回顾一下 Web 开发模式的发展历程。

1. 传统 JSP 模式

传统的网页 HTML 文件可以作为页面来浏览。同时，又兼容 Java 代码，可以用来处理业务逻辑。对于功能单一、需求稳定的项目，可以把页面展示逻辑和业务逻辑都放到 JSP 中。

- 优点：编程简单，易上手，容易控制。
- 缺点：前后端职责不清晰，可维护性差。

2. Model1 模式（JSP + JavaBean）

该模式可以看作是对传统 JSP 模式的增强，加入了 JavaBean 或 Servlet，将页面展示逻辑和业务逻辑做了分离。JSP 只负责显示页面，JavaBean 或者 Servlet 负责收集数据，以及返回处理结果。

- 优点：架构简单，适合中小型项目。
- 缺点：虽然分离出了业务逻辑，但是 JSP 中仍然包含页面展示逻辑和流程控制逻辑，不利于维护。

3. Model2 模式（JSP + Servlet + JavaBean）

该模式也可以看作是传统 MVC 模式。为了更好地进行职责划分，将流程控制逻辑也分离了出来。JSP 负责页面展示，以及与用户的交互——展示逻辑；Servlet 负责控制数据显示和状态更新——控制逻辑；JavaBean 负责操作和处理数据——业务逻辑。

- 优点：分工明确，层次清晰，能够更好地适应需求的变化，适合大型项目。
- 缺点：相对复杂，严重依赖 Servlet API，JavaBean 组件类过于庞大。

4. MVC 模式

MVC 模式是在 Model2 的基础上，对前后端进一步分工。由于 Ajax 接口要求业务逻辑被移动到浏览器端，因此浏览器端为了应对更多业务逻辑变得复杂。MVC 模式因其明确分工，极受推崇，由此涌现出了很多基于 MVC 模式的开发框架，如 Struts、Spring MVC 等。再加上 Spring 开源框架强大的兼容特性，进而形成了可以适应绝大多数业务需求的经典框架组合，如 SSH、SSM 等。

前后端可以在约定接口后实现高效并行开发。

前端开发的复杂度控制比较困难。

5. 前端为主的 MV*模式

为了降低前端开发的复杂度，涌现出了大量的前端框架，如 EmberJS、KnockoutJS、AngularJS 等。它们的原则是先按照类型分层，如 Templates、Controllers、Models 等，然后在层内按照业务功能切分。

好处：

- 前后端职责清晰，在各自的工作环境开发，容易测试。
- 前端开发的复杂度可控，通过组件化组织结构。
- 部署相对独立。

不足：

- 前后端代码不能复用。
- 全异步不利于 SEO（Search Engine Optimization，搜索引擎优化）。
- 性能并非最佳，尤其是移动互联网的环境下。
- SPA 不能满足所有需求。

6. 全栈模式

随着 Node.js 的兴起，全栈开发模式逐步成为主流开发模式，比如 MEAN（MongoDB、Express、AngularJS、NodeJS）框架组合、React+Redux 等。全栈模式把 UI 分为前端 UI 和后端 UI。前端 UI 层处理浏览器层的展现逻辑，主要技术为 HTML+CSS+JavaScript。后端 UI 层处理路由、模板、数据获取等。前端可以自由调控，后端可以专注于业务逻辑层的开发。

好处：

- 前后端的部分代码可以复用。
- 若需要 SEO，可以在服务端同步渲染。
- 请求太多导致的性能问题可以通过服务端缓解。

挑战：

- 需要前端对服务端编程有进一步的了解。
- Node 层与 Java 层能否高效通信尚需要验证。
- 需要更多经验才能对部署、运维层面熟悉了解。

7.4.2　分页查询

分页查询是 Java Web 开发中经常使用到的技术。在数据库中的数据量非常大的情况下，不适合将所有的数据全部显示到一个页面中，同时为了节约程序以及数据库的资源，需要对数据进行分页查询操作。

通过 JDBC 实现分页的方法比较多，而且不同的数据库机制的分页方式也不同，这里介绍两种典型的分页方法。

1. 通过 ResultSet 的游标实现分页（伪分页）

该分页方法可以在各种数据库之间通用，但是带来的缺点是占用了大量的资源，不适合在数据量大的情况下使用。

2. 通过数据库机制进行分页

很多数据库都会提供这种分页机制，例如 SQL Server 中提供了 top 关键字，MySQL 数据库中提供了 limit 关键字，用这些关键字可以设置数据返回的记录数。使用这种分页查询方式可以减少数据库的资源开销，提高程序效率，但是缺点是只适用于一种数据库。

考虑到第一种分页方法在数据量大的情况下效率很低，基本上实际开发中都会选择第二种分页方法。

7.5　常见分页功能的实现

本节用实例来说明 JDBC 操作数据库实现分页查询，结合前面的知识点，一步一步通过 JDBC 操作数据库 API，实现 Java Web 端的分页（这里笔者选择了 Model2 开发模式，感兴趣的读者可以用其他模式来尝试改造一下分页功能，并对比一下开发模式的优缺点）。

7.5.1　创建 JavaBean 实体

首先选择查询分页的表，并将表映射成 JavaBean，定义好实体，代码如下：

```
public class EmpEntity {
    private int id;
    private int age;
    private String first;
    private String last;

    public EmpEntity() {
    }

    public EmpEntity(int id, int age, String first, String last) {
        this.id = id;
        this.age = age;
        this.first = first;
        this.last = last;
    }
```

```
    public int getId() {
        return id;
    }

    public void setId(int id) {
        this.id = id;
    }

    public int getAge() {
        return age;
    }

    public void setAge(int age) {
        this.age = age;
    }

    public String getFirst() {
        return first;
    }

    public void setFirst(String first) {
        this.first = first;
    }

    public String getLast() {
        return last;
    }

    public void setLast(String last) {
        this.last = last;
    }

    @Override
    public String toString() {
        return "EmpEntity{" +
                "id=" + id +
                ", age=" + age +
                ", first='" + first + '\'' +
                ", last='" + last + '\'' +
                '}';
    }
}
```

7.5.2 创建 PageModel 分页

涉及数据分页，此处笔者写了一个简单的对分页相关的数据封装的实体对象，代码如下：

```
public class PageModel<E> {
    //结果集
    private List<E> list;
    //查询记录数
    private int totalSize;
    //每页多少条数据
```

```
    private int pageSize;
    //第几页
    private int pageNum;

    public int getTotalPages() {
        return (totalSize % pageSize == 0 ? (totalSize / pageSize) : (totalSize
/ pageSize + 1));
    }
    public int getTopPageNum() {
        return 1;
    }
    public int getPreviousPageNum() {
        return pageNum >= 1 ? pageNum - 1 : 1;
    }
    public int getNextPageNum() {
        return pageNum >= getTotalPages() ? getTotalPages() : pageNum + 1;
    }

    public List<E> getList() {
        return list;
    }

    public void setList(List<E> list) {
        this.list = list;
    }

    public int getTotalSize() {
        return totalSize;
    }

    public void setTotalSize(int totalSize) {
        this.totalSize = totalSize;
    }

    public int getPageSize() {
        return pageSize;
    }

    public void setPageSize(int pageSize) {
        this.pageSize = pageSize;
    }

    public int getPageNum() {
        return pageNum;
    }

    public void setPageNum(int pageNum) {
        this.pageNum = pageNum;
    }
}
```

7.5.3 JDBC 查询数据库并分页

接下来就是 JDBC 真正实现数据库分页查询功能的核心代码，具体代码如下：

```
    public class EmpDao {
        //private static final String url = "jdbc:mysql:///test?useSSL=false";
        private static final String url =
"jdbc:mysql://localhost:3306/test?useSSL=false";
        private static final String user = "root";
        private static final String pwd = "123456";

        public Connection getConnection() {
            Connection conn = null;
            try {
                // 1.导入 JAR 包
                // 2.注册 JDBC 驱动程序（在高版本的依赖中可以不写注册驱动程序）
                // 3.数据库连接的对象：Connection
                Class.forName("com.mysql.cj.jdbc.Driver");
                conn = DriverManager.getConnection(url,user,pwd);
                return conn;
            } catch (SQLException e) {
                e.printStackTrace();
            } catch (ClassNotFoundException e) {
                e.printStackTrace();
            }
            return null;
        }
        public void closePst(Connection conn, PreparedStatement pst, ResultSet rs) {
            try {
                if (null != rs) {
                    rs.close();
                }
                if (null != pst) {
                    pst.close();
                }
                if (null != conn) {
                    conn.close();
                }
            } catch (SQLException e) {
                e.printStackTrace();
            }
        }

        public PageModel<EmpEntity> queryEmpList(int pageNum, int pageSize) {
            Connection conn = getConnection();
            String sql="select * from Employees limit ?,?";
            PreparedStatement pst = null;
            ResultSet rs = null;
            List<EmpEntity> list = new ArrayList<>();
            try {
```

```
            pst = conn.prepareStatement(sql);
            pst.setInt(1, (pageNum - 1) * pageSize);
            pst.setInt(2, pageNum * pageSize);
            rs = pst.executeQuery();
            EmpEntity emp = null;
            while (rs.next()) {
                emp = new EmpEntity();
                emp.setId(rs.getInt("id"));
                emp.setAge(rs.getInt("age"));
                emp.setFirst(rs.getString("first"));
                emp.setLast(rs.getString("last"));
                list.add(emp);
            }
            //总的数据条数
            ResultSet rs2 = pst.executeQuery("select count(*) from Employees");
            int total = 0;
            if(rs2.next()) {
                total = rs2.getInt(1);
            }
            rs2.close();

            PageModel pageModel = new PageModel<EmpEntity>();
            pageModel.setPageNum(pageNum);
            pageModel.setPageSize(pageSize);
            pageModel.setTotalSize(total);
            pageModel.setList(list);
            return pageModel;
        } catch (SQLException e) {
            e.printStackTrace();
        } finally {
            closePst(conn, pst, rs);
        }
        return null;
    }
}
```

7.5.4　Servlet 控制分页逻辑

最后是 Servlet 实现代码：

```
@WebServlet("/pageServlet")
public class ServletDemo extends HttpServlet {
    @Override
    protected void doGet(HttpServletRequest request, HttpServletResponse 
response) throws ServletException, IOException {
        request.setCharacterEncoding("UTF-8");
        response.setCharacterEncoding("UTF-8");

        String pPageSize = request.getParameter("pageSize");// 每页显示行数
        String pPageNum = request.getParameter("pageNum");// 当前显示页数
```

```
        int pageSize = pPageSize == null ? 10 : Integer.parseInt(pPageSize);
        int pageNum = pPageNum == null ? 1 : Integer.parseInt(pPageNum);

        request.setAttribute("pageSize", String.valueOf(pageSize));
        request.setAttribute("pageNum", String.valueOf(pageNum));

        //新建 Dao 对象，获取 pageModel
        EmpDao client = new EmpDao();
        PageModel<EmpEntity> pageModel = client.queryEmpList(pageNum, 
pageSize);
        request.setAttribute("pageModel", pageModel);//前端获取这个值
        request.getRequestDispatcher("showinfo.jsp").forward(request, 
response);
    }

    @Override
    protected void doPost(HttpServletRequest req, HttpServletResponse resp) 
throws ServletException, IOException {
        doGet(req, resp);
    }
}
```

7.5.5 JSP 展示效果

具体的 JSP 页面代码如下：

```
<%@ page contentType="text/html;charset=UTF-8" language="java" 
pageEncoding="UTF-8" %>
<%@ page import="java.util.*" %>
<%@ page import="com.vincent.javaweb.*" %>
<html>
<head>
    <title>Title</title>
</head>
<%
    String pageSize = (String) request.getAttribute("pageSize");
    String pageNum = (String) request.getAttribute("pageNum");
    PageModel<EmpEntity> pageModel = 
(PageModel<EmpEntity>)request.getAttribute("pageModel");
    List<EmpEntity> list = pageModel.getList();
%>
<body>
<table align="center" >
    <tr>
        <td align="center" colspan="3">
            <h2>用户所有信息</h2>
        </td>
    </tr>
    <tr align="center">
        <td><b>用户 Id</b></td>
        <td><b>年龄</b></td>
        <td><b>名称</b></td>
        <td><b>姓氏</b></td>
    </tr>
```

```
        <%
            if(list==null||list.size()<1){
        %>
        <p align="center">还没有任何数据！</p>
        <%
            } else {
                for(EmpEntity emp : list){
        %>
        <tr>
            <td><%=emp.getId() %></td>
            <td><%=emp.getAge() %></td>
            <td><%=emp.getLast() %></td>
            <td><%=emp.getFirst() %></td>
        </tr>
        <%
                }
            }
        %>

    </table>
    <form name="form1" action="pageServlet" method="post">
        <TABLE border="0" width="100%" >
            <TR>
                <TD align="left"><a>每页条数</a>
                    <select name="pageSize"
onchange="document.all.pageNo.value='1';document.all.form1.submit();">
                        <option value="10" <%if(pageSize.equals("10")){%>
                                selected="selected" <%}%>>10</option>
                        <option value="20" <%if(pageSize.equals("20")){%>
                                selected="selected" <%}%>>20</option>
                        <option value="30" <%if(pageSize.equals("30")){%>
                                selected="selected" <%}%>>30</option>
                    </select></TD>
                <TD align="right">
                    <a
                            href="javascript:document.all.pageNo.value='<%=
pageModel.getTopPageNum() %>';document.all.form1.submit();">首页</a>
                    <a
                            href="javascript:document.all.pageNo.value='<%=
pageModel.getPreviousPageNum() %>';document.all.form1.submit();">上一页</a>
                    <a
                            href="javascript:document.all.pageNo.value='<%=
pageModel.getNextPageNum()%>';document.all.form1.submit();">下一页</a>
                    <a
                            href="javascript:document.all.pageNo.value='<%=
pageModel.getTotalPages()%>';document.all.form1.submit();">尾页</a>
                    <a>第</a>
                    <select name="pageNo" onchange="document.all.form1.submit();">
                        <%
                            int pageCount = pageModel.getTotalPages();
                        %>
                        <%
                            for (int i = 1; i <= pageCount; i++) {
```

```
                    %>
                    <option value="<%=i%>" <%if(pageNum.equals(i+"")){%>
                          selected="selected" <%}%>><%=i%></option>
                    <%
                       }
                    %>
                 </select><a>页</a></TD>
          </TR>
       </TABLE>

    </form>
    </body>
    </html>
```

7.5.6 执行结果

项目部署 Tomcat，启动之后，单击“用户所有信息”，分页效果如图 7.5 所示。

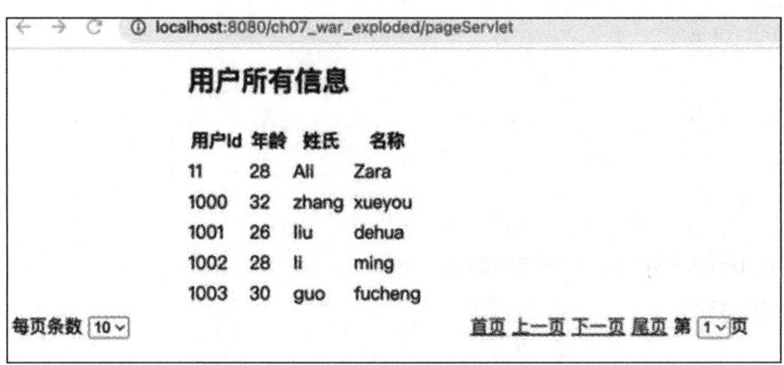

图 7.5 分页查询效果图

因为当前数据库的数据较少，所以只展示了一页的内容，在数据量非常大的情况下，分页展示是提升系统性能的必要技术和手段。

7.6 实践与练习

1. 创建用户表，结合本章 JDBC 操作数据库，实现用户注册与登录。
2. 完善前面第 5 章的注册与登录，并创建一个用户管理页面，实现页面分页功能。
3. 在用户管理页面实现数据的增、删、改、查功能。
4. 在用户管理页面实现批量删除用户的功能。
5. 尝试用 JDBC 操作其他数据库，如 Oracle、SQL Server 等。

第 8 章

EL 表达式语言

EL（Expression Language）即表达式语言，通常称为 EL 表达式。通过 EL 表达式可以简化在 JSP 开发中对对象的引用，从而规范页面代码，增加程序的可读性及可维护性。本章主要详细介绍 EL 的语法、运算符及隐含对象。

8.1 EL 概述

EL 表达式主要是代替 JSP 页面中的表达式脚本，在 JSP 页面中输出数据。EL 表达式在输出数据的时候，要比 JSP 的表达式脚本简洁很多。

8.1.1 EL 的基本语法

在 JSP 页面的任何静态部分均可通过${expression}来获取指定表达式的值。

expression 用于指定要输出的内容，可以是字符串，也可以是由 EL 运算符组成的表达式。

EL 表达式的取值是从左到右进行的，计算结果的类型为 String，并且连接在一起。例如，${1+2 }${2+3}的结果是 35。

EL 表达式可以返回任意类型的值。如果 EL 表达式的结果是一个带有属性的对象，则可以利用“[ ]”或者“.”运算符来访问该属性。这两个运算符类似，“[ ]”比较规范，而“.”比较快捷。可以使用以下任意一种形式：${object["propertyName"]}或者${object.propertyName}，但是如果 propertyName 不是有效的 Java 变量名，则只能用[ ]运算符，否则会导致异常。

8.1.2 EL 的特点

EL 表达式语法简单，其语法有以下几个要点：

- EL 可以与 JSTL 结合使用，也可以和 JavaScript 语句结合使用。
- EL 可以自动转换类型。如果想通过 EL 输入两个字符串型数值的和，可以直接通过“+”进行连接，如${num1+num2}。
- EL 既可以访问一般的变量，也可以访问 JavaBean 中的属性和嵌套属性、集合对象。
- EL 中可以执行算术运算、逻辑运算、关系运算和条件运算等。

- EL 中可以获得命名空间（PageContext 对象是页面中所有其他内置对象中作用域最大的集成对象，通过它可以访问其他内置对象）。
- EL 中在进行除法运算时，如果除数是 0，则返回无穷大（Infinity），而不返回错误。
- EL 中可以访问 JSP 的作用域（request、session、application 以及 page）。
- 扩展函数可以映射到 Java 类的静态方法。

8.2 与低版本的环境兼容——禁用 EL

目前只要安装的 Web 服务器能够支持 Servlet 2.4/JSP 2.0，就可以在 JSP 页面中直接使用 EL。由于在 JSP 2.0 以前的版本中没有 EL，因此 JSP 为了和以前的规范兼容，还提供了禁用 EL 的方法，接下来详细介绍。

8.2.1 禁用 EL 的方法

1. 使用反斜杠“\”符号

只需要在 EL 的起始标记“$”前加上“\”即可。

2. 使用 page 指令

使用 JSP 的 page 指令也可以禁用 EL 表达式，语法格式如下：

```
<%@ page isELIgnored="true"%>   <!-- true 为禁用 EL -->
```

3. 在 web.xml 文件中配置<el-ignored>元素

web.xml 禁用 EL 表达式的语法格式如下：

```
<jsp-config>
   <jsp-property-group>
       <url-pattern>*.jsp</url-pattern>
       <el-ignored>true</el-ignored>
   </jsp-property-group>
</jsp-config>
```

8.2.2 禁用 EL 总结

基于当前服务端部署的情况，99%的环境都支持 EL 表达式，所以极少遇到要兼容低版本的情况。但是，在调试程序的时候，如果遇到了 EL 表达式无效，应该考虑到可能是版本兼容的问题，这样或许能快速解决问题。

8.3　标识符和保留的关键字

8.3.1　EL 标识符

在 EL 表达式中，经常需要使用一些符号来标记一些名称，如变量名、自定义函数名等，这些符号被称为标识符。EL 表达式中的标识符可以由任意顺序的大小写字母、数字和下画线组成，为了避免出现非法的标识符，在定义标识符时还需要遵循以下规范：

- 不能以数字开头。
- 不能是 EL 中的保留字，如 and、or、gt。
- 不能是 EL 隐式对象，如 pageContext。
- 不能包含单引号 “'” 、双引号 “"” 、减号 “-” 和正斜线 “/” 等特殊字符。

8.3.2　EL 保留字

保留字就是编程语言中事先定义并赋予特殊含义的单词，和其他编程语言一样，EL 表达式中也定义了许多保留字，如 false、not 等，接下来就列举 EL 中所有的保留字，具体如表 8.1 所示。

表 8.1　EL保留字

运　算　符	说　　明	运　算　符	说　　明
and	与	ge	大于或等于
or	或	true	True
not	非	false	False
eq	等于	null	Null
ne	不等于	empty	清空
le	小于或等于	div	相除
gt	大于	mod	取模

需要注意的是，EL 表达式中的这些保留字不能作为标识符，以免在程序编译时发生错误。

8.4　EL 的运算符及优先级

8.4.1　通过 EL 访问数据

EL 获取数据的语法：${标识符}，用于获取作用域中的数据，包括简单数据和对象数据。

1. 获取简单数据

简单数据指非对象类型的数据，比如 String、Integer、基本类型等。

获取简单数据的语法：${key}，key 就是保存数据的关键字或属性名，数据通常要保存在作用域对象中，EL 在获取数据时，会依次从 page、request、session、application 作用域对象中查找，找到了就返回数据，找不到就返回空字符串。

2. 获取 JavaBean 对象数据

EL 获取 JavaBean 对象数据的本质是调用 JavaBean 对象属性 xxx 对应的 getXxx()方法，例如执行${u.name}，就是在调用对象的 getName()方法。

常见错误：如果在编写 JavaBean 类时没有提供某个属性 xxx 对应的 getXxx()方法，那么在页面上用 EL 来获取 xxx 属性值就会报错：属性 xxx 无法读取，缺少 getXxx()方法。

3. EL 访问 List 集合指定位置的数据

List 访问与 Java 语法的 List 类似，接下来以实际案例来说明 EL 表达式如何访问 List 集合的数据。示例代码如下：

```
<%
    //将数据存到 page 作用域对象中
    pageContext.setAttribute("name", "语言表达式");
    request.setAttribute("age", 12);
%>
<h3>EL 获取简单数据</h3>
姓名：${name}<br>
年龄：${age}<br>

<%
    Student stu = new Student("清华", 19, new Course(1, "大数据"));
    List<String> list = new ArrayList<>();
    list.add("北京");
    list.add("上海");
    list.add("浙江");
    stu.setAddr(list);
    request.setAttribute("stu", stu);
    request.setAttribute("addr", list);
%>
<h3>EL 获取 JavaBean 对象</h3>
姓名：${stu.name}<br>
年龄：${stu.age}<br>
课程名称：${stu.course.name}<br>

<h3>EL 访问 List 集合指定位置的数据</h3>
JavaBean 获取 List：${stu.addr[0]}<br>
直接访问 List：${addr[1]}<br>
```

程序执行展示的页面结果如图 8.1 所示。

EL获取简单数据

姓名：语言表达式
年龄：12

EL获取JavaBean对象

姓名：清华
年龄：19
课程名称：大数据

EL访问List集合指定位置的数据

JavaBean获取List：北京
直接访问List：上海

图 8.1 EL 访问数据

8.4.2　在 EL 中进行算术运算

EL 算术运算与 Java 基本一样，示例如图 8.2 所示。

EL算术运算

功能	示例	结果
加	${19 + 22}	41
减	${59 – 21}	38
乘	${33.33 * 11}	366.63
除	${10 / 3}	3.3333333333333335
	${9 div 0}	Infinity
模	${10 % 3}	1
	${9 mod 0}	页面报错

图 8.2　EL 算术运算示例

示例代码如下：

```
<h3>EL 算术运算</h3>
<table>
    <tr>
        <td>功能</td>
        <td>示例</td>
        <td>结果</td>
    </tr>
    <tr>
        <td>加</td>
        <td>\${19 + 22}</td>
        <td>${19 + 22}</td>
    </tr>
    <tr>
        <td>减</td>
        <td>\${59 - 21}</td>
        <td>${59 - 21}</td>
    </tr>
    <tr>
        <td>乘</td>
        <td>\${33.33 * 11}</td>
        <td>${33.33 * 11}</td>
    </tr>
    <tr>
        <td rowspan="2">除</td>
        <td>\${10 / 3}</td>
        <td>${10 / 3}</td>
    </tr>
    <tr>
        <td>\${9 div 0}</td>
        <td>${9 div 0}</td>
    </tr>
    <tr>
        <td rowspan="2">模</td>
        <td>\${10 % 3}</td>
        <td>${10 % 3}</td>
    </tr>
```

```
    <tr>
        <td>\${9 mod 0}</td>
        <td>页面报错</td>
    </tr>
</table>
```

EL 的“+”运算符与 Java 的“+”运算符不同，它不能实现两个字符串之间的串接。如果使用该运算符串接两个不可以转换为数值类型的字符串，将抛出异常；如果使用该运算符串接两个可以转换为数值类型的字符串，EL 会自动将这两个字符串转换为数值类型，再进行加法运算。

8.4.3 在 EL 中判断对象是否为空

在 EL 表达式中判断对象是否为空可以通过 empty 运算符实现，该运算符是一个前缀（Prefix）运算符，即 empty 运算符位于操作数前方（即操作数左侧），用来确定一个对象或变量是否为 null 或空。

empty 运算符的格式如下：

```
${empty expression}
```

示例代码如下：

```
<% request.setAttribute("name1",""); %>
<% request.setAttribute("name2",null); %>
<h3>EL 判断对象是否为空</h3>
对象 name1=''是否为空：${empty name1}<br>
对象 name2 null 是否为空：${empty name2}<br>
```

注意：一个变量或对象为 null 或空代表的意义是不同的。null 表示这个变量没有指明任何对象，而空表示这个变量所属的对象的内容为空，例如空字符串、空的数组或者空的 List 容器。empty 运算符也可以与 not 运算符结合使用，用于判断一个对象或变量是否为非空。

8.4.4 在 EL 中进行逻辑关系运算

逻辑关系运算比较简单，示例如图 8.3 所示。

EL逻辑关系运算

功能	示例	结果
小于	${19 < 22}或${19 lt 22}	true
大于	${1 > (22 / 2)}或${1 gt (22 / 2)}	false
小于或等于	${4 <= 3}或${4 le 3}	false
大于或等于	${4 >= 3.0}或${4 ge 3.0}	true
等于	${1 == 1.0}或${1 eq 1.0}	true
不等于	${1 != 1.0}或${1 ne 1.0}	false
自动转换	${'4' > 3}	true

图 8.3　EL 逻辑运算示例

示例代码如下：

```
<h3>EL 逻辑关系运算</h3>
<table>
```

```
    <tr>
        <td>功能</td>
        <td>示例</td>
        <td>结果</td>
    </tr>
    <tr>
        <td>小于</td>
        <td>\${19 < 22}或\${19 lt 22}</td>
        <td>${19 < 22}</td>
    </tr>
    <tr>
        <td>大于</td>
        <td>\${1 > (22 / 2)}或\${1 gt (22 / 2)}</td>
        <td>${1 > (22 / 2)}</td>
    </tr>
    <tr>
        <td>小于或等于</td>
        <td>\${4 <= 3}或\${4 le 3}</td>
        <td>${4 <= 3}</td>
    </tr>
    <tr>
        <td>大于或等于</td>
        <td>\${4 >= 3.0}或\${4 ge 3.0}</td>
        <td>${4 >= 3.0}</td>
    </tr>
    <tr>
        <td>等于</td>
        <td>\${1 == 1.0}或\${1 eq 1.0}</td>
        <td>${1 == 1.0}</td>
    </tr>
    <tr>
        <td>不等于</td>
        <td>\${1 != 1.0}或\${1 ne 1.0}</td>
        <td>${1 != 1.0}</td>
    </tr>
    <tr>
        <td>自动转换</td>
        <td>\${'4' > 3}</td>
        <td>${'4' > 3}</td>
    </tr>
</table>
```

8.4.5　在 EL 中进行条件运算

EL 表达式的条件运算使用简单、方便，和 Java 语言中的用法完全一致，也称三目运算，其语法格式如下：

```
${条件表达式? 表达式 1 : 表达式 2}
```

示例代码如下：

```
<tr>
    <td>条件运算</td>
    <td>\${name3 == 'andy' ? 'Yes' : 'No'}</td>
<td>${name3 == 'andy' ? 'Yes' : 'No'}</td>
```

```
    </tr>
```

8.5 EL 的隐含对象

EL 表达式中定义了 11 个隐含对象，跟 JSP 内置对象类似，在 EL 表达式中可以直接使用，具体如表 8.2 所示。

表8.2 EL的隐含对象

对 象 名	类 型	说 明
pageContext	PageContextImpl	可以获取 JSP 中的九大内置对象
pageScope	Map<String,Object>	可以获取 page 作用域中的数据
requestScope	Map<String,Object>	可以获取 request 作用域中的数据
sessionScope	Map<String,Object>	可以获取 session 作用域中的数据
applicationScope	Map<String,Object>	可以获取 application 作用域中的数据
param	Map<String,Object>	可以获取请求参数的值
paramValues	Map<String,Object>	可以获取请求参数的值，获取多个值的时候使用
header	Map<String,Object>	可以获取请求头的信息
headerValues	Map<String,Object>	可以获取请求头的信息，它可以获取多个值
cookie	Map<String,Object>	可以获取当前请求的 Cookie 信息
initParam	Map<String,Object>	可以获取在 web.xml 中配置的<context-param>上下文参数

接下来对几个重要的对象进行详细讲解。

8.5.1 页面上下文对象

页面上下文对象为 pageContext，用于访问 JSP 的内置对象中的 request、response、out、session、exception、page 以及 servletContext，获取这些内置对象后就可以获取相关属性值。

示例代码如下：

```
    <h4>页面上下文对象</h4>
    访问 request 对象（serverName）：${pageContext.request.serverName}<br>
    访问 response 对象（contentType）：${pageContext.response.contentType}<br>
    访问 out 对象（bufferSize）：${pageContext.out.bufferSize}<br>
    访问 session 对象（maxInactiveInterval）：
${pageContext.session.maxInactiveInterval}<br>
    访问 exception 对象（message）：${pageContext.exception.message}<br>
    访问 servletContext 对象（contextPath）：
${pageContext.servletContext.contextPath}<br>
```

8.5.2 访问作用域范围的隐含对象

EL 表达式提供了 4 个用于访问作用域内的隐含对象，即 pageScope、requestScope、sessionScope 和 applicationScope。指定要查找的标识符的作用域后，系统将不再按照默认的顺序（page、request、session 及 application）来查找相应的标识符，这 4 个隐含对象只能用来取得指定作用域内的属性值，而不能取得其他相关信息。

```
<%
    pageContext.setAttribute("name", "pageContext name");
    request.setAttribute("name", "request name");
    session.setAttribute("name", "session name");
    application.setAttribute("name", "application name");
%>
<h4>访问作用域内的隐含对象</h4>
pageContext 作用域：${ applicationScope.name }<br>
request 作用域：${ pageScope.name }<br>
session 作用域：${ sessionScope.name }<br>
application 作用域：${ requestScope.name }<br>
```

8.5.3　访问环境信息的隐含对象

EL 表达式剩余的 6 个隐含对象是访问环境信息的，它们分别是 param、paramValues、header、headerValues、cookie 和 initParam，下面用一个简单示例来演示：

```
<%
    Cookie cookie = new Cookie("user", "管理员");
    response.addCookie(cookie);
%>
<h4>访问环境信息的隐含对象</h4>
获取 initParam 对象：${initParam.contextConfigLocation}<br>
获取 cookie 对象：${cookie.user.value}<br>
获取 header 对象：${header.connection}<br>
获取 headerValues 对象：${header["user-agent"]}<br>
<form action="el_object_result.jsp" method="post">
    <input type="text" name="name" /><br>
    <input name="ball" type="checkbox" value="篮球">篮球<br>
    <input name="ball" type="checkbox" value="足球">足球<br>
    <input name="ball" type="checkbox" value="乒乓球">乒乓球<br>
    <input name="ball" type="checkbox" value="网球">网球<br>
    <input type="submit" value="提交">
</form>
```

表单提交之后，通过 el_object_result.jsp 来展示信息，示例如下：

```
获取 param 对象：${param.name}<br>
获取 paramValues 对象：<br>
<li>${paramValues.ball[0]}<br></li>
<li>${paramValues.ball[1]}<br></li>
<li>${paramValues.ball[2]}<br></li>
<li>${paramValues.ball[3]}<br></li>
```

8.6　定义和使用 EL 函数

EL 原本是 JSTL 1.0 中的技术，但是从 JSP 2.0 开始，EL 就分离出来纳入 JSP 的标准了，不过 EL 函数还是和 JSTL 技术绑定在一起。下面将介绍如何自定义 EL 函数，JSTL 技术将在第 9 章中具体讲解。

自定义和使用 EL 函数分为以下 3 个步骤：

（1）编写 Java 类，并提供公有静态方法，用于实现 EL 函数的具体功能。

自定义编写的 Java 类必须是 public 类中的 public static 函数，每一个静态函数都可以成为一个 EL 函数。

示例代码如下：

```
public class ELCustom {
    public static String reverse(String str) {
        if (null == str || "".equals(str)) {
            return "";
        }
        return new StringBuffer(str).reverse().toString();
    }
    public static String toUpperCase(String str) {
        if (null == str || "".equals(str)) {
            return "";
        }
        return str.toUpperCase();
    }
}
```

（2）编写标签库描述文件，对函数进行声明。

编写 TLD（Tag Library Descriptor，标签库描述符）文件，注册 EL 函数，使之可以在 JSP 中被识别。文件扩展名为.tld，可以放在 WEB-INF 目录下，或者是 WEB-INF 目录下的子目录中。

示例代码（str.tld）如下：

```
<?xml version="1.0" encoding="UTF-8"?>
<taglib xmlns="http://java.sun.com/xml/ns/javaee"
        xmlns:xsi="http://www.w3.org/2001/XMLSchema-instance"
        xsi:schemaLocation="http://java.sun.com/xml/ns/javaee
http://java.sun.com/xml/ns/javaee/web-jsptaglibrary_2_1.xsd"
        version="2.1">

    <tlib-version>1.0</tlib-version>
    <!--
            定义函数库推荐的(首选的)名称空间前缀,即在 JSP 页面通过 taglib 指令导入标签库时,
指定 prefix 的值
            例如 JSTL 核心库前缀一般是 c。
            <%@ taglib uri="http://java.sun.com/jsp/jstl/core" prefix="c" %>
    -->
    <short-name>str</short-name>
    <!-- 标识这个在互联网上的唯一地址，一般是作者的网站，这个网址可以是虚设的，但一定要是唯
一的。这里的值将用作 taglib 指令中 uri 的值-->
    <uri>http://vincent.com/el/custom</uri>

    <!-- Invoke 'Generate' action to add tags or functions -->
    <function>
        <description>字符串反转</description>
        <name>reverse</name>
        <function-class>com.vincent.javaweb.ELCustom</function-class>
        <function-signature>java.lang.String
reverse(java.lang.String)</function-signature>
    </function>
    <function>
```

```
        <description>字符转大写</description>
        <name>toUpperCase</name>
        <function-class>com.vincent.javaweb.ELCustom</function-class>
        <function-signature>java.lang.String
toUpperCase(java.lang.String)</function-signature>
    </function>

</taglib>
```

（3）在 JSP 页面中添加 taglib 指令，导入自定义标签库。

用 taglib 指令导入自定义的 EL 函数库。注意，taglib 的 uri 填写的是步骤 2 中 tld 定义的 uri，prefix 是 tld 定义中的 function 的 shortname。

示例代码如下：

```
<%@ page contentType="text/html;charset=UTF-8" language="java" %>
<%@ taglib uri="http://vincent.com/el/custom" prefix="str" %>
<html>
<head>
    <title>Title</title>
</head>
<body>
    <h4>使用自定义 EL 函数</h4>
    字符大写：${str:toUpperCase(param.name)}<br>
    字符反转：${str:reverse(param.name)}<br>
</body>
</html>
```

8.7　实践与练习

1. 掌握 EL 表达式的基本用法。

2. 简述一下 EL 表达式标识符的规范。

3. 练习 EL 表达式的运算，掌握基本运算规则。

4. 使用 JavaBean 和 EL 表达式技术改造用户登录，并且在用户未退出系统的情况下，在每个页面都能获取用户信息。

5. 自定义 EL 函数，实现对字符串的加密显示（加密规则为：对字符串正中间且长度为字符串长度一半的字符串加密，如将“我很喜欢学编程”加密为“我很***编程”）。

第 9 章

JSTL 标签

在 JSP 诞生之初，JSP 提供了在 HTML 代码中嵌入 Java 代码的特性，这使得开发者可以利用 Java 语言的优势来完成许多复杂的业务逻辑。但是随着开发者发现在 HTML 代码中嵌入过多的 Java 代码，程序员对于动辄上千行的 JSP 代码基本丧失了维护能力，非常不利于 JSP 的维护和扩展。基于上述情况，开发者尝试使用一种新的技术来解决上述问题。从 JSP 1.1 规范后，JSP 增加了 JSTL 标签库的支持，提供了 Java 脚本的复用性，提高了开发者的开发效率。

9.1 JSTL 标签库简介

JSTL（Java Server Pages Standarded Tag Library，JSP 标准标签库）是由 JCP（Java Community Process）制定的标准规范，它主要为 Java Web 开发人员提供标准通用的标签库，开发人员可以利用这些标签取代 JSP 页面上的 Java 代码，从而提高程序的可读性，降低程序的维护难度。

JSTL 标签是基于 JSP 页面的，这些标签可以插入 JSP 代码中，本质上 JSTL 也是提前定义好的一组标签，这些标签封装了不同的功能。JSTL 的目标是简化 JSP 页面的设计。对于页面设计人员来说，使用脚本语言操作动态数据是比较困难的，而采用标签和表达式语言则相对容易，JSTL 的使用为页面设计人员和程序开发人员的分工协作提供了便利。

JSTL 标签库极大地减少了 JSP 页面嵌入的 Java 代码，使得 Java 核心业务代码与页面展示 JSP 代码分离，这比较符合 MVC（Model、View、Controller）的设计理念。

9.2 JSTL 的配置

从 Tomcat 10 开始，JSTL 配置包发生了变化，其 JAR 包在/glassfish6/glassfish/modules 目录下。

进入目录找到 jakarta.servlet.jsp.jstl-api.jar 和 jakarta.servlet.jsp.jstl.jar 包，将其重新命名为

jakarta.servlet.jsp.jstl-api-2.0.0.jar 和 jakarta.servlet.jsp.jstl-2.0.0.jar，并将这两个 JAR 包复制到/WEB-INF/lib/下。

引入 lib 文件编译之后，就可以直接在页面中使用 JSTL 标签了。IDEA 引入 lib 库的方式如图 9.1 所示。

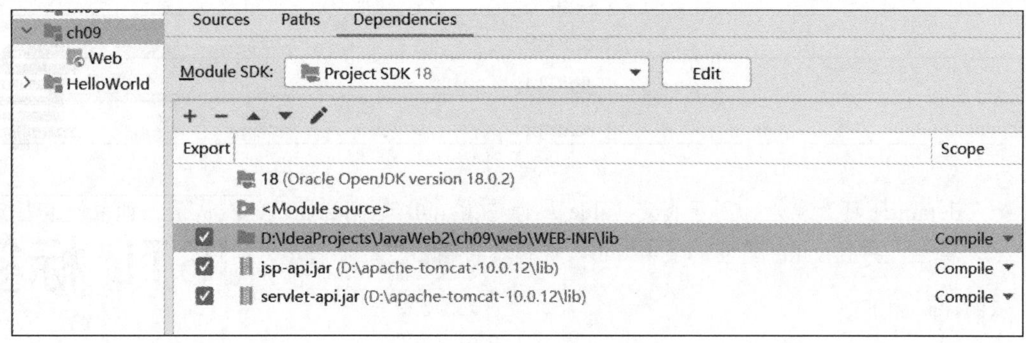

图 9.1 IDEA 引入 lib 库

核心标签是常用的 JSTL 标签。引用核心标签库的语法如下：

```
<%@ taglib prefix="c" uri="http://java.sun.com/jsp/jstl/core" %>
```

在 JSP 页面引入核心标签，页面编译不出错即表示 JSTL 配置成功。

9.3 表达式标签

9.3.1 <c:out>输出标签

<c:out>标签用来显示数据对象（字符串、表达式）的内容或结果。该标签类似于 JSP 的表达式<%=表达式%>或者 EL 表达式${expression}。

其语法格式如下：

语法一：

```
<c:out value="expression" [escapeXml="true|false"] [default="defaultValue"] />
```

语法二：

```
<c:out value="expression" [escapeXml="true|false"]>defalultValue</c:out>
```

参数说明如下：

- value：用于指定将要输出的变量和表达式。该属性的值类似于 Object，可以使用 EL。
- escapeXml：可选属性，用于指定是否转换特殊字符，可以被转换的字符如表 9.1 所示。属性值可以为 true 或 false，默认值为 true，表示进行转换。例如，将“<”转换为“<”。

表9.1 escapeXml被转换的字符表

字　符	字符实体代码
<	<
>	>
'	'
"	"
&	&

- default：可选属性，用于指定 value 属性值为 null 时将要显示的默认值。如果没有指定该属性，并且 value 属性的值为 null，该标签将输出空的字符串。

示例代码如下：

```
<h4>&ltc:out&gt 变量输出标签</h4>
<li><c:out value="out 输出示例"></c:out></li>
<li><c:out value="&lt 未进行字符转义&gt" /></li>
<li><c:out value="&lt 进行字符转义&gt" escapeXml="false" /></li>
<li><c:out value="${null}">使用了默认值</c:out></li>
<li><c:out value="${null}"></c:out></li>
```

9.3.2 <c:set>变量设置标签

<c:set>用于在指定作用域内定义保存某个值的变量，或为指定的对象设置属性值。

其语法格式如下：

语法一：

```
<c:set var="name" value="value" [scope="page|request|session|application"] />
```

语法二：

```
<c:set var="name" [scope="page|request|session|application"]>value</c:set>
```

语法三：

```
<c:set target="obj" property="name" value="value" />
```

语法四：

```
<c:set target="obj" property="name">value</c:set>
```

参数说明如下：

- var：用于指定变量名。通过该标签定义的变量名，可以通过 EL 表达式为<c:out>的 value 属性赋值。
- value：用于指定变量值，可以使用 EL 表达式。
- scope：用于指定变量的作用域，默认值为 page，可选值包括 page、request、session 或 application。
- target：用于指定存储变量值或者标签体的目标对象，可以是 JavaBean 或 Map 对象。

示例代码如下：

```
    <h4>&ltc:set&gt 变量设置标签</h4>
    <li>把一个值放入 session 中。<c:set value="apple" var="name1"
scope="session"></c:set></li>
    <li>从 session 中获得值:${sessionScope.name1 }</li>
    <li>把另一个值放入 application 中。<c:set var="name2"
scope="application">watch</c:set></li>
    <li>使用 out 标签和 EL 表达式嵌套获得值：<c:out value="${applicationScope.name2}">
未获得 name 的值</c:out></li>
    <li>未指定作用域，则会从不一样的作用域内查找获得相应的值：${name1 }、${name2 }</li>
    <c:set target="${person}" property="name">vincent</c:set>
    <c:set target="${person}" property="age">25</c:set>
    <c:set target="${person}" property="sex">男</c:set>
    <li>使用的目标对象为：${person }
    <li>从 Bean 中得到的 name 值为：<c:out value="${person.name}"></c:out>
    <li>从 Bean 中得到的 age 值为：<c:out value="${person.age}"></c:out>
    <li>从 Bean 中得到的 sex 值为：<c:out value="${person.sex}"></c:out>
```

9.3.3　<c:remove>变量移除标签

<c:remove>标签主要用来从指定的 JSP 作用域内移除指定的变量。

其语法格式如下：

```
<c:remove var="name" [scope="page|request|session|application"] />
```

参数说明如下：

- var：用于指定要移除的变量名。
- scope：用于指定变量的作用域，默认值为 page，可选值包括 page、request、session 或 application。

示例代码如下：

```
<h4>&ltc:remove&gt 变量移除标签</h4>
<li>remove 之前 name1 的值：<c:out value="apple" default="空" /></li>
<c:remove var="name1" />
<li>remove 之后 name1 的值：<c:out value="${name1}" default="空" /></li>
```

9.3.4　<c:catch>捕获异常标签

<c:catch>标签用来处理 JSP 页面中产生的异常，并将异常信息存储起来。

其语法格式如下：

```
<c:catch var="name1">容易产生异常的代码</c:catch>
```

参数说明如下：

- var：用户定义存取异常信息的变量的名称。省略后也能够实现异常的捕获，但是不能显式地输出异常信息。

示例代码如下：

```
<h4>&ltc:catch&gt 捕获异常标签</h4>
<c:catch var="error">
    <c:set target="NotExists" property="hao">1</c:set>
</c:catch>
<li>异常信息：<c:out value="${error}"/></li>
```

程序执行结果如图 9.2 所示。

<c:catch>捕获异常标签

- 异常信息：jakarta.servlet.jsp.JspTagException: Invalid property in <set>: "hao"

图 9.2　JSTL 异常标签

9.4　URL 相关标签

JSTL 中提供了 4 类与 URL 相关的标签，分别是<c:import>、<c:url>、<c:redirect>和<c:param>。<c:param>标签通常与其他标签配合使用。

9.4.1　<c:import>导入标签

<c:import>标签的功能是在一个 JSP 页面导入另一个资源，资源可以是静态文本，也可以是动态页面，还可以导入其他网站的资源。

其语法格式如下：

```
<c:import url="" [var="name"] [scope="page|request|session|application"] />
```

参数说明如下：

- url：待导入资源的 URL，可以是相对路径或绝对路径，并且可以导入其他主机资源。
- var：用来保存外部资源的变量。
- scope：用于指定变量的作用域，默认值为 page，可选值包括 page、request、session 或 application。

示例代码如下：

```
<h3>&ltc:import&gt 导入标签</h3>
<c:catch var="error1">
    <!-- 读者可以试试去掉 charEncoding="UTF-8"属性，查看显示效果 -->
    <li>外部 URL 示例：<c:import url="http://www.baidu.com" charEncoding="utf-8"
/></li>
    <li>相对路径示例：<c:import url="image/test.txt" charEncoding="utf-8"/></li>
    <c:import var="myurl" url="image/test.txt" scope="session"
charEncoding="utf-8" />
</c:catch>
<li><c:out value="${error1}" /></li>
```

9.4.2　<c:url>动态生成 URL 标签

<c:url>标签用于生成一个 URL 路径的字符串，可以赋予 HTML 的<a>标记实现 URL 的链接，或者用它实现网页转发与重定向等。

其语法格式如下：

语法一：指定一个 URL 不做修改，可以选择把该 URL 存储在 JSP 不同的作用域内。

```
    <c:url value="value" [var="name"][scope="page|request|session|application"]
[context="context"]/>
```

语法二：给 URL 加上指定参数及参数值，可以选择以 name 存储该 URL。

```
    <c:url value="value" [var="name"][scope="page|request|session|application"]
[context="context"]>
        <c:param name="参数名" value="值">
    </c:url>
```

参数说明如下：

- value：指定要构造的 URL。
- context：当要使用相对路径导入同一个服务器下的其他 Web 应用程序中的 URL 地址时，context 属性用于指定其他 Web 应用程序的名称。
- var：指定属性名，将构造出的 URL 结果保存到 Web 域内的属性中。
- scope：指定 URL 的作用域，默认值为 page，可选值包括 page、request、session 或 application。

示例代码如下：

```
    <h3>&ltc:url&gt 动态生成 URL 标签</h3>
    使用相对路径构造 URL(c:param 传参)：
    <c:url value="jstl_tag_url_register.jsp" var="myurl1" scope="session" >
        <c:param name="name" value="张三李四" />
        <c:param name="country" value="China" />
    </c:url>
    <a href="${myurl1}">Register1</a><hr />
    使用相对路径构造 URL：
    <c:url value="jstl_tag_url_register.jsp?name=wangwu&country=France"
var="myurl2" />
    <a href="${myurl2}">Register2</a><hr />
```

9.4.3　<c:redirect>重定向标签

<c:redirect>标签用来实现请求的重定向，同时可以在 URL 中加入指定的参数。例如，对用户输入的用户名和密码进行验证，如果验证不成功，则重定向到登录页面；或者实现 Web 应用不同模块之间的衔接。

其语法格式如下：

语法一：

```
    <c:redirect url="url" [context="context"]>
```

语法二：

```
<c:redirect url="url"[context="context"]>
    <c:param name="name1" value="value1">
</c:redirect>
```

参数说明：

- url：指定重定向页面的地址，可以是一个 String 类型的绝对地址或相对地址。
- context：当要使用相对路径重定向到同一个服务器下的其他 Web 应用程序中的资源时，context 属性指定其他 Web 应用程序的名称。

示例代码如下：

```
<h3>&ltc:redirect&gt 重定向标签</h3>
<c:redirect url="jstl_tag_url_register.jsp" >
    <c:param name="name" value="redirect" />
    <c:param name="country" value="China" />
</c:redirect>
```

9.5 流程控制标签

流程控制标签主要用于对页面简单的业务逻辑进行控制。JSTL 中提供了 4 个流程控制标签：<c:if>标签、<c:choose>标签、<c:when>标签和<c:otherwise>标签。接下来分别介绍这些标签的功能和使用方式。

9.5.1 <c:if>条件判断标签

在程序开发中，经常要用到 if 语句进行条件判断，同样，JSP 页面提供<c:if>标签用于条件判断。其语法格式如下：

语法一：

```
<c:if test="cond" var="name" [scope="page|request|session|application"] />
```

语法二：

```
    <c:if test="cond" var="name" [scope="page|request|session|application"]>
Content</c:if>
```

参数说明如下：

- test：用于存放判断的条件，一般使用 EL 表达式来编写。
- var：指定变量名称，用来存放判断的结果为 true 或 false。
- scope：指定变量的作用域，默认值为 page，可选值包括 page、request、session 或 application。

示例代码如下：

```
<h3>&ltc:if&gt 条件判断标签</h3>
<c:if var="key" test="${empty param.username}">
    <form name="form" method="post" action="">
        <label for="username">姓名：</label><input type="text" name="username"
```

```
id="username"><br>
            <input type="submit" name="Submit" value="确认">
        </form>
    </c:if>
    <c:if test="${!key}">
        <b>${param.username}</b>，欢迎您！
    </c:if>
```

程序执行结果如图 9.3 所示。

<c:if>条件判断标签 姓名：张三李四 确认	<c:if>条件判断标签 张三李四，欢迎您！

图 9.3　JSTL 条件判断标签

9.5.2 <c:choose>条件选择标签

<c:choose>、<c:when>和<c:otherwise>三个标签通常是一起使用的，<c:choose>标签作为<c:when>和<c:otherwise>标签的父标签来使用，其语法格式如下：

```
<c:choose>
    <c:when test="条件 1">业务逻辑 1</c:when>
    <c:when test="条件 2">业务逻辑 2</c:when>
    <c:when test="条件 n">业务逻辑 n</c:when>
    <c:otherwise>业务逻辑</c:otherwise>
</c:choose>
```

9.5.3 <c:when>条件测试标签

<c:when> 标签是包含在 <c:choose> 标签中的子标签，它根据不同的条件执行相应的业务逻辑，可以存在多个<c:when>标签来处理不同条件的业务逻辑。

<c:when> 的 test 属性是条件表达式，如果满足条件，即进入相应的业务逻辑处理模块。<c:when>标签必须出现在<c:otherwise>标签之前。

其语法参考<c:choose>标签。

9.5.4 <c:otherwise>其他条件标签

<c:otherwise>标签也是一个包含在<c:choose>标签中的子标签，用于定义<c:choose>标签中的默认条件处理逻辑，如果没有任何一个结果满足<c:when>标签指定的条件，则会执行这个标签主体中定义的逻辑代码。在<c:choose>标签范围内只能存在该标签的一个定义。

其语法参考<c:choose>标签。

9.5.5 流程控制小结

通常情况下，流程控制都是一起使用的，下面通过页面输入成绩来展示流程控制的使用，示例代码如下：

```
<h3>&ltc:choose&gt 条件选择标签</h3>
<c:if test="${empty param.score }" var="result">
    <form action="" name="form1" method="post">
        成绩: <input name="score" type="text" id="score"><br />
        <input type="submit" value="查询">
    </form>
</c:if>
<c:if test="${!result}">
    <c:choose>
        <c:when test="${param.score>=90&&param.score<=100}">优秀! </c:when>
        <c:when test="${param.score>=70&&param.score<=90}">良好! </c:when>
        <c:when test="${param.score>=60&&param.score<=70}">及格! </c:when>
        <c:when test="${param.score>=0&&param.score<=60}">不及格! </c:when>
        <c:otherwise>成绩无效! </c:otherwise>
    </c:choose>
</c:if>
```

读者可以自行执行这段程序，然后在页面上输入分数，会显示相应的结果。

9.6 循环标签

循环标签是程序算法中的重要环节，有很多常用的算法都是在循环中完成的，如递归算法、查询算法和排序算法等。同时，循环标签也是十分常用的标签，获取的数据集在 JSP 页面展示几乎都是通过循环标签来实现的。JSTL 标签库中包含<c:forEach>和<c:forTokens>两个循环标签。

9.6.1 <c:forEach>循环标签

<c:forEach>循环标签可以根据循环条件对一个 Collection 集合中的一系列对象进行迭代输出，并且可以指定迭代次数，从中取出目标数据。如果在 JSP 页面中使用 Java 代码来遍历数据，则会使页面非常混乱，不利于维护和分析。使用<c:forEach>循环标签可以使页面更加直观、简洁。

其语法格式如下：

```
<c:forEach items="collection" var="varName"
    [varStatus="varStatusName"][begin="begin"] [end="end"] [step="step"]>
    content
</c:forEach>
```

参数说明如下：

- var：也就是保存在 Collection 集合类中的对象名称。
- items：将要迭代的集合类名。
- varStatus：存储迭代的状态信息，可以访问迭代自身的信息。
- begin：如果指定了 begin 值，就表示从 items[begin]开始迭代，如果没有指定 begin 值，则从集合的第一个值开始迭代。
- end：表示迭代到集合的 end 位时结束，如果没有指定 end 值，则表示一直迭代到集合的最后一位。

- step：指定迭代的步长。

示例代码如下：

```
<%
    List<String> position = new ArrayList<String>();
    position.add("大数据开发工程师");
    position.add("大数据平台架构师");
    position.add("数据仓库工程师");
    position.add("ETL 工程师");
    position.add("软件架构师");
    request.setAttribute("positions",position);
%>
<b><c:out value="全部查询"></c:out></b><br>
<c:forEach items="${positions}" var="pos">
    <c:out value="${pos}"></c:out><br>
</c:forEach>
<br>
<b><c:out value="部分查询(begin 和 end 的使用)"></c:out></b><br>
<c:forEach items="${positions}" var="pos" begin="1" end="3" step="2">
    <c:out value="${pos}"></c:out><br>
</c:forEach>
<br>
<b><c:out value="varStatus 属性的使用"></c:out></b><br>
<c:forEach items="${positions}" var="item" begin="3" end="4" step="1"
varStatus="s">
    <li>
    <c:out value="${item}" />的 4 种属性：<br>
    所在位置（索引）：<c:out value="${s.index}" /><br>
    总共已迭代的次数：<c:out value="${s.count}" /><br>
    是否为第一个位置：<c:out value="${s.first}" /><br>
    是否为最后一个位置：<c:out value="${s.last}" /><br>
    </li>
</c:forEach>
```

9.6.2 <c:forTokens>迭代标签

<c:forTokens>标签和 Java 中的 StringTokenizer 类的作用非常相似，它通过 items 属性来指定一个特定的字符串，然后通过 delims 属性指定一种分隔符（可以同时指定多个分隔符）。通过指定的分隔符把 items 属性指定的字符串进行分组。和 forEach 标签一样，forTokens 标签也可以指定 begin、end 以及 step 属性值。

其语法格式如下：

```
<c:forTokens items="stringOfTokens" delims="delimiters" var="varName"
    [varStatus="varStatusName"][begin="begin"] [end="end"] [step="step"]>
  content
</c:forTokens>
```

参数说明如下：

- var：进行迭代的参数名称。
- items：指定进行标签化的字符串。

- varStatus：每次迭代的状态信息。
- delims：使用这个属性指定的分隔符来分隔 items 指定的字符串。
- begin：开始迭代的位置。
- end：迭代结束的位置。
- step：迭代的步长。

示例代码如下：

```
<h4>使用 ' ' 作为分隔符</h4>
<c:forTokens var="token" items="望庐山瀑布 李白 日照香炉生紫烟，遥看瀑布挂前川。飞流直下三千尺，疑是银河落九天。" delims=" ">
      <c:out value="${token}"/><br>
</c:forTokens>
<h4>使用 ' '、'，'、'。' 一起做分隔符</h4>
<c:forTokens var="token" items="望庐山瀑布 李白 日照香炉生紫烟，遥看瀑布挂前川。飞流直下三千尺，疑是银河落九天。" delims=" ，。">
      <c:out value="${token}"/><br>
</c:forTokens>
<h4>begin 和 end 范围设置</h4>
<c:forTokens var="token" items="望庐山瀑布 李白 日照香炉生紫烟，遥看瀑布挂前川。飞流直下三千尺，疑是银河落九天。" delims=" ，。" varStatus="s" begin="2" end="5">
      <c:out value="${token}"/><br>
</c:forTokens>
```

9.7 实践与练习

1. 掌握 JSTL 的配置，自行在本地环境配置并运行 JSTL 标签。

2. 学会使用流程控制标签，并使用流程控制标签实现猜字谜游戏：随机生成一个数据，然后在页面上输入猜的数字，最后提示是否猜中。感兴趣的读者可以加上猜测次数，如果超过设定的次数，则显示游戏结束并提示“很遗憾您没有猜出该数字”。

3. 在数据库中创建用户表（t_sys_user），表结构包含编号（id）、用户名（username）、密码（password）、性别（sex）、手机号（mobile）、邮箱（email）等信息，并尝试用 JDBC 读取用户信息列表。

4. 基于练习 3，读取数据库的数据集合，使用循环标签在 JSP 页面展示用户数据。

第 10 章

Ajax 技术

随着我们对 Java Web 的深入学习，需要掌握的知识点和技术越来越多，比如 JSP、HTML、XML、Servlet、EL、JSTL、JavaBean、JDBC 等。随着使用的技术越来越多，使用的方法和学习的成本也越来越多。那么，有没有一种集成的技术能解决上述这些问题呢？针对这些问题，Ajax 技术应运而生。

10.1 Ajax 技术概述

Ajax（Asynchronous JavaScript And XML，异步 JavaScript 和 XML）用来描述一种使用现有技术的集合，包括 HTML/XHTML、CSS、JavaScript、DOM、XML、XSLT 以及最重要的 XMLHttpRequest。使用 Ajax 技术，网页应用能够快速地将增量更新呈现在用户界面上，而不需要重载（刷新）整个页面，这使得程序能够更快地回应用户的操作。之前没有 Ajax 的时候是加载整个界面，现在 Ajax 技术在不加载整个界面的情况下，就可以对部分界面的功能进行更新。浏览器通过 JavaScript 中的 Ajax 向服务器发送请求，然后将处理过后的数据响应给浏览器，把改变过的部分更新到浏览器界面。

Ajax 的主要特性如下：

- 按需取数据，减少了冗余请求和响应对服务器造成的负担。页面不读取无用的冗余数据，而是在用户操作过程中当某项交互需要某部分数据时才会向服务器发送请求。
- 无刷新更新页面，减少用户实际和心理的等待时间。客户端利用 XML HTTP 发送请求得到服务端的应答数据，在不重新载入整个页面的情况下，用 JavaScript 操作 DOM 来更新页面。
- Ajax 还能实现预读功能。

10.2 Ajax 开发模式与传统开发模式的比较

1. 传统网站带给用户体验不好之处

- 无法局部刷新页面。在传统网站中，当页面发生跳转时，需要重新加载整个页面。但是，一个网站中大部分网页的公共部分（头部、底部和侧边栏）都是一样的，没必要重新加载，这样反而延长了用户的等待时间。
- 页面加载的时间长。用户只能通过刷新页面来获取服务器端的数据，若数据量大、网速慢，则用户等待的时间会很长。
- 表单提交的问题。用户提交表单时，如果用户在表单中填写的内容有一项不符合要求，网页就会重新跳转回表单页面。由于页面发生了跳转，用户刚刚填写的信息都消失了，因此需要重新填写。尤其当填写的信息比较多时，每次失败都要重新填写，用户体验就很差。

2. 工作原理差异

传统网站从浏览器端向服务器端发送请求的工作原理如图 10.1 所示。

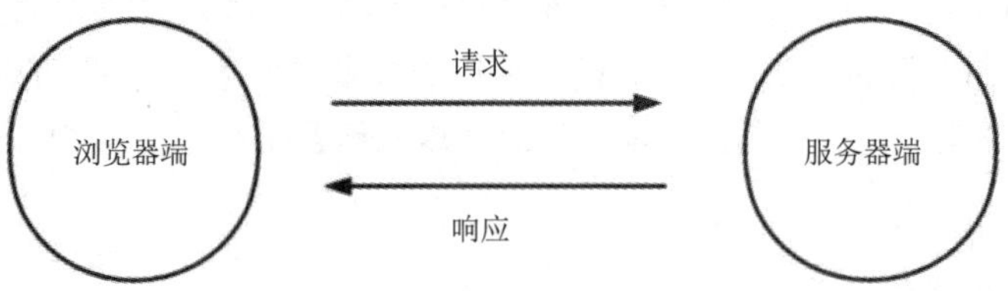

图 10.1 传统网站从浏览器端向服务器端发送请求的工作原理

Ajax 网站从浏览器端向服务器端发送请求的工作原理如图 10.2 所示。

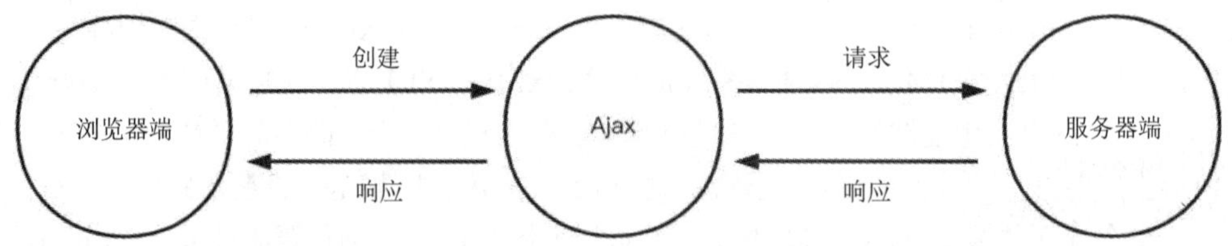

图 10.2 Ajax 网站从浏览器端向服务器端发送请求的工作原理

3. Ajax 开发模式的特点

- 页面只需要部分刷新。页面部分刷新极大地提高了用户体验，减少了用户等待的时间。
- 页面不会重新加载，而只做必要的数据更新。
- 异步访问服务器端，提高了用户体验。

可以看出，Ajax 开发模式相较于传统模式有了很大的改善，它综合了多种技术，降低了学习成本，提升了网页响应速度，提升了用户体验。

10.3　Ajax 使用的技术

前面提到，Ajax 不是一个新技术，它实际上是几种技术的集合，每种技术都有其独特这处，合在一起就成了一个功能强大的新技术。Ajax 包括：

- JavaScript: JavaScript 是通用的脚本语言，用来嵌入某些应用中。而 Ajax 应用程序就是使用 JavaScript 来编写的。
- CSS: CSS 为 Web 页面元素提供了可视化样式的定义方法。在 Ajax 应用中，用户界面的样式可以通过 CSS 独立修改。
- DOM: 通过 JavaScript 修改 DOM，Ajax 应用程序可以在运用时改变用户界面，或者局部更新页面中的某个节点。
- XMLHttpRequest 对象: XMLHttpRequest 对象允许 Web 程序员从 Web 服务器以后台的方式来获取数据。数据的格式通常是 XML 或者文本。
- XML: 可扩展的标记语言（Extensible Markup Language），具有一种开放的、可扩展的、可自描述的语言结构，它已经成为网上数据和文档传输的标准。它是用来描述数据结构的一种语言，正如它的名字一样。它使得对某些结构化数据的定义更加容易，并且可以通过它和其他应用程序交换数据。
- HTML: 超文本标记语言，是一种标识性的语言。它包括一系列标签，通过这些标签可以将网络上的文档格式统一，使分散的 Internet 资源连接为一个逻辑整体。HTML 文本是由 HTML 命令组成的描述性文本，HTML 命令可以是说明文字、图形、动画、声音、表格、链接等。

10.4　使用 XMLHttpRequest 对象

XMLHttpRequest 对象是 Ajax 技术的核心，通过 XMLHttpRequest 对象，Ajax 可以像桌面应用程序一样，只与服务器进行数据层的交换，而不用刷新页面，也不用每次都将数据处理的工作交给服务器来完成。这样既减轻了服务器的负担，又加快了响应速度，缩短了用户等待的时间。

10.4.1　初始化 XMLHttpRequest 对象

在使用 XMLHttpRequest 对象发送请求和处理响应之前，首先需要初始化该对象，由于 XMLHttpRequest 对象不是一个 W3C 标准，因此在使用 XMLHttpRequest 对象发生请求和处理之前，需要先在 JavaScript 代码中获取该对象。通常情况下，获取 XMLHttpRequest 对象需要判断浏览器的类型，示例代码如下：

```
<script type="text/javascript">
    let xmlhttpRequest;
    // 表示是符合 W3C 标准的浏览器
    if (window.XMLHttpRequest) {
        xmlhttpRequest = new XMLHttpRequest();
```

```
    }
    // 表示 IE 浏览器
    else if(!!window.ActiveXObject || "ActiveXObject" in window) {
        try {
            xmlhttpRequest = new ActiveXObject("Msxml2.XMLHTTP");
        } catch (e) {
            xmlhttpRequest = new ActiveXObject("Microsoft.XMLHTTP");
        }
    }
    if (xmlhttpRequest) {
        alert("成功创建 XMLHttpRequest 对象实例！");
    } else {
        alert("不能创建 XMLHttpRequest 对象实例！");
    }
</script>
```

程序执行结果如图 10.3 所示。

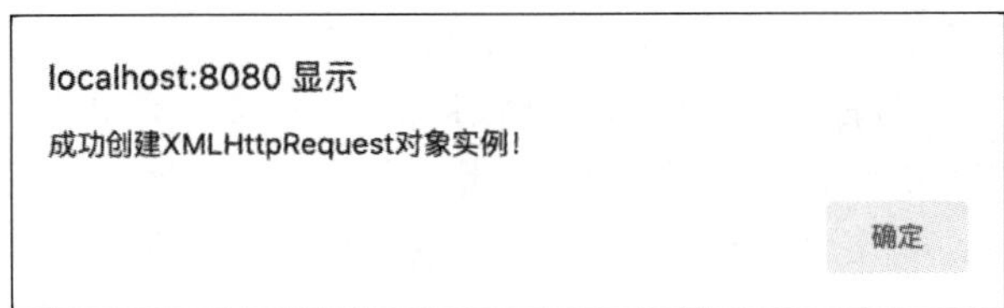

图 10.3　创建 XMLHttpRequest 对象

10.4.2　XMLHttpRequest 对象的常用方法

XMLHttpRequest 对象提供了一些常用的方法，通过这些方法可以对请求进行操作。下面通过对几个重要方法的讲解来深入学习 Ajax 技术。

1. Open()

open()方法用于设置进行异步请求目标的 URL、请求方法以及其他参数信息。其语法如下：

```
open(method, url, async, username, password)
```

参数说明如下：

- method：必填参数，用于指定用来发送请求的 HTTP 方法。按照 HTTP 规范，该参数要大写。
- url：必填参数，用于指定 XMLHttpRequest 对象把请求发送到的目的服务器所对应的 URI，可以使用绝对路径或者相对路径，该路径会被自动解析为绝对路径，并且可以传递查询字符串。
- async：可选参数，该参数用于指定请求是否是异步的，其默认值为 true。如果需要发送一个同步请求，则需要把该参数设置为 false。
- username、password：可选参数，如果需要服务器验证访问用户的情况，那么可以设置 username 和 password 这两个参数。

调用这个方法是安全的，因为调用这个方法时，通常不会打开一个到 Web 服务器的网络连接。

2. Send()

send()方法用于向服务器发送请求。如果请求声明为异步，该方法将立即返回，否则等到接收到响应为止。调用 open()方法后，就可以通过 send()方法按照 open()方法设定的参数发送请求。当 open()方法中的 async 参数为 true 时，在 send()调用后立即返回，否则将会中断直到请求返回。需要注意的是，send()方法必须在 readyState 属性值为 1 时，即调用 open()方法以后才能调用。在调用 send()方法以后到接收到响应信息之前，readyState 属性值将被设为 2；一旦接收到响应消息，readyState 属性值将会被设为 3；直到响应接收完毕，readyState 属性的值才会被设为 4。

其语法如下：

```
send(data)
```

3. abort()

abort()方法用于停止或放弃当前的异步请求，并且将 XMLHttpRequest 对象设置为初始化状态。其语法如下：

```
abort()
```

4. setRequestHeader()

setRequestHeader()方法用于为请求的 HTTP 头设置值。其语法如下：

```
setRequestHeader(header,value)
```

参数说明如下：

- header：用于指定 HTTP 头。
- value：用于为指定的 HTTP 头设置值。

注意：setRequestHeader()方法必须在调用 open()方法之后才能调用。

5. getRequestHeader()

getResponseHeader()方法用于以字符串形式返回指定的 HTTP 头信息。其语法如下：

```
getResponseHeader(headerLabel)
```

参数说明如下：

- headerLabel：用于指定 HTTP 头，包括 Server、Content-Type 和 Date 等。

6. getAllRequestHeaders()

getAllResponseHeaders()方法用于以字符串形式返回完整的 HTTP 头信息，其中包括 Server、Date、Content-Type 和 Content-Length。其语法如下：

```
getAllResponseHeaders()
```

XMLHttpRequest 对象常用的方法介绍完毕，下面的示例会逐步介绍这些方法的用法。

示例代码如下：

```
function funcOpen() {
```

```
        xmlhttpRequest.open("GET","ajax_request_result.jsp",false,"","");//在发送
POST 请求时，需要设置 Content-Type 请求头的值为 application/x-www-form-urlencoded，这时
就可以通过 setRequestHeader()方法进行设置

xmlhttpRequest.setRequestHeader("Content-Type","application/x-www-form-urlencod
ed");
        // 向服务器发送数据
        xmlhttpRequest.send("?type=open");
        var str = xmlhttpRequest.getResponseHeader("Content-Type");
        console.log("============getResponseHeader:" + str);
        str = xmlhttpRequest.getAllResponseHeaders();
        console.log("============getAllResponseHeaders:" + str);
        xmlhttpRequest.onreadystatechange = function () {
            alert(this.readyState + "-" + this.status + "-" + this.responseText);
        }
    }
    <li><input type="button" value="常用方法" onclick="funcOpen()" /></li>
```

10.4.3 XMLHttpRequest 对象的常用属性

XMLHttpRequest 对象提供了一些常用属性，通过这些属性可以获取服务器的响应状态及响应内容。

1. readyState 属性

readyState 属性用于获取请求的状态。当一个 XMLHttpRequest 对象被创建后，readyState 属性标识了当前对象处于什么状态，可以通过对该属性的访问来判断此次请求的状态，然后做出相应的操作。该属性共包括 5 个属性值，如表 10.1 所示。

表10.1 readyState 属性

值	状 态	说 明
0	未初始化状态	已经创建了一个 XMLHttpRequest 对象，但是还没有初始化
1	准备发送状态	已经调用了 XMLHttpRequest 对象的 open()方法，并且 XMLHttpRequest 对象已经准备好将一个请求发送到服务器端
2	已发送状态	已经通过 send()方法把一个请求发送到服务器端，但是还没有收到一个响应
3	正在接收状态	已经接收到 HTTP 响应头部的信息，但是消息体部分还没有完全接收到
4	完成响应状态	已经完成了 HttpResponse 响应的接收

2. responseText 属性

responseText 属性用于获取服务器的响应信息，采用字符串的形式。responseText 属性包含客户端接收到的 HTTP 响应的文本内容。当 readyState 属性值为 0、1 或 2 时，responseText 属性包含一个空字符串；当 readyState 属性值为 3（正在接收）时，响应中包含客户端尚未完成的响应信息；当 readyState 属性的值为 4（已加载）时，responseText 属性才包含完整的响应信息。

3. responseXML 属性

responseXML 属性用于获取服务器的响应，采用 XML 的形式。这个对象可以解析为一个 DOM 对象。只有当 readyState 属性的值为 4，并且响应头部的 Content-Type 的 MIME 类型被指定为 XML （text/XML 或者 Application/XML）时，该属性才会有值，并解析为一个 XML 文档，否则该属性值为 null。如果回传的 XML 文档结构有瑕疵或者响应回传未完成，则该属性值也为 null。由此可见，responseXML 属性用来描述被 XMLHttpRequest 解析后的 XML 文档属性。

4. status 属性

status 属性用于返回服务器的 HTTP 状态码。常用的状态码如表 10.2 所示。

表10.2　status属性

值	说　明
200	表示成功
202	表示请求被接受，但是尚未成功
400	错误的请求
404	文件未找到
500	内部服务器错误

注意：仅当 readyState 属性的值为 3（正在接收中）或 4（已加载）时，才能对此属性进行访问。如果在 readyState 属性值小于 3 时，试图存取 status 属性的值，则会发生一个异常。

5. statusText 属性

statusText 属性用于返回 HTTP 状态码对应的文本，如“OK”或者“Not Fount”（未找到）等。statusText 属性描述了 HTTP 状态代码文本，并且仅当 readyState 属性值为 3 或 4 时才可以使用。当 readyState 属性为其他值时，试图存取 statusText 属性值将引发一个异常。

6. onreadystatechange 属性

onreadystatechange 属性用于指定状态改变时所触发的事件处理器。在 Ajax 中，每当 readyState 属性值发生改变时，就会触发 onreadystatechange 事件，通常会调用一个 JavaScript 函数。

10.5　与服务器通信——发送请求与处理响应

10.5.1　发送请求

Ajax 可以通过 XMLHttpRequest 对象实现采用异步方式在后台发送请求。通常情况下，Ajax 发送的请求有两种：一种是 GET 请求；另一种是 POST 请求。但是无论发送哪种请求，都需要经过以下 4 个步骤：

（1）初始化 XMLHttpRequest 对象。为了提高程序的兼容性，需要创建一个跨浏览器的 XMLHttpRequest 对象，并且判断 XMLHttpRequest 对象的实例是否成功，如果不成功，则给予提示。

（2）为 XMLHttpRequest 对象指定一个返回结果处理函数（回调函数），用于对返回结果进行处理。

（3）创建一个与服务器的连接。在创建时，需要指定发送请求的方式（GET 或 POST），以及设置是否采用异步方式发送请求。

（4）向服务器发送请求。XMLHttpRequest 对象的 send()方法用于向服务器发送请求，该方法需要传递一个参数，如果发送的是 GET 请求，则可以将该参数设置为 null，如果发送的是 POST 请求，则可以通过该参数指定要发送的请求参数。

10.5.2 处理服务器响应

当向服务器发送请求后，接下来就需要处理服务器响应。在向服务器发送请求时，需要通过 XMLHttpRequest 对象的 onreadystatechange 属性指定一个回调函数，用于处理服务器响应。在这个回调函数中，首先需要判断服务器的请求状态，保证请求已完成，然后根据服务器的 HTTP 状态码判断服务器对请求的响应是否成功，如果成功，则把服务器的响应反馈给客户端。

XMLHttpRequest 对象提供了两个用来访问服务器响应的属性：一个是 responseText 属性，返回字符串响应；另一个是 responseXML 属性，返回 XML 响应。

1. 处理字符串响应

字符串响应通常应用在响应信息不是特别复杂的情况下。例如，将响应信息显示在提示对话框中，或者响应信息只是显示成功或失败的字符串。

2. 处理 XML 响应

如果在服务器端需要生成特别复杂的响应信息，就需要应用 XML 响应。应用 XMLHttpRequest 对象的 responseXML 属性可以生成一个 XML 文档，而且当前浏览器已经提供了很好的解析 XML 文档对象的方法。

处理 XML 的示例代码（userinfo.xml）如下：

```
<?xml version="1.0" encoding="UTF-8"?>
<users>
    <user>
        <name>清华</name>
        <age>111</age>
    </user>
    <user>
        <name>复旦</name>
        <age>117</age>
    </user>
    <user>
        <name>浙大</name>
        <age>125</age>
    </user>
</users>
```

Ajax 代码（ajax_request.jsp）如下：

```
function funcXml() {
    xmlhttpRequest.open("POST","userinfo.xml",true,"","");
    xmlhttpRequest.send();
    xmlhttpRequest.onreadystatechange = function () {
        if (xmlhttpRequest.readyState == 4) {
            if (xmlhttpRequest.status == 200) {
```

```
                let str = "";
                let tagNames =
xmlhttpRequest.responseXML.getElementsByTagName("user");
                for(i = 0; i < tagNames.length; i++) {
                    let name = tagNames.item(i);
                    str += name.getElementsByTagName("name")[0].firstChild.data
+ ",";
                    str += name.getElementsByTagName("age")[0].firstChild.data;
                    str += "<p>";
                }
                document.getElementById("divMsg").innerHTML = str;  //显示内容
            } else {
                alert("您所请求的页面有错误");
            }
        }
    }
}
<li><input type="button" value="处理 XML 响应" onclick="funcXml()" /></li>
<p></p>
<div id="divMsg"></div>
```

程序的执行结果如图 10.4 所示。

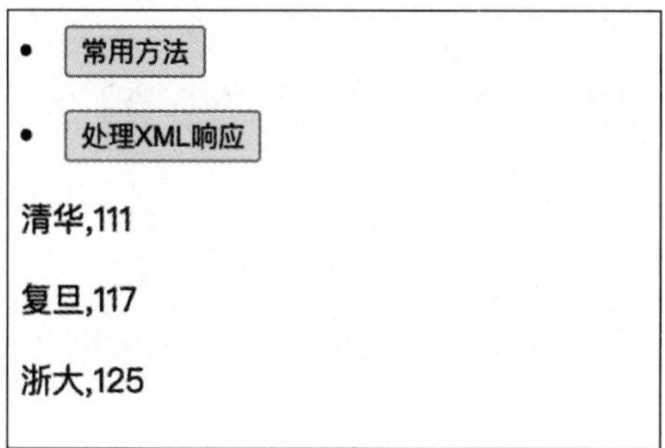

图 10.4　处理服务器响应

10.5.3　一个完整的实例——检测用户名是否唯一

前面学习完 Ajax 技术，了解了向服务器发送请求与处理服务器响应，下面将通过一个完整的实例更好地展示在 Ajax 中如何与服务器通信。

本示例会综合第 7 章所学的 JDBC，连接数据库获取用户信息，通过 Ajax 验证用户名的唯一性并在页面中提示，具体操作步骤如下：

（1）创建注册页面，在该页面中添加用于收集用户注册信息的表单，并使用 Ajax 检测用户名是否唯一。

示例代码（ajax_register.jsp）如下：

```
<%@ page contentType="text/html;charset=UTF-8" language="java" %>
<html>
<head>
    <title>用户注册</title>
    <script type="text/javascript">
```

```
        /**
         * 检测用户名
         */
        function checkUser() {
            let name = document.getElementById("name").value ;
            if (!name) {
                alert("请输入用户名！");
                document.getElementById("name").focus();
                return;
            }
            //向服务器发送 Ajax 请求
            var url = encodeURI("servlet/check?name=" + name + "&nocache="+new
Date().getTime());
            createRequest(url);
        }
        function createRequest(url) {
            let xmlhttpRequest;
            // 表示是符合 W3C 标准的浏览器
            if (window.XMLHttpRequest) {
                xmlhttpRequest = new XMLHttpRequest();
            }
            // 表示 IE 浏览器
            else if(!!window.ActiveXObject || "ActiveXObject" in window) {
                try {
                    xmlhttpRequest = new ActiveXObject("Msxml2.XMLHTTP");
                } catch (e) {
                    xmlhttpRequest = new ActiveXObject("Microsoft.XMLHTTP");
                }
            }
            if (!xmlhttpRequest) {
                alert("不能创建 XMLHttpRequest 对象实例！");
                return false;
            }
            xmlhttpRequest.onreadystatechange = function () {
                if(xmlhttpRequest.readyState == 4) {
                    if(xmlhttpRequest.status == 200) {
                        document.getElementById("spMsg").innerHTML =
xmlhttpRequest.responseText;
                    } else {
                        alert("您所请求的页面有错误");
                    }
                }
            }
            xmlhttpRequest.open("GET",url,true);
            xmlhttpRequest.send(null);
        }
    </script>
</head>
<body>
    <div style="align-content: center">请输入注册信息
        <form name="regst">
            <table style="border: 0; align-content: center">
                <tr>
                    <td>用户名：</td>
                    <td><input type="text" id="name" style="width:250px;" /></td>
```

```
            </tr>
            <tr>
                <td>密码：</td>
                <td><input type="password" id="pwd" style="width:250px;"
/></td>
            </tr>
            <tr>
                <td><input type="button" value="提交" onclick="checkUser()"
/></td>
                <td><input type="reset" value="取消" /></td>
            </tr>
        </table>
    </form>
    <b id="spMsg" style="color:red;"></b>
  </div>
</body>
</html>
```

（2）创建校验用户的JavaBean。

示例代码（UserInfo.java）如下：

```
public class UserInfo {
    private String name;
    private String pwd;
    public String getName() {
        return name;
    }
    public void setName(String name) {
        this.name = name;
    }
    public String getPwd() {
        return pwd;
    }
    public void setPwd(String pwd) {
        this.pwd = pwd;
    }
}
```

（3）编写连接数据库以检测用户唯一性的逻辑代码。

示例代码（UserDao.java）如下：

```
public class UserDao {
    private static final String url =
"jdbc:mysql://localhost:3306/test?useSSL=false";
    private static final String user = "root";
    private static final String pwd = "123456";
    public Connection getConnection() {
        Connection conn = null;
        try {
            Class.forName("com.mysql.cj.jdbc.Driver");
            conn = DriverManager.getConnection(url,user,pwd);
            return conn;
        } catch (SQLException e) {
            e.printStackTrace();
        } catch (ClassNotFoundException e) {
```

```
            e.printStackTrace();
        }
        return null;
    }
    public void closePst(Connection conn, PreparedStatement pst, ResultSet rs)
{
        try {
            if (null != rs) {
                rs.close();
            }
            if (null != pst) {
                pst.close();
            }
            if (null != conn) {
                conn.close();
            }
        } catch (SQLException e) {
            e.printStackTrace();
        }
    }
    public List<UserInfo> queryUserInfoByName(String name) {
        Connection conn = getConnection();
        String sql="select * from user_info where name = ?";
        PreparedStatement pst = null;
        ResultSet rs = null;
        List<UserInfo> list = new ArrayList<>();
        try {
            pst = conn.prepareStatement(sql);
            pst.setString(1, name);
            rs = pst.executeQuery();
            UserInfo user = null;
            while (rs.next()) {
                user = new UserInfo();
                user.setName(rs.getString("name"));
                user.setPwd(rs.getString("pwd"));
                list.add(user);
            }
            return list;
        } catch (SQLException e) {
            e.printStackTrace();
        } finally {
            closePst(conn, pst, rs);
        }
        return null;
    }
}
```

（4）编写用于检测用户名处理业务逻辑的 Servlet 类。

示例代码（CheckUserServlet.java）如下：

```
@WebServlet(name = "check", urlPatterns = "/servlet/check")
public class CheckUserServlet extends HttpServlet {
    @Override
    protected void doGet(HttpServletRequest request, HttpServletResponse
response) throws ServletException, IOException {
```

```
        request.setCharacterEncoding("UTF-8");
        response.setCharacterEncoding("UTF-8");

        String name = request.getParameter("name");
        UserDao client = new UserDao();
        List<UserInfo> list = client.queryUserInfoByName(name);
        boolean isExist = false;
        if (null != list && list.size() > 0) {
            isExist = true;
        }
        PrintWriter out = response.getWriter();
        if (isExist) {
            out.println("很抱歉！用户名【" + name + "】已经被注册！");
        } else {
            out.println("恭喜您，该用户名未被注册！");
        }
        // 释放 PrintWriter 对象
        out.flush();
        out.close();
    }
    @Override
    protected void doPost(HttpServletRequest req, HttpServletResponse resp)
throws ServletException, IOException {
        doGet(req, resp);
    }
}
```

程序执行的结果如图 10.5 所示。

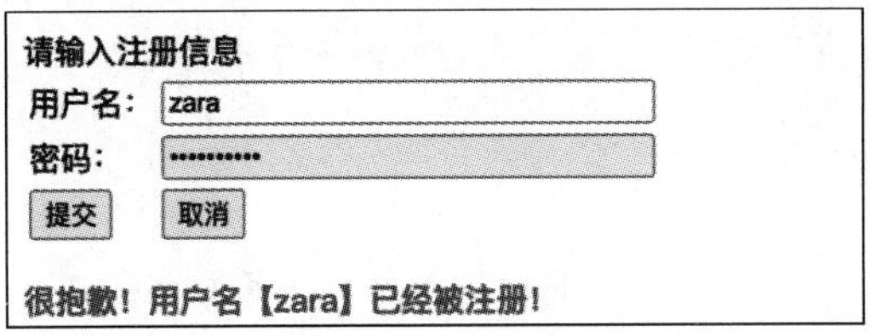

请输入注册信息
用户名：zara
密码：••••••••••
提交　取消
很抱歉！用户名【zara】已经被注册！

图 10.5　检测用户名是否唯一

10.6　解决中文乱码问题

Ajax 不支持多种字符集，它默认的字符集是 UTF-8，所以在应用 Ajax 技术的程序中应及时进行编码转换，否则程序中出现的中文将变成乱码。一般情况下，有两种情况可能产生中文乱码，接下来一一介绍。

10.6.1　发送请求时出现中文乱码

将数据提交到服务器有两种方法：一种是使用 GET 方法提交；另一种是使用 POST 方法提交。使用不同的方法提交数据，在服务器端接收参数时解决中文乱码的方法是不同的。具体解决方法如下：

（1）当接收使用 GET 方法提交的数据时，要将编码转换为 GBK 或 UTF-8。

（2）由于应用 POST 方法提交数据时，默认的字符编码是 UTF-8，因此当接收使用 POST 方法提交的数据时，要将编码转换为 UTF-8。

10.6.2 获取服务器的响应结果时出现中文乱码

由于 Ajax 在接收 responseText 或 responseXML 的值时是按照 UTF-8 的编码格式进行解码的，因此如果服务器端传递的数据不是 UTF-8 格式，在接收 responseText 或 responseXML 的值时就可能产生乱码。解决的办法是保证从服务器端传递的数据采用 UTF-8 的编码格式。

提示：在所有页面，传递参数和接收参数的地方，编码格式都使用 UTF-8，可以避免绝大部分乱码异常。

10.7 Ajax 重构

Ajax 的实现主要依赖于 XMLHttpRequest 对象，但是在调用它进行异步数据传输时，由于 XMLHttpRequest 对象的实例在处理完事件后就会被销毁，因此如果不对该对象进行封装处理，在下次需要调用它时就要重新构建，而且每次调用都需要写一大段的代码，使用起来很不方便。虽然现在有很多开源的 Ajax 框架都提供了对 XMLHttpRequest 对象的封装方案，但是如果应用这些框架，通常需要加载很多额外的资源，这势必会浪费很多服务器资源。不过 JavaScript 脚本语言支持面向对象的编码风格，通过它可以将 Ajax 所必需的功能封装在对象中。

10.7.1 Ajax 重构的步骤

讲到重构，不得不讲设计模式。重构的目的就是减少重复代码，方便使用，解藕合，在尽量少改动或者不改动代码的前提下新增或者修改功能。Ajax 重构的步骤大致如下。

1. 封装功能和方法

封装功能和方法主要是把 Ajax 创建和使用的一套复杂的流程独立定义处理，避免重复创建和发送请求的复杂代码。

示例如下：

```
//定义一个全局变量 net
let net = new Object();
//编写构造函数
net.AjaxSample = function (url, onload, onerror, method, params, async) {
    this.req = null;
    this.onload = onload;
    this.onerror = (onerror) ? onerror : this.defaultError;
    this.loadData(url, method, params, async);
}

//编写用于初始化的 XMLHttpRequest 对象并指定处理函数，最后发送 HTTP 请求的方法
```

```
net.AjaxSample.prototype.loadData = function (url, method, params, async) {
    if (!method) {
        method = "GET";
    }
    if (async == null) {
        async = true;
    }
    //创建 XMLHttpRequest 对象
    if (window.XMLHttpRequest) {
        this.req = new XMLHttpRequest();
    } else if (!!window.ActiveXObject || "ActiveXObject" in window) {
        try {
            this.req = new ActiveXObject("Msxml2.XMLHTTP");
        } catch (e) {
            try {
                this.req = new ActiveXObject("Microsoft.XMLHTTP");
            } catch (e) {
            }
        }
    }
    if (this.req) {
        try {
            //设置请求返回结果的处理函数
            let loader = this;
            this.req.onreadystatechange = function () {
                net.AjaxSample.onReadyState.call(loader);
            }
            //建立对服务器的调用
            this.req.open(method, url, async);
            //如果提交方式为 POST
            if (method == "POST") {
                //设置请求头信息
                this.req.setRequestHeader("Content-Type",
"application/x-www-form-urlencoded");
            }
            //发送请求
            this.req.send(params);
        } catch (err) {
            this.onerror.call(this);
        }
    }
}
//重构回调函数
net.AjaxSample.onReadyState = function () {
    //判断请求是否完成
    if (this.req.readyState == 4) {
        //判断请求是否成功
        if (this.req.status == 200) {
            this.onload.call(this);
        } else {
            this.onerror.call(this);
        }
    }
}
```

```
    //重构默认的错误处理函数
    net.AjaxSample.prototype.defaultError = function () {
        alert("错误数据\n 回调状态: " + this.req.readyState + "\n 状态: " +
this.req.status);
    }
```

2. 引入封装的脚本

封装的是 JavaScript 脚本，其引入方式如下：

```
    <script style="language: javascript" src ="AjaxSample.js" />
```

src 内容可根据实际文件存放的路径进行调整。

3. 实现方法的回调

使用 Ajax 页面实现函数的回调，在回调方法中可以对获取的数据和结果进行处理，此处的回调类似于 Java 接口的回调。

10.7.2 应用 Ajax 重构实现实时显示信息

下面使用 Ajax 重构实现实时数据显示。

示例代码如下：

```
    <%@ page contentType="text/html;charset=UTF-8" language="java" %>
    <html>
    <head>
        <title>Ajax 重构--实时公告显示</title>
        <script type="text/javascript" src ="AjaxSample.js" ></script>
        <script type="text/javascript">
            function published() {
                let info = document.getElementById("info").value;
                alert(info);
                new net.AjaxSample("servlet/publish?info=" + info
                    ,function () {
                        document.getElementById("displayInfo").innerHTML="<h4>公告信
息: </h4>" + this.req.responseText;
                    }
                    ,function () {
                        alert("请求错误! ");
                    }
                    ,"",false
                );
            }
        </script>
    </head>
    <body>
        <b>输入公告信息: </b>
        <input type="text" name="info" id="info" />
        <input type="button" id="btn" onclick="published();" value="发布" />
        <p></p>
        <div id="displayInfo"></div>
    </body>
    </html>
```

Servlet 处理逻辑如下：

```
@WebServlet(name = "publish", urlPatterns = "/servlet/publish")
public class PublishServlet extends HttpServlet {
    @Override
    protected void doGet(HttpServletRequest request, HttpServletResponse
response) throws ServletException, IOException {
        request.setCharacterEncoding("UTF-8");
        response.setCharacterEncoding("UTF-8");
        HttpSession session = request.getSession();
        List<String> infos = (List<String>) session.getAttribute("infos");
        if (null == infos) {
            infos = new ArrayList<>();
        }
        String info = request.getParameter("info");
        if (null != info && !"".equals(info.trim()) && !infos.contains(info)) {
            infos.add(0,info);
        }
        session.setAttribute("infos",infos);
        response.setContentType("text/text");
        PrintWriter writer = response.getWriter();
        for (String str: infos) {
            writer.print(str + "<br>");
        }
        writer.flush();
    }
    @Override
    protected void doPost(HttpServletRequest req, HttpServletResponse resp)
throws ServletException, IOException {
        doGet(req, resp);
    }
}
```

10.8　Ajax 常用实例

Ajax 的用途非常广，比较常见的有级联下拉列表，本节就以为级联下拉列表和显示进度条为例讲解 Ajax 的用法。

10.8.1　级联下拉列表

级联下拉列表的应用比较常见，通常是多级分类的情况下，选择大类之后，下一步筛选就是只选择对应大类下面的小类，下面以常见的省市选择为例来讲解。

1. 省市数据入库

创建省市数据库，具体见附录。

2. 编写从数据库读取省列表和市列表

连接数据库，读取省和城市列表，示例如下：

```
/**
 * 读取省数据列表
 * @return
 */
public List<Map<String, Object>> queryProvinces() {
    Connection conn = getConnection();
    String sql = "select * from province";
    PreparedStatement pst = null;
    ResultSet rs = null;
    List<Map<String, Object>> list = new ArrayList<>();
    try {
        pst = conn.prepareStatement(sql);
        rs = pst.executeQuery();
        Map<String, Object> map = null;
        while (rs.next()) {
            map = new HashMap<>();
            map.put("pid", rs.getInt("pid"));
            map.put("province", rs.getString("province"));
            list.add(map);
        }
        return list;
    } catch (SQLException e) {
        e.printStackTrace();
    } finally {
        closePst(conn, pst, rs);
    }
    return null;
}

/**
 * 根据省 id 读取对应城市列表
 * @param pid
 * @return
 */
public List<Map<String, Object>> queryCitiesByPid(int pid) {
    Connection conn = getConnection();
    String sql = "select * from city where pid = ?";
    PreparedStatement pst = null;
    ResultSet rs = null;
    List<Map<String, Object>> list = new ArrayList<>();
    try {
        pst = conn.prepareStatement(sql);
        pst.setInt(1, pid);
        rs = pst.executeQuery();
        Map<String, Object> map = null;
        while (rs.next()) {
            map = new HashMap<>();
            map.put("cid", rs.getInt("cid"));
            map.put("city", rs.getString("city"));
            map.put("pid", rs.getInt("pid"));
            list.add(map);
        }
        return list;
    } catch (SQLException e) {
        e.printStackTrace();
```

```
        } finally {
            closePst(conn, pst, rs);
        }
        return null;
    }
```

3. Servlet 处理业务逻辑

示例代码如下：

```
    @WebServlet(name = "prov", urlPatterns = "/servlet/prov")
    public class ProvinceServlet extends HttpServlet {
        @Override
        protected void service(HttpServletRequest request, HttpServletResponse
response) throws ServletException, IOException {
            request.setCharacterEncoding("UTF-8");
            response.setCharacterEncoding("UTF-8");
            String para = request.getParameter("para"); // 获取参数
            response.setContentType("text/text");
            PrintWriter writer = response.getWriter();
            // pid，如果 pid 为空，则读取省列表，否则读取 pid 下面的城市列表
            if (null != para && !"".equals(para.trim())) {
                writer.print(getCitiesByPid(Integer.parseInt(para)));
            } else {
                writer.print(getProvinces());
            }
            writer.flush();
        }

        private String getProvinces() {
            ProvinceDao client = new ProvinceDao();
            List<Map<String, Object>> list = client.queryProvinces();
            StringBuilder sb = new StringBuilder("<option value='-1'>选择省份
</option>");
            for (Map<String, Object> map : list) {
                sb.append("<option value='" + map.get("pid") + "'>" +
map.get("province") + "</option>");
            }
            return sb.toString();
        }
        private String getCitiesByPid(int pid) {
            ProvinceDao client = new ProvinceDao();
            List<Map<String, Object>> list = client.queryCitiesByPid(pid);
            StringBuilder sb = new StringBuilder("<option value='-1'>城市列表
</option>");
            for (Map<String, Object> map : list) {
                sb.append("<option value='" + map.get("cid") + "'>" + map.get("city")
+ "</option>");
            }
            return sb.toString();
        }
    }
```

4. 列表拼接并展示在 JSP 页面

示例代码如下：

```
<%@ page contentType="text/html;charset=UTF-8" language="java" %>
<html>
<head>
    <title>Title</title>
    <script type="text/javascript" src ="AjaxSample.js" ></script>
    <script type="text/javascript">
        // 页面加载完成后，立即获取省列表，选择省份后，再获取城市列表
        // 避免因一次全部加载省市数据而非常耗时
        window.onload = function () {
            //后台请求的路径
            new net.AjaxSample("servlet/prov?type=1"
                ,function () {
                    let pro = document.getElementById("province");
                    pro.length = 0;
                    pro.innerHTML = this.req.responseText;
                }
                ,function () {
                    let pro = document.getElementById("province");
                    pro.length = 0;
                    pro.options.add(new Option("选择省份","-1"));
                }
                ,"",false
            );
        }
        function changeCityOptions() {
            let prov = document.getElementById("province");
            let city = document.getElementById("city");
            city.length = 0;
            if(prov.value == -1) {
                city.options.add(new Option("城市列表","-1"));
            } else {
                search(prov.value);
            }
            return;
        }
        //异步响应函数
        function search(para) {
            alert(para);
            //后台请求的路径
            new net.AjaxSample("servlet/prov?para=" + para
                ,function () {
                    let city = document.getElementById("city");
                    city.length = 0;
                    city.innerHTML = this.req.responseText;
                }
                ,function () {
                    let city = document.getElementById("city");
                    city.length = 0;
                    city.options.add(new Option("城市列表","-1"));
                }
                ,"",false
            );
        }
    </script>
</head>
```

```
    <body>
        <h4>级联列表</h4>
        <select name="province" id="province"
onchange="changeCityOptions()"></select>
        <select name="city" id="city"></select>
    </body>
    </html>
```

10.8.2 显示进度条

在 Web 项目开发中，有些场景会碰到比较耗时的操作，比如上传大文件或者处理一些文件解析的任务，下面来简单讲解一些进度条的实现。

首先是 Servlet 的实现，代码如下：

```
    @WebServlet(name = "progress", urlPatterns = "/servlet/progress")
    public class ProgressBarServlet extends HttpServlet {
        private int counter = 1;
        @Override
        protected void service(HttpServletRequest request, HttpServletResponse
response) throws IOException {
            request.setCharacterEncoding("UTF-8");
            response.setCharacterEncoding("UTF-8");
            String task = request.getParameter("task");
            String res = "";
            if (task.equals("create")) {
                res = "<key>1</key>";
                counter = 1;
            } else {
                String percent = "";
                switch(counter) {
                    case 1:percent = "10";break;
                    case 2:percent = "23";break;
                    case 3:percent = "35";break;
                    case 4:percent = "51";break;
                    case 5:percent = "64";break;
                    case 6:percent = "73";break;
                    case 7:percent = "89";break;
                    case 8:percent = "100";break;
                }
                counter++;
                res = "<percent>"+percent+"</percent>";
            }
            PrintWriter out = response.getWriter();
            response.setContentType("text/xml");
            response.setHeader("Cache-Control", "no-cache");
            out.println("<response>");
            out.println(res);
            out.println("</response>");
            out.close();
        }
    }
```

Servlet 类主要处理创建进度条并设定进度条显示的百分比。接下来看 JSP 页面处理进度的逻辑，代码如下：

```
<%@ page contentType="text/html;charset=UTF-8" language="java" %>
<html>
<head>
    <title>Ajax 进度条</title>
    <script type="text/javascript" src ="AjaxSample.js" ></script>
    <script type="text/javascript">
        // 根据进度百分比设置进度显示的格子
        function processResult(percent_complete) {
            var ind;
            if (percent_complete.length == 1) {
                ind = 1;
            } else if (percent_complete.length == 2) {
                ind = percent_complete.substring(0, 1);
            } else {
                ind = 9;
            }
            return ind;
        }
        // 开始执行进度条
        function start(para) {
            // 显示进度条
            let progress_bar = document.getElementById("progressBar");
            if (progress_bar.style.visibility == "visible") {
                // 清空进度条
                for (let i = 1; i < 10; i++) {
                    let elem = document.getElementById("block" + i);
                    elem.innerHTML = "   ";
                    elem.style.background = "white";
                }
                document.getElementById("complete").innerHTML = "";
            } else {
                progress_bar.style.visibility = "visible";
            }
            new net.AjaxSample("servlet/progress?task=create"
                ,function () {
                    setTimeout("pollServer()",2000);
                }
                ,function () {
                }
                ,"",false
            );
        }
        function pollServer() {
            let button = document.getElementById("go");
            button.disabled = true;
            new net.AjaxSample("servlet/progress?task=poll"
                ,function () {
                    // 获取 Servlet 传递过来的进度百分比
                    let percent_complete =
this.req.responseXML.getElementsByTagName("percent")[0].firstChild.data;
                    let index = processResult(percent_complete);
                    console.log("percent_complete: " + percent_complete + ",
index :" + index);
```

```
                    for(let i = 1; i <= index; i++) {
                        let elem = document.getElementById("block" + i);
                        elem.innerHTML = "   ";
                        elem.style.backgroundColor = 'gray';
                        let next_cell = i + 1;
                        if (next_cell > index && next_cell <= 9) {
                            // 在下一个格子显示百分比进度
                            document.getElementById("block" +
next_cell).innerHTML = percent_complete + "%";
                        }
                    }
                    if (index < 9) {
                        setTimeout("pollServer()",2000);
                    } else {
                        document.getElementById("complete").innerHTML =
"Complete!";
                        document.getElementById("go").disabled = false;
                    }
                }
                ,function () {
                    button.disabled = false;
                }
                ,"",false
            );
        }
    </script>
    </head>
    <body>
    <h1>Ajax显示进度条示例</h1>
    单击按钮开始显示进度条:<input type="button" value="开始" id="go"
onclick="start();" /><br>
    <table style="align-content: center">
        <tbody>
        <tr>
            <td>
                <div id="progressBar" style="padding:2px;border:solid black
2px;visibility:hidden">
                    <span id="block1">   </span>
                    <span id="block2">   </span>
                    <span id="block3">   </span>
                    <span id="block4">   </span>
                    <span id="block5">   </span>
                    <span id="block6">   </span>
                    <span id="block7">   </span>
                    <span id="block8">   </span>
                    <span id="block9">   </span>
                </div>
            </td>
        </tr>
        <tr><td style="align-content: center" id="complete"></td></tr>
        </tbody>
    </table>
    </body>
    </html>
```

Ajax 每次调用 Servlet 刷新进度条的百分比和进度显示，执行结果如图 10.6 所示。

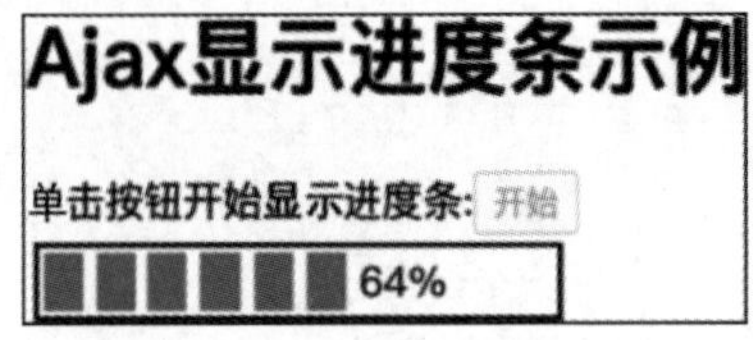

图 10.6　Ajax 显示进度条示例

10.9　实践与练习

1. 创建一个简单的 XMLHttpRequest，从一个 TXT 文件中返回数据。
2. 创建一个简单的 XMLHttpRequest，从一个 XML 文件中返回数据。
3. 读取数据中的用户表数据，通过 Ajax 展示用户列表。
4. 根据省份 id 查询省份名称。表和数据如下：

```
CREATE TABLE province_info (
   id int NOT NULL AUTO_INCREMENT ,
   name varchar(255) DEFAULT NULL COMMENT '省份名称',
   jiancheng varchar(255) DEFAULT NULL COMMENT '简称',
   shenghui varchar(255) DEFAULT NULL,
   PRIMARY KEY(id)
);
INSERT INTO province_info VALUES ('1','河北','冀','石家庄');
INSERT INTO province_info VALUES ('2','山西','晋','太原市');
INSERT INTO province_info VALUES ('3','内蒙古','蒙','呼和浩特市');
INSERT INTO province_info VALUES ('4','辽宁','辽','沈阳');
INSERT INTO province_info VALUES ('5','江苏','苏','南京');
INSERT INTO province_info VALUES ('6','浙江','浙','杭州');
INSERT INTO province_info VALUES ('7','安徽','皖','合肥');
INSERT INTO province_info VALUES ('8','福建','闽','福州');
INSERT INTO province_info VALUES ('9','江西','赣','南昌');
```

5. 使用 Ajax 重构功能实现页面刷新功能。

第4篇

SSM 框架

本篇重点介绍以下内容：

- Spring IoC。
- Spring AOP。
- MyBatis 技术。
- Spring MVC 技术。
- Maven。
- SSM 框架整合。

第 11 章

Spring 核心之 IoC

到目前为止，Spring 框架可以说已经发展成为一个生态体系或者技术体系，它包含 Spring Framework、Spring Boot、Spring Cloud、Spring Data、Spring Security、Spring AMQP 等项目。而通常所说的 Spring 一般意义上指的是 Spring Framework，即 Spring 框架，如图 11.1 所示。

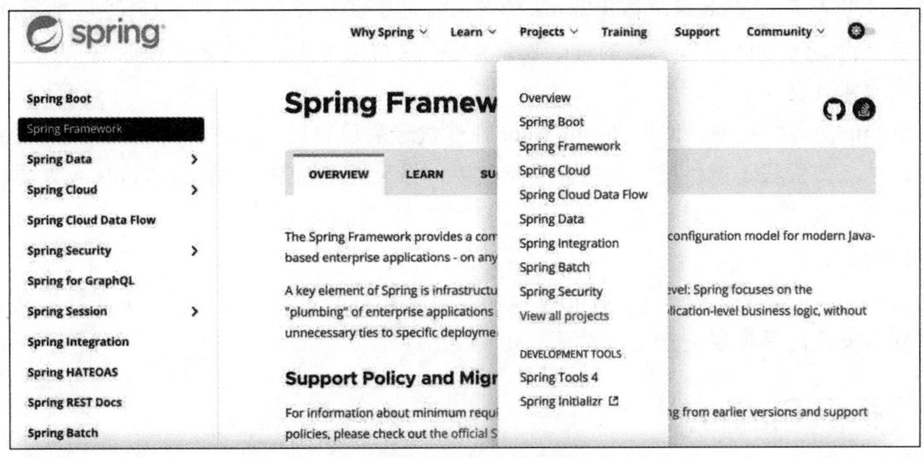

图 11.1　Spring 官网首页

Spring 框架是一个开源的 Java 平台，最初是由 Rod Johnson 编写的，并且于 2003 年 6 月首次在 Apache 2.0 许可下发布。

11.1　Spring 概述

Spring 框架是分层的全栈轻量级开源框架，以 IoC 和 AOP 为内核，提供了展现层 Spring MVC 和业务层事务管理等众多的企业级应用技术，为任何类型的部署平台上的基于 Java 的现代企业应用程序提供了全面的编程和配置模型，已经成为使用最多的 JavaEE 企业应用开源框架。

简单来说，Spring 是一个免费、开源的框架，为简化企业级项目开发提供全面的开发部署解决方案。

更多 Spring 相关知识可参阅 Spring 官网。

模块化的思想是 Spring 中非常重要的思想，每个模块既可以单独使用，又可以与其他模块联合使用。在项目中用到某些技术的时候，选择相应的技术模块来使用即可，不需要将其他模块引入进来。

Spring 的优点如下：

- Spring 是开源的且社区活跃，被世界各地开发人员信任以及使用，也有来自科技界所有大厂的贡献，包括阿里巴巴、亚马逊、谷歌、微软等，不用担心框架没人维护或者被废弃的情况。
- Spring Framework 提供了一个简易的开发方式，其基础就是 Spring Framework 的 IoC（Inversion of Control，控制反转）和 DI（Dependency Injection，依赖注入）。这种开发方式将避免可能致使底层代码变得繁杂混乱的大量属性文件和帮助类。
- Spring 提供了对其他各种优秀框架（Struts、Hibernate、Hessian、Quartz 等）的直接支持，不同的框架整合更加流畅。
- Spring 是高生产力的。Spring Boot 改变了程序员的 Java 编程方式，约定大于配置的思想以及嵌入式的 Web 服务器资源，从根本上简化了很多繁杂的工作。同时可以将 Spring Boot 与 Spring Cloud 丰富的支持库、服务器、模板相结合，快速地构建微服务项目并完美地实现服务治理。
- Spring 是高性能的。使用 Spring Boot 能够快速启动项目，同时新的 Spring 5.x 支持非阻塞的响应式编程，能够极大地提升响应效率，并且 Spring Boot 的 DevTools 可以帮助开发者快速迭代项目。而对于初学者，甚至可以使用 Spring Initializr 在几秒之内启动一个新的 Spring 项目。
- Spring 是安全的。Spring Security 使用户可以更轻松地与行业标准安全方案集成，并提供默认安全的可信解决方案。

11.1.1 初识 Spring

Spring 已经发展到了第 5 个大版本，新的 Spring 5.x 有如下几个模块：

- Core：所有 Spring 框架组件能够正常运行所依赖的核心技术模块，包括 IoC 容器（依赖注入、控制反转）、事件、资源、i18n、验证、数据绑定、类型转换、SpEL、AOP 等。在使用其他模块的时候，核心技术模块是必需的，它提供了基本的 Spring 功能支持。
- Testing：测试支持模块，包括模拟对象、TestContext 框架、Spring MVC 测试、WebTestClient（Mock Objects、TestContext Framework、Spring MVC Test、WebTestClient）。
- Data Access：数据库支持模块，包括事务、DAO 支持、JDBC、ORM、编组 XML（Transactions、DAO Support、JDBC、O/R Mapping、XML Marshalling）。
- Web Servlet：基于 Servlet 规范的 Web 框架支持模块，包括 Spring MVC、WebSocket、SockJS、

STOMP Messaging。它们是同步阻塞式通信的。

- Web Reactive：基于响应式的 Web 框架支持模块，包括 Spring WebFlux、WebClient、WebSocket。它们是异步非阻塞式（响应式）通信的。
- Integration：第三方功能支持模块，包括远程处理、JMS、JCA、JMX、电子邮件、任务、调度、缓存等服务支持。
- Languages：其他基于 JVM 的语言支持的模块，包括 Kotlin、Groovy 等动态语言。
- Appendix：Spring 属性模块。控制 Spring 框架某些底层方面的属性的静态持有者。

Spring Framework 5.x（以下简称 Spring 5.x）版本的代码现在已升级为使用 Java 8 中的新特性，比如接口的 static 方法、lambda 表达式与 stream 流。因此，如果想要使用 Spring 5.x，那么要求开发人员使用的 JDK 最低版本为 JDK 8。

Spring 5 引入了 Spring Web Flux，它是一个更优秀的非阻塞响应式 Web 编程框架，而且能更好地处理大量并发连接，不需要依赖 Servlet 容器，不调用 Servlet API，可以在不是 Servlet 容器的服务器上（如 Netty）运行，希望用它来替代 Spring MVC。因为 Spring MVC 是基于 Servlet API 构建的同步阻塞式 I/O 的 Web 框架，这意味着不适合处理大量并发的情况，但是目前 Spring 5.x 仍然支持 Spring MVC。

目前 Spring 官网提供的快速开始教程都已被替换成了 Spring Boot 项目。Spring Boot 基于约定大于配置的思想，相比传统的 Spring 项目，提供了开箱即用的编程体验，大大地减少了开发人员编写配置文件的工作，隐藏了很多原理性的东西。为了学得更加深入，先从手写配置文件开始搭建 Spring 项目，后面再使用 Spring Boot 技术。

11.1.2　Spring 的获取

首先，下载 spring-5.3.22-dist 包。打开 https://repo.spring.io/网站，下载页面如图 11.2 所示。这个页面可以按图中框线给出的目录，逐层往下找到。

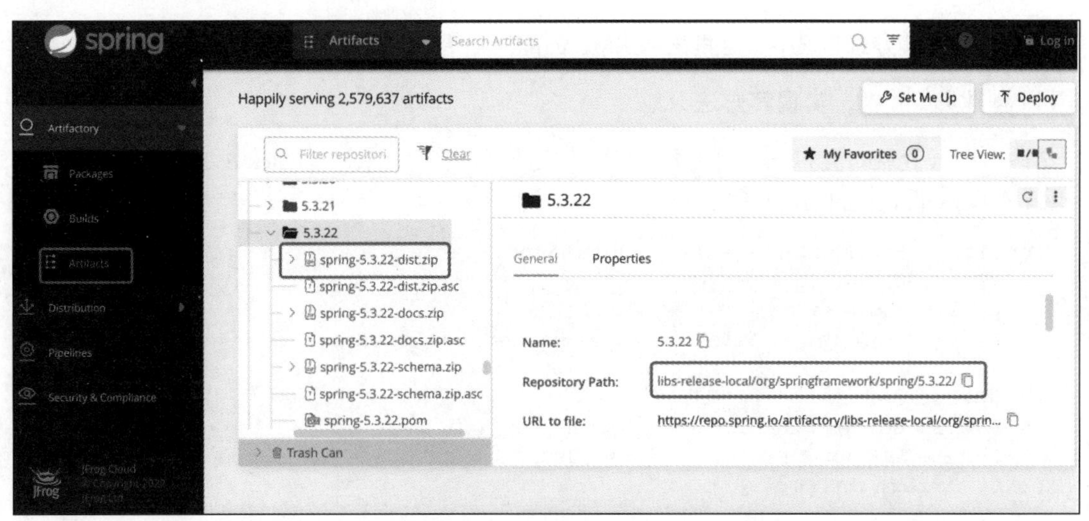

图 11.2　Spring 下载页面

解压缩后，得到 spring-framework-5.3.22 目录，其目录结构如图 11.3 所示。

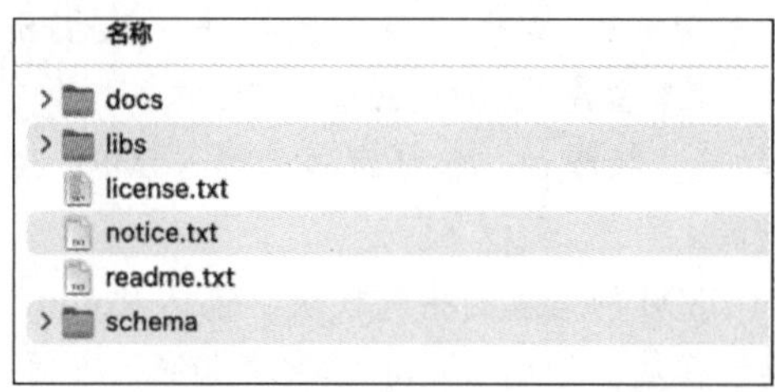

图 11.3 Spring 目录结构

接下来，在 IDEA 中新建项目，将刚才解压后的 spring 下的 libs 文件夹下的 4 个核心 JAR 包放入项目 lib 文件中。另外，还需要一个日志的包——commons-logging-1.2.jar。Spring 项目需要引入的包如图 11.4 所示。

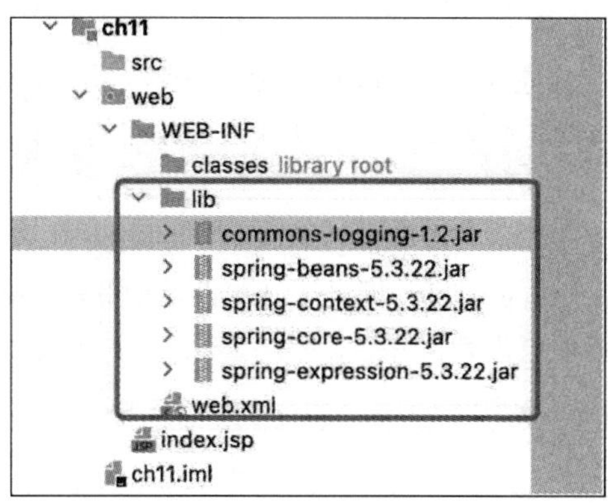

图 11.4 Spring 项目需要引入的包

11.1.3 简单配置 Spring

Spring 的配置方式有很多，这里先从 XML 的配置开始介绍，逐步理解 Spring 的用法。

1. 创建 Bean 类，实现其方法

首先创建一个接口类和一个实现类，接口类很简单，包含 save()和 deleteById()两个方法。实现类代码（UserServiceImpl.java）如下：

```
public class UserServiceImpl implements UserService {
    @Override
    public void save() {
        System.out.println("=======UserServiceImpl.save()==========");
    }
    @Override
    public boolean deleteById(String id) {
        System.out.println("=======UserServiceImpl.deleteById()==========");
        return false;
    }
}
```

2. 配置 applicationContext.xml

在 src 下新建 applicationContext.xml 配置 AppliationContext 容器的信息，Spring 文件是基于 Schema 配置的，Schema 文件的扩展名为.xsd，可以简单理解为 Schema 文件是 DTD 文件的升级版，它比 DTD 文件有更好的扩展性。

配置文件如下（applicationContext.xml）：

```
<?xml version="1.0" encoding="UTF-8"?>
<beans xmlns="http://www.springframework.org/schema/beans"
      xmlns:xsi="http://www.w3.org/2001/XMLSchema-instance"
      xsi:schemaLocation="http://www.springframework.org/schema/beans
      http://www.springframework.org/schema/beans/spring-beans.xsd">

   <!--创建 Spring 控制资源，id 需要唯一，class 为实现类-->
   <bean id="userService"
class="com.vincent.javaweb.service.impl.UserServiceImpl" />

</beans>
```

3. 编写测试类测试 Spring 的功能

创建测试类，在测试类的 main()方法中获取 Spring 的配置信息，测试代码如下：

```
public class SpringTest {
   public static void main(String[] args) {
      ApplicationContext ac = new
ClassPathXmlApplicationContext("applicationContext.xml");
      UserServiceImpl service = ac.getBean("userService",
UserServiceImpl.class);
      service.save();
      service.deleteById("id");
   }
}
```

程序执行结果如图 11.5 所示。

```
SpringTest2 ×
"C:\Program Files\Java\jdk-18.0.2.1\bin\java.exe" "-javaagent:C:\Program Files\JetBrains\IntelliJ
=======UserServiceImpl.save()==========
=======UserServiceImpl.deleteById()==========

Process finished with exit code 0
```

图 11.5 Spring 简单配置

在测试类中用到了 ClassPathXmlApplicationContext 类，它的作用是从类路径 ClassPath 中寻找指定的 XML 配置文件并加载类，完成 ApplicationContext 的实例化工作。例如：

```
//装载单个配置文件实例化 ApplicationContext 容器
ApplicationContext cxt = new
ClassPathXmlApplicationContext("applicationContext.xml");
//装载多个配置文件实例化 ApplicationContext 容器
String[] configs = {"bean1.xml","bean2.xml","bean3.xml"};
ApplicationContext cxt = new ClassPathXmlApplicationContext(configs);
```

11.1.4 使用 BeanFactory 管理 Bean

在 Spring 中，BeanDefinition 用来描述一个 Bean 的内容，容器根据 BeanDefinition 的描述来创建 Bean，同时容器还要提供查询 Bean 等一系列功能。这个部分被称作 Bean 的管理，而管理这些 Bean 的任务就交给了 BeanFactory。所以 BeanFactory 的核心功能就是管理容器中的 Bean。

BeanFactory 仅作为 IoC 容器的超级接口，但是真正可用的容器实现却不是它，而是它的一系列子类。BeanFactory 有两个主要的容器实现：DefaultListableBeanFactory（类）和 ApplicationContext（接口）。

创建实体类 CarInfo 和 CarInfo2，然后配置 Bean，配置 Bean 的示例代码如下：

```
<bean id="carInfo" class="com.vincent.javaweb.entity.CarInfo" >
    <property name="brand">
        <value>奥迪</value>
    </property>
    <property name="crop" value="一汽" />
    <property name="price" value="12345.6" />
</bean>
<bean id="carInfo2" class="com.vincent.javaweb.entity.CarInfo2" >
    <constructor-arg index="0" value="宝马"/>
    <constructor-arg index="1" value="宝马"/>
    <constructor-arg index="2" value="54321.9"/>
</bean>
```

使用 BeanFactory 管理 Bean 的代码如下：

```
    System.out.println("\n==================使用 BeanFactory 管理
Bean======================");
    BeanFactory factory = new DefaultListableBeanFactory();
    BeanDefinitionReader bdr = new XmlBeanDefinitionReader((BeanDefinitionRegistry)
factory);
    bdr.loadBeanDefinitions(new ClassPathResource("applicationContext.xml"));
    CarInfo car = factory.getBean("carInfo", CarInfo.class);
    System.out.println(car.getBrand() + ":" + car.getPrice());
    CarInfo2 car2 = factory.getBean("carInfo2", CarInfo2.class);
    System.out.println(car2);
```

XmlBeanDefinitionReader 读取解析 XML 文件，通过 Parser 解析 XML 文件的标签。针对 Beans 标签，生成对应的 BeanDefinitions，然后注册到 BeanFactory 中。最后通过 factory 的 getBean 方法获取配置。

BeanDefinitionRegistry 提供 registerBeanDefinition、removeBeanDefinition 等方法，用来从 BeanFactory 注册或移除 BeanDefinition。通常 BeanFactory 接口的实现类需要实现这个接口。

ApplicationContext 是一个 Spring 容器，也叫作应用上下文。它继承 BeanFactory，同时也是 BeanFactory 的扩展升级版。由于 ApplicationContext 的结构决定了它与 BeanFactory 的不同，它们的主要区别如下：

- 继承 MessageSource，提供国际化的标准访问策略。
- 继承 ApplicationEventPublisher，提供强大的事件机制。
- 扩展 ResourceLoader，可以用来加载多个 Resource，灵活访问不同的资源。

- 对 Web 应用的支持。

11.1.5　注解配置

之前学习 Servlet 就已经接触过注解，注解的目的是简化 XML 配置文件，Spring 对注解的支持也非常完善。

AnnotatedBeanDefinitionReader 可以使用编程方法显式指定将哪些类注册到 BeanFactory。它主要是被 AnnotationConfigApplicationContext 使用，即基于注解配置的 ApplicationContext，这是 Spring 的默认 ApplicationContext。

示例代码如下：

```
@Configuration
public class BeanConfig {
    @Bean("car1")
    public CarInfo carInfo() {
        CarInfo info = new CarInfo();
        info.setBrand("宾利");
        info.setPrice(9999999.99);
        return info;
    }
    @Bean("car2")
    public CarInfo2 carInfo2() {
        return new CarInfo2("比亚迪","比亚迪", 21212.34);
    }
}
```

调用的代码如下：

```
    System.out.println("\n=================注解方式配置
Bean======================");
    ApplicationContext context = new
AnnotationConfigApplicationContext(BeanConfig.class);
    CarInfo info = context.getBean("car1", CarInfo.class);
    System.out.println(info);
    CarInfo2 info2 = context.getBean("car2", CarInfo2.class);
    System.out.println(info2);
```

在 JavaConfig 类上加@Configuration 注解，相当于配置了<beans>标签。而在方法上加@Bean 注解，相当于配置了<bean>标签。

11.2　依赖注入

11.2.1　什么是控制反转与依赖注入

控制反转（Inversion of Control，IoC）是 Spring 的核心机制，就是将对象创建的方式、属性设置方式反转，以前是开发人员自己通过 new 控制对象的创建，自己为对象属性赋值。使用 Spring 之后，将对象和属性的创建及管理交给了 Spring，由 Spring 来负责对象的生命周期、属性控制以及和其他对象间的关系，达到类与类之间的解耦功能，同时还能实现类实例的复用。

DI（Dependency Injection）即依赖注入。Spring 官方文档中说：“IoC is also known as dependency injection（DI）”，即 IoC 也被称为 DI。DI 是 Martin Fowler 在 2004 年初的一篇论文中首次提出的，用于具体描述一个对象获得依赖对象的方式，不是自己主动查找和设置的（比如 new、set），而是被动地通过 IoC 容器注入（设置）进来的。

Spring 中管理对象的容器称为 IoC 容器，IoC 容器负责实例化、配置和组装 Bean。org.Springframework.beans 和 org.Springframework.context 包是 Springframework 的 IoC 容器的基础。

IoC 是一个抽象的概念，具体到 Spring 中是以代码的形式实现的，Spring 提供了许多 IoC 容器的实现，其核心是 BeanFactory 接口以及它的实现类。BeanFactory 接口可以理解为 IoC 容器的抽象，提供了 IoC 容器的基本功能，比如对单个 Bean 的获取、对 Bean 的作用域判断、获取 Bean 类型、获取 Bean 别名等功能。BeanFactory 直译过来就是 Bean 工厂，实际上 IoC 容器中 Bean 的获取就是一种典型的工厂模式，里面的 Bean 常常是单例的（当然也可以是其他类型的）。

简单地说，IoC 容器可以理解为一个大的映射 Map（键-值对），通过配置的 id、name 或者其他唯一标识就可以从容器中获取对应的对象。

11.2.2 Bean 的配置

在 Spring 中配置 Bean 有 3 种方式，分别说明如下。

1. 传统 XML 配置

传统 XML 模式配置就是 11.1.3 节讲解的在 applicationContext.xml 中配置 Bean。

2. 工厂模式配置

（1）通过静态工厂方式配置 Bean（静态工厂，就是将对象直接放在一个静态区里面，想用的时候直接调用就行）。示例代码如下：

```
<!-- 静态工厂方式配置 Bean -->
<bean id="userInfo" class="com.vincent.javaweb.HelloInstanceFactory"
factory-method="getStaticUserInfo">
    <constructor-arg value="1"></constructor-arg>
</bean>
```

（2）通过实例工厂方式配置 Bean。实例工厂与静态工厂的区别在于一个是静态的，可以直接调用，另一个需要先实例化工厂，再获取工厂里面的对象。

```
<!-- 实例工厂方式配置 Bean -->
<bean id="factory" class="com.vincent.javaweb.HelloInstanceFactory"></bean>
<bean id="userInfo2" factory-bean="factory" factory-method="getUserInfo">
    <constructor-arg value="2"></constructor-arg>
</bean>
```

两种配置方法引用了同一个类，代码如下：

```
public class HelloInstanceFactory {
    private Map<Integer, UserInfo> map;
    public HelloInstanceFactory() {
        map = new HashMap<Integer, UserInfo>();
```

```
        map.put(2, new UserInfo("李白", new AddrInfo("四川")));
    }
    public UserInfo getUserInfo(int id){
        return map.get(id);
    }
    public static UserInfo getStaticUserInfo(int id) {
        HashMap<Integer, UserInfo> mmap = new HashMap<Integer, UserInfo>();
        mmap.put(1, new UserInfo("金庸",new AddrInfo("浙江")));
        return mmap.get(id);
    }
}
```

11.2.3　Setter 注入

Setter 现在是 Spring 主流的注入方式，它可以利用 Java Bean 规范所定义的 set 和 get 方法来完成注入，可读性和灵活性高，它不需要使用构造器注入时出现的多个参数，可以把构造方法声明成无参构造器，再使用 Setter 注入设置相对应的值，其本质上是通过 Java 反射技术来实现的。

示例代码如下：

```
<!--配置 Setter 注入-->
<bean id="carInfo" class="com.vincent.javaweb.entity.CarInfo" >
    <property name="brand">
        <value>奥迪</value>
    </property>
    <property name="crop" value="一汽" />
    <property name="price" value="12345.6" />
</bean>
```

11.2.4　构造器注入

构造器注入主要依赖构造方法来实现，构造方法可以是有参的，也可以是无参的，通常都是通过类的构造方法来创建类对象，以及给它赋值，同样 Spring 也可以采用反射的方式，通过构造方法来完成注入（赋值）。

示例代码如下：

```
<bean id="carInfo2" class="com.vincent.javaweb.entity.CarInfo2" >
    <constructor-arg index="0" value="宝马"/>
    <constructor-arg index="1" value="宝马"/>
    <constructor-arg index="2" value="54321.9"/>
</bean>
```

11.2.5　引用其他的 Bean

组件应用程序的 Bean 经常需要相互协作以完成应用程序的功能，要求 Bean 能够相互访问，所以就必须在 Bean 配置文件中指定 Bean 的引用。在 Bean 的配置文件中可以通过<ref>元素或者 ref 属性为 Bean 的属性或构造器参数指定对 Bean 的引用。也可以在属性或者构造器中包含 Bean 的声明，这样的 Bean 称为内部 Bean。

示例代码如下：

```
<bean id="u1" class="com.vincent.javaweb.entity.UserInfo">
    <property name="name" value="北斗七星"></property>
    <property name="addr" ref="a1"></property>
</bean>
<bean id="a1" class="com.vincent.javaweb.entity.AddrInfo">
    <property name="addr" value="天枢"></property>
    <property name="post" value="222222"></property>
</bean>
```

11.2.6 匿名内部 JavaBean 的创建

当 Bean 的实例仅供一个特定的属性使用时，可以将它声明为内部 Bean，内部 Bean 声明直接包含在<property>或<constructor-arg>元素中，不需要设置任何的 id 或 name 属性，内部 Bean 不能使用在任何其他地方。

实际很简单，配置更改如下：

```
<!-- 匿名内部 Bean -->
<bean id="u1" class="com.vincent.javaweb.entity.UserInfo">
    <property name="name" value="北斗七星"></property>
    <property name="addr">
        <bean class="com.vincent.javaweb.entity.AddrInfo">
            <property name="addr" value="天枢"></property>
            <property name="post" value="222222"></property>
        </bean>
    </property>
</bean>
```

11.3 自动装配

自动装配是使用 Spring 满足 Bean 依赖的一种方法，根据指定装配规则（属性名称或者属性类型），Spring 自动将匹配的属性值注入，不再需要手动装配<property name="xxx" ref="xxx"></property>。利用 Bean 标签中的 autowire 属性进行设置，常用的有两种类型：按 Bean 名称装配和按 Bean 类型装配。

11.3.1 按 Bean 名称装配

byName：根据属性名称注入，注入值 Bean 的 id 值和类属性名称一样。

示例代码（bean.xml）如下：

```
<bean id="dog" class="com.vincent.javaweb.auto.Dog"></bean>
<bean id="cat" class="com.vincent.javaweb.auto.Cat"></bean>
<bean id="animal" class="com.vincent.javaweb.auto.Animal" autowire="byName">
    <!-- <property name="cat" ref="cat"></property> -->
</bean>
```

Java 代码如下：

```
ApplicationContext ac = new ClassPathXmlApplicationContext("bean.xml");
```

```
Animal service = ac.getBean("animal", Animal.class);
System.out.println("=================Test byName=================");
service.getCat().eat();
service.getDog().eat();
```

程序执行结果如图 11.6 所示。

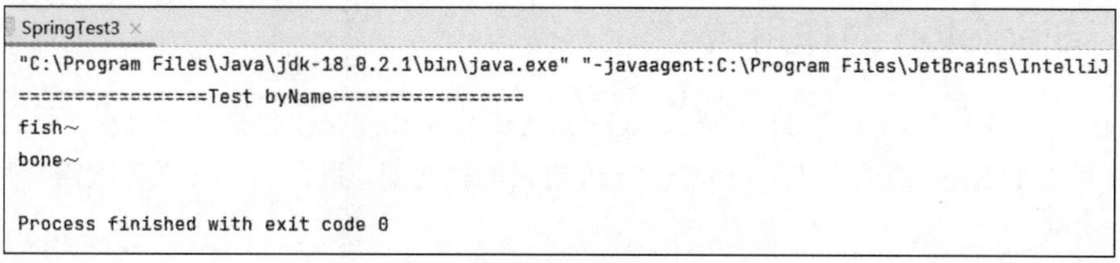

```
SpringTest3 ×
"C:\Program Files\Java\jdk-18.0.2.1\bin\java.exe" "-javaagent:C:\Program Files\JetBrains\IntelliJ
================Test byName================
fish~
bone~

Process finished with exit code 0
```

图 11.6　Spring 按 Bean 名称装配

当一个 Bean 节点带有 autowire byName 的属性时：

- 将查找其类中所有的 set 方法名，例如 setCat，获得将 set 去掉并且首字母小写的字符串，即 cat。
- 去 Spring 容器中寻找是否有此字符串名称 id 的对象。如果有，就取出注入；如果没有，就报空指针异常。

11.3.2　按 Bean 类型装配

byType：根据类型，如果有两个指定类型的 Bean，则报错。

通过属性的类型查找 JavaBean 依赖的对象并为其注入。如果容器中存在一个与指定属性类型相同的 Bean，那么将与该属性进行自动装配。如果存在多个该类型的 Bean，那么将会抛出异常，并指出不能使用 byType 方式进行自动装配。若没有找到相匹配的 Bean，则什么事都不发生，属性也不会被设置。

用法和示例跟 byName 基本一致，特别注意的是，如果存在多个该类型的 Bean，那么将会抛出异常。

11.3.3　自动装配的其他方式

官方给出的自动装配一共有 4 种模式，除了前面讲的两种外，还有 no 和 constructor 模式。

- no：不启用自动装配，自动装配默认的值。
- constructor：与 byType 的方式类似，与 byType 的区别在于它不是使用 setter 方法注入，而是使用构造器注入。如果在容器中没有找到与构造器参数类型一致的 Bean，那么将会抛出异常。

11.4　Bean 的作用域

创建一个 Bean 定义，其实质是使用该 Bean 定义对应的类来创建真正实例的模板。把 Bean 定义看成一个模板很有意义，它与 class 类似，只根据一个模板就可以创建多个实例。

用户不仅可以控制注入对象中的各种依赖和配置值，还可以控制该对象的作用域。这样可以灵活选择所建对象的作用域，而不必在 Java Class 级定义作用域。Spring Framework 支持两种作用域，下面来介绍一下这两种作用域的用法。

11.4.1 Singleton 的作用域

如果 Bean 的作用域的属性被声明为 Singleton，那么 Spring IoC 容器只会创建一个共享的 Bean 实例。对于所有的 Bean 请求，只要 id 与该 Bean 定义的相匹配，那么 Spring 在每次需要时都返回同一个 Bean 实例。

Singleton 是单例类型，就是在创建容器时就同时自动创建了一个 Bean 的对象，无论用户是否使用，它都存在，每次获取到的对象都是同一个对象。注意，Singleton 作用域是 Spring 中的默认作用域。用户可以在 Bean 的配置文件中设置作用域的属性为 Singleton，代码如下（本示例使用注解形式，对于 XML 配置方式，读者可以根据前面的章节自行学习）：

```
@Component("singletonBean")
@Scope("singleton")
public class SingletonBean {
    private String message;
    public void setMessage(String message) {
        this.message = message;
    }
    public void getMessage() {
        System.out.println("Your Message : " + message);
    }
}
```

测试 Java 代码如下：

```
ApplicationContext context = new
AnnotationConfigApplicationContext(SingletonBean.class);
SingletonBean bean = context.getBean("singletonBean", SingletonBean.class);
bean.setMessage("This is first bean~");
bean.getMessage();
SingletonBean bean2 = context.getBean("singletonBean", SingletonBean.class);
bean2.getMessage();
```

由于 SingletonBean 是单例的作用域，创建两个 SingletonBean 对象，第二个对象获取 SingletonBean 对象中的消息值的时候，即使是由一个新的 getBean()方法来获取，不用设置对象中消息的值，就可以直接获取 SingletonBean 中的消息，因为这时的消息已经由第一个对象初始化了。在单例中，每个 Spring IoC 容器只有一个实例，无论创建多少个对象，调用多少次 getMessage()方法获取它，它总是返回同一个实例。

11.4.2 Prototype 的作用域

如果 Bean 的作用域的属性被声明为 Prototype，则表示一个 Bean 定义对应多个对象实例。声明为 Prototype 作用域的 Bean 会导致在每次对该 Bean 请求（将其注入另一个 Bean 中，或者以程序的方式调用容器的 getBean()方法）时都会创建一个新的 Bean 实例。Prototype 是原型类型，它在创建容器的时候并没有实例化，而是当获取 Bean 的时候才会去创建一个对象，而且每次获取到的对象都不是同一个对象。一般来说，对有状态的 Bean 应该使用 Prototype 作用域，而对无状态的 Bean 则应该使用 Singleton 作用域。

示例代码如下：

```
    System.out.println("\n================= scope: prototype
===================");
    ApplicationContext prototype = new
AnnotationConfigApplicationContext(PrototypeBean.class);
    PrototypeBean pbean1 = prototype.getBean("prototypeBean",
PrototypeBean.class);
    pbean1.setMessage("This is first bean～");
    pbean1.getMessage();
    PrototypeBean pbean2 = prototype.getBean("prototypeBean",
PrototypeBean.class);
    pbean2.getMessage();
```

程序执行结果如图 11.7 所示。

```
SpringTest5 ×
"C:\Program Files\Java\jdk-18.0.2.1\bin\java.exe" "-javaagent:C:\Program Files\JetBrains\IntelliJ

================= scope: prototype ===================
Your Message : This is first bean~
Your Message : null

Process finished with exit code 0
```

图 11.7　Bean 作用域

11.5　Bean 的初始化与销毁

在实际开发的时候，经常会遇到在 Bean 使用之前或者之后做一些必要的操作，Spring 对 Bean 的生命周期的操作提供了支持。

在 Spring 下实现初始化和销毁方法的主要方式如下：

（1）自定义初始化和销毁方法，声明 Bean 时通过 initMethod、destroyMethod 指定。

（2）实现 InitializingBean、DisposableBean 接口。

（3）实现 Spring 提供的 BeanPostProcessor 接口。

以上 3 种方法优先级逐渐升高，即对象创建后最先调用 BeanPostProcessor 接口的 postProcessBeforeInitialization 方法，最后调用自定义的通过 initMethod 声明的初始化方法。初始化结束后，最先调用 BeanPostProcessor 接口的 postProcessAfterInitialization，最后调用自定义的通过 destroyMethod 声明的初始化方法。这 3 种方法只针对某个具体的类，BeanPostProcessor 会拦截容器中所有的对象。在单例模式下，在 Spring 容器关闭时会销毁对象。但是在原型模式下，Spring 容器不会再管理这个 Bean，如果需要，则要自己调用销毁方法。

11.5.1 自定义初始化和销毁方法

容器管理 Bean 的生命周期，可以自定义初始化和销毁方法，容器在 Bean 进行到当前生命周期的时候来调用自定义的初始化和销毁方法。

在 XML 配置中，可以通过 init-method 和 destroy-method 指定初始化方法和销毁方法。该方法必须没有参数，但是可以抛出异常。

更常用的是通过@Bean(initMethod="init",destroyMethod="destroy")的方式指定 Bean 的初始化方法和销毁方法。接下来主要以注解形式来讲解。

定义 LifecycleBean 类，然后定义两个方法，一个是初始化方法 init()方法，另一个是作为销毁方法的 destroy()方法，代码如下：

```
public class LifecycleBean {
   public LifecycleBean() {
      System.out.println(".......LifecycleBean 构造器方法......");
   }
   public void init() {
      System.out.println(".......LifecycleBean 初始化 ......");
   }
   public void mdestroy() {
      System.out.println(".......LifecycleBean 销毁 ......");
   }
}
```

添加注解配置类（LifecycleConfig1.java），代码如下：

```
@Configuration
public class LifecycleConfig1 {
   @Bean(initMethod = "init", destroyMethod = "mdestroy")
   public LifecycleBean getLifecycle() {
      return new LifecycleBean();
   }
}
```

测试代码如下：

```
@Test
public void testLifecycle() {
   AnnotationConfigApplicationContext context = new
AnnotationConfigApplicationContext(LifecycleConfig1.class);
   String[] defBeans = context.getBeanDefinitionNames();
   for (String name : defBeans) {
      System.out.println(name);
   }
   // 调用 close() 方法就会执行 LifecycleBean mdestroy 方法，否则就不会调用 mdestroy
方法
   context.close();
}
```

程序执行结果如图 11.8 所示。

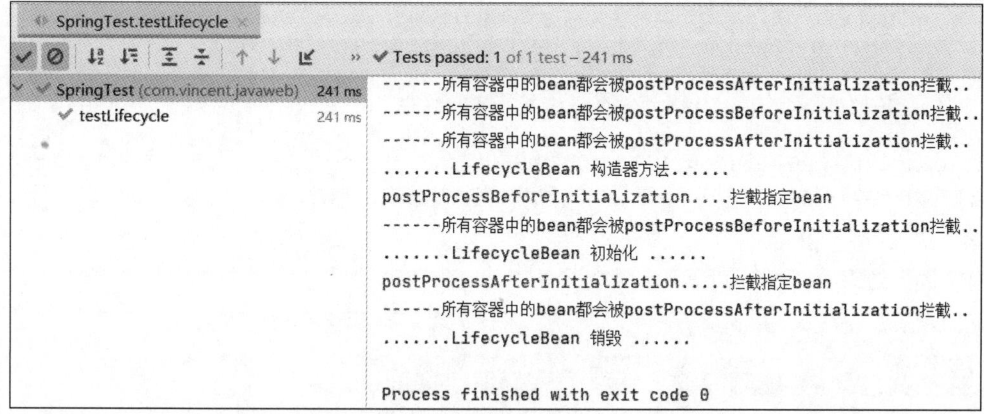

图 11.8　自定义 Bean 初始化和销毁方法的执行结果

可以看到，在容器启动时，执行了无参构造方法，然后紧接着执行了自定义 Bean 的初始化方法 init()。在容器关闭时，执行了自定义 Bean 的销毁方法 destroy()。

这里需要注意的是，@Bean 默认是单例的，如果将 scope 改为多实例的，那么执行结果就不是这样的，请看注解配置类（LifecycleConfig2.java），代码如下：

```
@Configuration
public class LifecycleConfig2 {
    @Bean(initMethod = "init", destroyMethod = "mdestroy")
    @Scope("prototype")
    public LifecycleBean getLifecycle() {
        return new LifecycleBean();
    }
}
```

按照之前的测试代码执行，结果如图 11.9 所示。

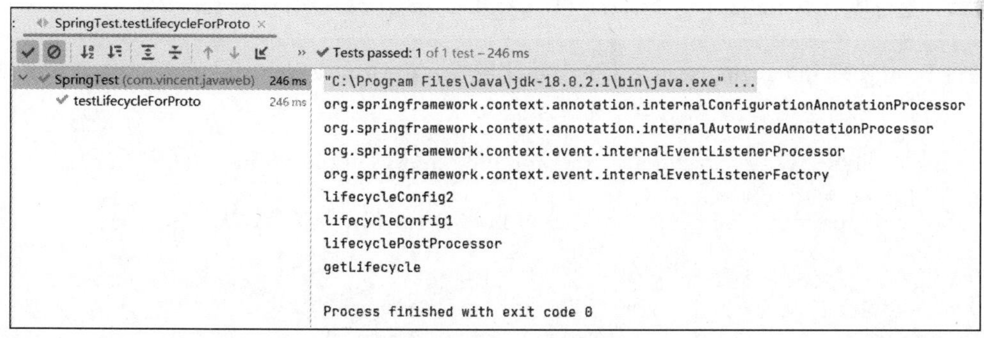

图 11.9　自定义 Bean 执行顺序

可以看到，容器启动时，并没有执行实例化和初始化，在容器关闭时，也没有调用 mdestroy()方法。

调整测试方法，代码如下：

```
@Test
public void testLifecycleForProto() {
    AnnotationConfigApplicationContext context = new
```

```
AnnotationConfigApplicationContext(LifecycleConfig2.class);
        String[] defBeans = context.getBeanDefinitionNames();
        for (String name : defBeans) {
            System.out.println(name);
        }
        context.getBean("getLifecycle");
        context.close();
    }
```

程序执行结果如图 11.10 所示。

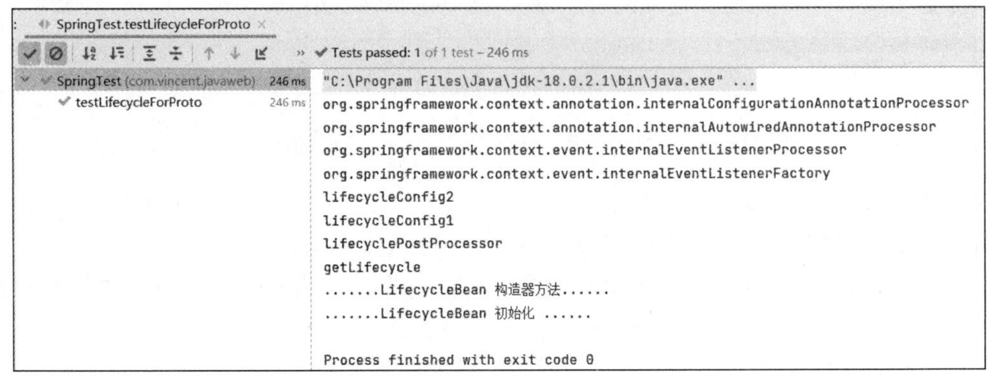

图 11.10 自定义 Bean 生命周期

可以看到，非单例模式下，即使容器关闭也不会调用 mdestroy()方法。因此，只有单例的 Bean，在容器创建时才会实例化并执行初始化方法，在容器关闭时执行销毁方法。对于非单例的 Bean，只有在创建 Bean 的时候才会实例化并执行初始化方法，如果要执行多实例 Bean 的销毁方法，则需要手动调用。

11.5.2 实现 InitializingBean 和 DisposableBean 接口

通过 Bean 实现 InitializingBean（定义初始化逻辑）和 DisposableBean（定义销毁逻辑）的代码如下：

```
    public class Lifecycle2Bean implements InitializingBean, DisposableBean {
        public Lifecycle2Bean() {
            System.out.println(".......LifecycleBean 构造器方法......");
        }
        public void init() {
            System.out.println(".......LifecycleBean 初始化 ......");
        }
        public void mdestroy() {
            System.out.println(".......LifecycleBean 销毁 ......");
        }
        @Override
        public void destroy() throws Exception {
            System.out.println("......LifecycleBean
DisposableBean.destroy......");
        }
        @Override
        public void afterPropertiesSet() throws Exception {
```

```
        System.out.println("......LifecycleBean
InitializingBean.afterPropertiesSet......");
    }
}
```

实现了 InitializingBean 接口，还需要重写 afterPropertiesSet()方法，同样，实现了 DisposableBean 接口，还需要重写 destroy()方法。

执行之前的测试代码 testLifecycle()，结果如图 11.11 所示。

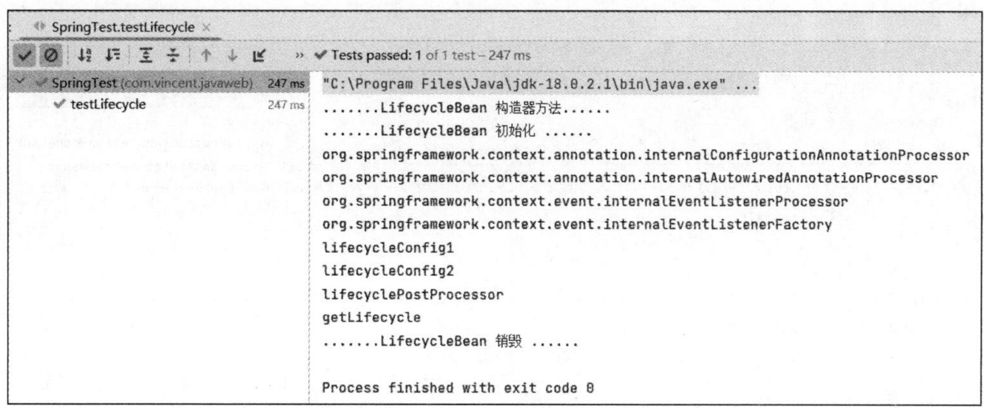

图 11.11　自定义 Bean 实现 InitializingBean

初始化过程：容器先调用 LifecycleBean 的无参构造方法来实例化 LifecycleBean 对象实例，接着执行 InitializingBean 的初始化方法 afterPropertiesSet()方法，最后执行自定义的 init()初始化方法。

销毁过程：同样，容器也是先执行 DisposableBean 的 destroy()方法，然后才执行自定义的 mdestroy()销毁方法。

执行之前的测试代码 testLifecycleForProto()，结果如图 11.12 所示。

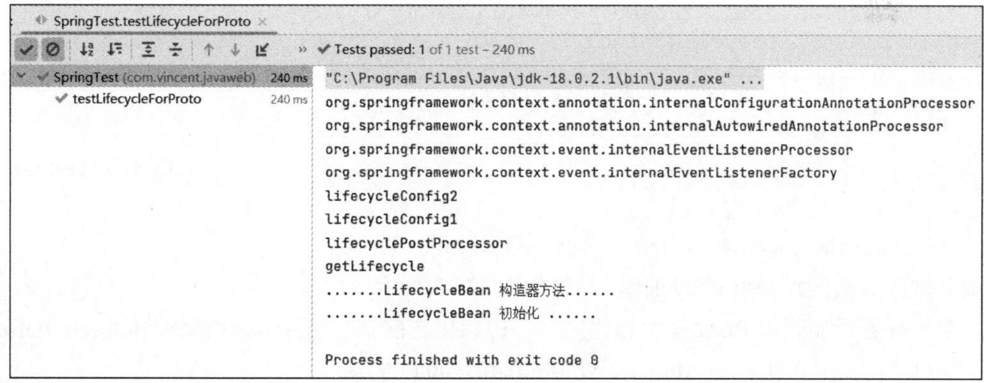

图 11.12　自定义 Bean 注解实现 InitializingBean

执行顺序并没有发生变化，但是销毁方法都没有执行，需要手动调用。

11.5.3　实现 Spring 提供的 BeanPostProcessor 接口

BeanPostProcessor 是 Bean 的后置处理器，在 Bean 初始化前后要进行一些处理工作：

（1）在初始化之前执行 postProcessBeforeInitialization。

（2）在初始化之后执行 postProcessAfterInitialization。

首先自定义 LifecyclePostProcessor 类，代码如下：

```
@Component
public class LifecyclePostProcessor implements BeanPostProcessor {
    @Override
    public Object postProcessBeforeInitialization(Object bean, String beanName)
throws BeansException {
        if (bean instanceof LifecycleBean) {
            System.err.println("postProcessBeforeInitialization....拦截指定
bean");
        }
        System.out.println("------所有容器中的 Bean 都会被
postProcessBeforeInitialization 拦截.. beanName=" + beanName + "==>" + bean);
        return bean;
    }
    @Override
    public Object postProcessAfterInitialization(Object bean, String beanName)
throws BeansException {
        if (bean instanceof LifecycleBean) {
            System.err.println("postProcessAfterInitialization.....拦截指定
bean");
        }
        System.out.println("------所有容器中的 Bean 都会被
postProcessAfterInitialization 拦截.. beanName=" + beanName + "==>" + bean);
        return bean;
    }
}
```

接着，将自定义的 LifecyclePostProcessor 添加配置到容器中，代码如下：

```
@Configuration
@ComponentScan("com.vincent.javaweb.life")
public class LifecycleConfig1 {
    @Bean(initMethod = "init", destroyMethod = "mdestroy")
    public LifecycleBean getLifecycle() {
        return new LifecycleBean();
    }
}
```

注解@ComponentScan 表示自动扫描包下的 BeanPostProcessor。

最后执行测试代码 testLifecycle()，结果如图 11.13 所示。

说明所有容器加载的 Bean 在实例化之后、初始化之前都会执行 postProcessBeforeInitialization()方法，在初始化完成后执行 postProcessAfterInitialization()方法。

需要注意的是，BeanPostProcessor 提供的两个方法是针对初始化前后的拦截操作，与容器的关闭、Bean 的销毁无关。

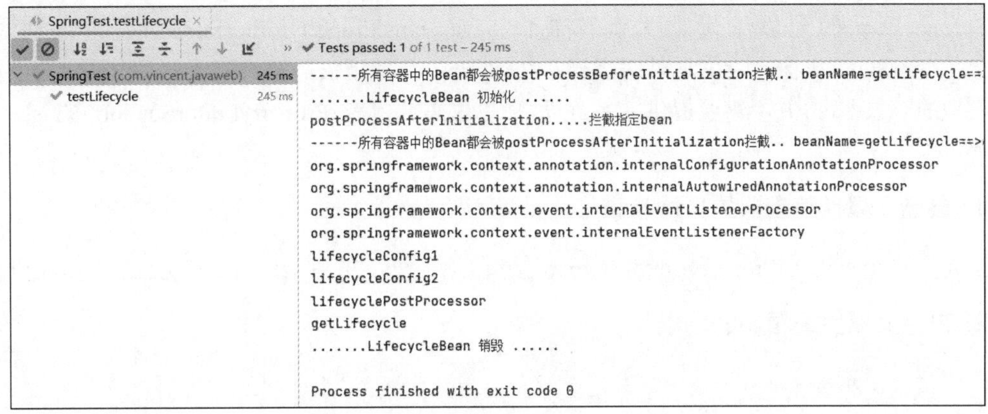

图 11.13　自定义 Bean 实现 BeanPostProcessor

11.6　属性编辑器

在 Spring 配置文件或配置类中，往往通过字面值为 Bean 各种类型的属性提供设置值：无论是 double 类型还是 int 类型，在配置文件中都对应字符串类型的字面值。BeanWrapper 填充 Bean 属性时，如何将这个字面值转换为对应的 double 或 int 等内部数据类型呢？这里有一个转换器在其中起作用，这个转换器就是属性编辑器。换言之，就是 Spring 根据已经注册好的属性编辑器解析这些字符串，实例化成对应的类型。

11.6.1　内置属性编辑器

Spring 的属性编辑器没有 UI 界面，只是将配置文件中的文本配置值转换为 Bean 属性的对应值。Spring 在 PropertyEditorRegistrySupport 中为常见的属性类型提供了默认属性编辑器，分为三大类，具体如表 11.1 所示。

表 11.1　Spring内置的属性编辑器

类　型		说　明
基础数据类型	基本类型	boolean、char、int、double、float、short、byte、long
	封装类型	Boolean、Character、Integer、Double、Float、Short、Byte、Long
	数组类型	char[]、byte[]
	大数类型	BigDecimal、BigInteger
集合类型		Collection、Set、SortedSet、List、SortedMap
资源类型		Charset、Class、Class[]、Currency、File、InputStream、InputSource、Locale、Path、Pattern、Properties、Reader、Resource[]、TimeZone、URI、URL、UUID、ZoneId

11.6.2　自定义属性编辑器

如果 Spring 应用定义了特殊类型的属性，并且希望在配置文件中以字面值方式来配置属性值，那么就可以编写自定义属性编辑器并注册到 Spring 容器的方式来实现。

Spring 默认的属性编辑器大都扩展自 java.beans.PropertyEditorSupport，可以通过扩展 PropertyEditorSupport 来自定义属性编辑器。在 Spring 环境下仅需要将配置文件中的字面值转换为属性类型的对象即可，并不需要提供 UI 界面，所以仅需要覆盖 PropertyEditorSupport 的 setAsText() 方法就可以了。

1. 自定义属性编辑器的具体步骤

自定义一个实现了 PropertyEditorSupport 接口的编辑器，重写 setAsText()方法，然后注册接口。

2. 自定义属性编辑器的场景

先来看一个示例：

```
public class DateBean {
    private Date dateValue;
    private String desc;
    public Date getDateValue() {
        return dateValue;
    }
    public void setDateValue(Date dateValue) {
        this.dateValue = dateValue;
    }
    public String getDesc() {
        return desc;
    }
    public void setDesc(String desc) {
        this.desc = desc;
    }
}
```

按照常规的 Spring Bean 配置，代码如下：

```
<bean id="dateBean" class="com.vincent.javaweb.propertyeditor.DateBean">
    <property name="dateValue">
        <value>2022-07-31</value>
    </property>
</bean>
```

测试代码如下：

```
@Test
public void testPropertyEditor() {
    ApplicationContext ac = new
ClassPathXmlApplicationContext("propertyEditorBean.xml");
    DateBean service = ac.getBean("dateBean", DateBean.class);
    System.out.println(service.getDateValue());;
}
```

程序执行结果如图 11.14 所示。

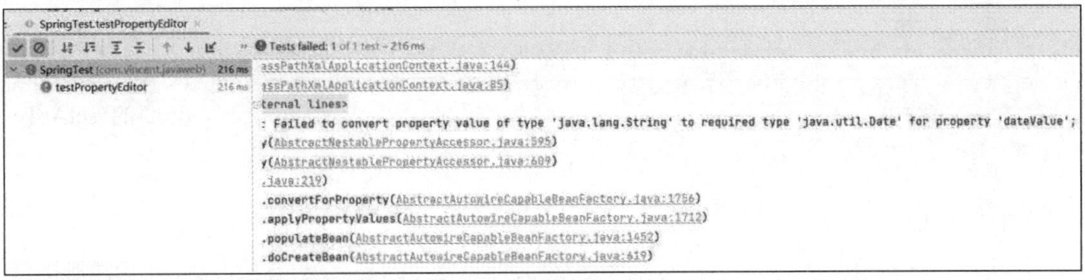

图 11.14　属性编辑器类型转换

3. 自定义属性编辑器

自定义一个实现了 PropertyEditorSupport 接口的编辑器，重写 setAsText()方法，代码如下：

```
public class MyDatePropertyEditor extends PropertyEditorSupport {
    private String formatParttern = "yyyy-MM-dd";

    public MyDatePropertyEditor() {
    }
    public MyDatePropertyEditor(String formatParttern) {
        this.formatParttern = formatParttern;
    }
    @Override
    public void setAsText(String text) throws IllegalArgumentException {

System.out.println("=======MyDatePropertyEditor.setAsText=======text:" +  text +
", formatParttern:" + formatParttern);
        try {
            SimpleDateFormat sdf = new SimpleDateFormat(getFormatParttern());
            Date d = sdf.parse(text);
            this.setValue(d);
        } catch (ParseException e) {
            e.printStackTrace();
        }
    }
    public String getFormatParttern() {
        return formatParttern;
    }
    public void setFormatParttern(String formatParttern) {
        this.formatParttern = formatParttern;
    }
}
```

在 XML 中注册接口，代码如下：

```
<!--将 Bean 中的 Date 赋值 2022-07-31，Spring 会认为 2022-07-31 是 String 类型的字符串，
无法转换成 Date，会报错！ -->
<bean id="dateBean" class="com.vincent.javaweb.propertyeditor.DateBean">
    <property name="dateValue" value="2022-07-31 12:00:30" />
</bean>
<!-- 注册自定义的属性编辑器-->
<bean
class="org.springframework.beans.factory.config.CustomEditorConfigurer">
    <property name="customEditors">
```

```
        <map>
            <entry key="java.util.Date"
value="com.vincent.javaweb.propertyeditor.MyDatePropertyEditor" />
        </map>
    </property>
</bean>
```

测试代码如下：

```
@Test
public void testPropertyEditor() {
    ApplicationContext ac = new
ClassPathXmlApplicationContext("propertyEditorBean.xml");
    DateBean service = ac.getBean("dateBean", DateBean.class);
    System.out.println(service.getDateValue());
}
```

程序执行结果如图 11.15 所示。

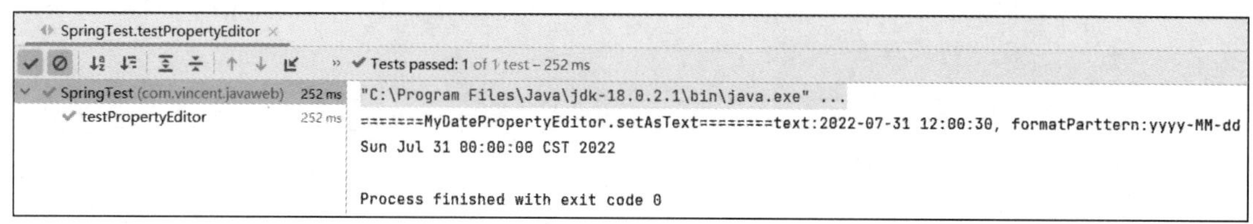

图 11.15　自定义属性编辑器

可以看到，通过接口实现类型转换，在转换过程中，虽然格式化输出了日期类型，但是结果输出的并不是格式化配置的结果，因为在转换过程中，其日期格式用了默认日期类型，在 getAsText() 方法中实现控制字符显示的程序代码。

11.7　实践与练习

1. 了解 Spring 体系，学会 Spring 的下载与基本配置。
2. 深入理解什么是控制反转，什么是依赖注入。
3. 理解 Spring Bean 的配置方式和其作用域。
4. 简述 Spring IoC 的作用。
5. 通过本章讲解的 Spring IoC 实现以下功能：

总共有 3 个类：Course 类、Student 类和 Teacher 类。

总共有 3 门课程，5 名学生和两位老师，每个学生只有一位老师，但是老师可以有多个学生，每名学生可以选择多门课程，同样课程也可以被多名学生选择。

要求：通过老师来查询老师所教的学生的选课情况，但是老师只可以查询自己的学生，不能查询其他老师的学生的选课。

第 12 章

Spring 核心之 AOP

12.1 AOP 概述

AOP（Aspect Oriented Programming，面向切面编程）是通过预编译方式和运行期间动态代理实现程序功能统一维护的一种技术。AOP 是 OOP（Object Oriented Programming，面向对象编程）的延续，是软件开发中的一个热点，也是 Spring 框架中的一个重要内容。

在 OOP 的编程思维中，基本模块单元是类（Class），OOP 将不同的业务对象抽象成一个个类，不同的业务操作抽象成不同的方法，这样的好处是能获得更加清晰、高效的逻辑单元划分。一个完整的业务逻辑是调用不同的对象、方法来组合完成的，每一个步骤都按照顺序执行。这样容易导致业务逻辑之间的耦合关系过于紧密，核心业务的代码之间通常需要手动嵌入大量非核心业务的代码，比如日志记录、事务管理。对于这种跨对象和跨业务的重复的、公共的非核心的程序逻辑，OOP 没有特别好的处理方式。

AOP 的基本模块单元是切面（Aspect），所谓切面，其实就是对不同业务流水线中的相同业务逻辑进行进一步抽取形成的一个横截面。AOP 计数让业务中的核心模块和非核心模块的耦合度进一步降低，实现了代码的复用，减少了代码量，提升了开发效率，并有利于代码未来的可扩展性和可维护性。

简单地说，OOP 对业务中每一个功能进行抽取，封装成类和方法，让代码更加模块化，在一定程度上实现了代码的复用。此时，一个完整的业务通过按一定顺序调用对象的方法模块来实现。如果脱离对象层面，基于业务逻辑，站在更高层面来看这种编程方式，带来的缺点是对于业务中的重复代码模块，在源代码中需要在业务的不同阶段重复调用。而 AOP 则可以对业务中重复调用的模块进行抽取，让业务中的核心逻辑与非核心逻辑进一步解耦，在源代码中不需要手动调用这个重复代码的模块，在更高的层级实现了代码的复用，有利于后续代码的维护和升级。

12.1.1 了解 AOP

前面讲了这么多，其实 AOP 就是在不修改代码的情况下为程序统一添加额外功能的一种技术。AOP 可以拦截指定的方法并且对方法增强，而无须侵入业务代码中，让业务与非业务处理逻辑分离。比如 Spring 的事务，通过事务的注解配置，Spring 会自动在业务方法中开启、提交业务，并且在业务处理失败时执行相应的回滚策略。

下面梳理 AOP 的一些核心概念，方便理解 AOP。

1. Joinpoint

Joinpoint（连接点）指的是那些被连接的点，在 Spring 中指的是可以被拦截的目标类的方法，比较常见的如表 12.1 所示。

表12.1 Spring AOP连接点点位

连接点点位	说　明
Method Call	方法被调用时
Method Execution	方法执行时
Constructor Call	某个构造器被调用时
Constructor Execution	构造器内部开始执行时
Field Set	通过方法或者直接设置某个变量的值时
Field Get	通过方法或者直接访问某个变量的值时
Exception Handlers	异常抛出时
Static Initialization	类的静态属性/代码块被初始化/执行时
Initialization	对象通过构造器初始化时

在 Spring AOP 中，连接点只支持 method execution，即方法执行连接点，并且不能应用于在同一个类中相互调用的方法。

2. Pointcut

Pointcut（切入点）用来匹配要进行切入的 Joinpoint 集合的表达式，通过切入点表达式（Pointcut Expression，类似于正则表达式）可以确定符合条件的连接点作为切入点。12.2 节会重点讲解 Spring 的切入点。

3. Advice

Advice（通知）是指拦截到连接点之后要做的事，是对切入点增强的内容，也就是切面的具体行为和功能，在 Pointcut 匹配到的 Joinpoint 位置，会插入指定类型的 Advice。

Spring AOP 中的通知类型如表 12.2 所示。

表12.2 Spring Advice的类型

类　型	说　明
Before Advice	前置通知。在切入点方法之前运行，但不能阻止执行切入点方法的通知（除非它抛出异常）
After Returning Advice	后置通知。在切入点方法正常完成后要运行的通知（例如，方法返回并且不引发异常）
After Throwing Advice	异常通知。如果切入点方法通过引发异常而退出，则要执行的通知
After Finally Advice	最终通知。无论切入点方法退出的方式如何（正常或异常返回），都要执行的通知
Around Advice	环绕通知。Around 通知可以在切入点方法调用前后执行自定义行为。它是 Spring 框架提供的一种可以在代码中手动控制增强方法何时执行的方式

Advice 是基于拦截器进行拦截实现的，表示在 Pointcut 上要执行的方法，其类型是定义 Pointcut 执行的时机。

4. Aspect

Aspect（切面）是切入点（Pointcut）和该位置的通知（Advice）的结合，或者说是前面所讲的跨多个业务的被抽离出来的公共业务模块，就像一个横截面一样，对应 Java 代码中被@AspectJ 标注的切面类或者使用 XML 配置的切面。

5. Target

所有被通知的对象（也可以理解为被代理的对象）都是 Target（目标对象）。目标对象被 AOP 所关注，它的属性的改变会被关注，它的行为的调用也会被关注，它的方法传参的变化仍然会被关注。AOP 会注意目标对象的变动，随时准备向目标对象“注入切面”。

6. Weaving

Weaving（编织）是将切面功能应用到目标对象的过程。由代理工厂创建一个代理对象，这个代理对象可以为目标对象执行切面功能。

AOP 的织入方式有 3 种：编译时期（Compile Time）织入、类加载时期（Classload Time）织入、运行时期（Runtime）织入。Spring AOP 一般多见于运行时期（Runtime）织入。

7. Introduction

Introduction（引入）就是对于一个已编译完的类（Class），在运行时期，动态地向这个类加载属性和方法。

12.1.2 Spring AOP 的简单实现

利用 Spring AOP 使日志输出与方法分离，使得在调用目标方法之前执行日志输出。传统的做法是把输出语句写在方法体的内部，在调用该方法的时候，用输出语句输出信息来记录方法的执行。AOP 可以分离与业务无关的代码。日志输出与方法都做些什么是无关的，它主要的目的是记录方法被执行过。

下面通过讲解 Spring AOP 简单实例的实现过程来了解 AOP 编程的特点。

首先创建 MyTarget 类，它是被代理的目标对象，其中有一个 execute()方法，它可以专注于自己的职能，现在使用 AOP 对 execute()方法进行日志输出。在执行 execute()方法前，进行日志输出。目标对象的代码如下：

```
public class MyTarget {
    public void execute(String paras) {
        System.out.println("------------MyTarget.execute------------paras:" + 
paras);
    }
}
```

拦截目标对象的 execute()方法并执行通知，代码如下：

```
public class MyAspect implements MethodInterceptor {
```

```
    @Override
    public Object invoke(MethodInvocation invocation) throws Throwable {
        try {
            before();
            invocation.proceed();
            afterReturning();
        } catch (Exception e) {
            afterThrowing();
        } finally {
            after();
        }
        return null;
    }
    private void before() {
        System.out.println("------------MyAspect.before------------");
    }
    private void afterReturning() {
        System.out.println("------------MyAspect.afterReturning----------");
    }
    private void afterThrowing() {
        System.out.println("------------MyAspect.afterThrowing------------");
    }
    private void after() {
        System.out.println("------------MyAspect.after------------");
    }
}
```

- proceed()方法：invocation 为 MethodInvocation 类型，invocation.proceed()用于执行目标对象的 execute()方法。
- before()方法：before()方法将在 invocation.proceed()之前执行，用于输出提示信息。
- afterReturning()方法：在 invocation.proceed()之后执行。
- afterThrowing()方法：在 invocation.proceed()异常时执行。
- after()方法：最后执行。

若想使用 AOP 的功能，则必须创建代理。创建代理的代码如下：

```
@Test
public void testFirst() {
    ProxyFactory factory = new ProxyFactory();
    factory.addAdvice(new MyAspect());
    factory.setTarget(new MyTarget());
    MyTarget target = (MyTarget) factory.getProxy();
    //代理执行 execute()方法
    target.execute("AOP 的简单实现");
}
```

可以看到，最终程序执行了 MyTarget 的 execute()方法，并且能看到 Advice 相关的通知。

12.2 Spring的切入点

Spring 切入点即 Pointcut，用于配置切面的切入位置。Spring 中切入点的粒度是方法级的，因此在 Spring AOP 中切入点的作用是配置哪些类中哪些方法在定义的切入点内，哪些方法应该被过滤排除。

Spring 的切入点分为静态切入点、动态切入点和用户自定义切入点 3 种，其中静态切入点只需要考虑类名、方法名，动态切入点除此之外，还要考虑方法的参数，以便在运行时可以动态地确定切入点的位置。

12.2.1 静态切入点与动态切入点

1. 静态切入点

静态往往意味着不变，相对于动态切入点来说，静态切入点具有良好的性能，因为静态切入点只在代理创建时执行一次，而不是在运行期间，每次目标方法执行前都要执行。

优点：由于静态切入点只在代理创建的时候执行一次，然后将结果缓存起来，下一次被调用的时候直接从缓存中获取即可。因此，在性能上静态切入点要远高于动态切入点。静态切入点在第一次织入切面时，首先会计算切入点的位置：它通过反射在程序运行的时候获得调用的方法名，如果这个方法名是定义的切入点，就会织入切面。然后，将第一次计算的结果缓存起来，以后就不需要再进行计算了。这样使用静态切入点的程序性能会好很多。

缺点：虽然使用静态切入点的性能会高一些，但是它也具有一些不足：当需要通知的目标对象的类型多于一种，且需要织入的方法很多时，使用静态切入点编程会很烦琐，而且不是很灵活，性能降低。这时可以选用动态切入点。

2. 动态切入点

动态切入点是相对于静态切入点的。静态切入点只能应用在相对不变的位置，而动态切入点应用在相对变化的位置。例如在方法的参数上，由于在程序运行过程中传递的参数是变化的，因此切入点也随之变化，它会根据不同的参数来织入不同的切面。由于每次织入都要重新计算切入点的位置，而且结果不能缓存，因此动态切入点比静态切入点的性能低很多，但是它能够随着程序中参数的变化而织入不同的切面，因而它要比静态切入点灵活很多。

在程序中，静态切入点和动态切入点可以选择使用，当程序对性能要求很高且相对注入不是很复杂时，可以使用静态切入点，当程序对性能要求不是很高且注入比较复杂时，可以使用动态切入点。

12.2.2 深入静态切入点

静态切入点是在某个方法名上织入切面的，所以在织入程序代码前要进行方法名的匹配，判断当前正在调用的方法是不是已经定义的静态切入点，如果该方法已经被定义为静态切入点，则说明该方法匹配成功，织入切面。如果该方法没有被定义为静态切入点，则匹配失败，不织入切面。这个匹配过程是 Spring 自动进行的，不需要人为编程的干预。

静态切入点只限于给定的方法和目标类，而不考虑方法的参数。Spring 在调用静态切入点时只在第一次调用的时候计算静态切入点的位置，然后缓存起来。通过 org.springframework.aop.support.RegexpMethodPointcut 可以实现静态切入点，这是一个通用的正则表达式切入点。

首先定义接口和实现类，代码如下：

```
public interface IService {
    public void saveEmp(String id, String name);
    public void saveEmpPic(String id, String empid, String url);
    public void saveUser(String id, String name) ;
    public void delete(String id);
    public void doPost();
}
@Repository
public class MyServiceImpl implements IService {
    @Override
    public void saveEmp(String id, String name) {
        System.out.println("=========== MyService.saveEmp ===========");
    }
    @Override
    public void saveEmpPic(String id, String empid, String url) {
        System.out.println("=========== MyService.saveEmpPic ===========");
    }
    @Override
    public void saveUser(String id, String name) {
        System.out.println("=========== MyService.saveUser ===========");
    }
    @Override
    public void delete(String id) {
        System.out.println("=========== MyService.delete ===========");
    }
    @Override
    public void doPost() {
        System.out.println("=========== MyService.doPost ===========");
    }
}
```

然后是 Bean 文件配置，代码如下：

```
<context:component-scan base-package="com.vincent.javaweb.pointcut" />
<bean id="myservice" class="com.vincent.javaweb.pointcut.MyServiceImpl" />
<bean id="loggerInfo" class="com.vincent.javaweb.pointcut.LoggerInfo" />
<bean id="setPointcut"
class="org.springframework.aop.support.RegexpMethodPointcutAdvisor">
    <property name="advice" ref="loggerInfo" />
    <property name="patterns">
        <!--设定切入点-->
        <list>
            <value>.*save.*</value>
            <value>.*do.*</value>
        </list>
    </property>
</bean>
<!-- ### 代理工程 -->
```

```
    <bean id="proxyFactory"
class="org.springframework.aop.framework.ProxyFactoryBean" >
        <property name="target" ref="myservice" />
        <property name="interceptorNames">
            <list>
                <value>setPointcut</value>
            </list>
        </property>
    </bean>
```

最后编写测试类，代码如下：

```
    @Test
    public void testPointcut() throws BeansException {
        ApplicationContext context = new
ClassPathXmlApplicationContext("spring-config.xml");
        IService service = (IService) context.getBean("proxyFactory");
        service.saveEmp("1","2");
        System.out.println("-----------------------------------");
        service.delete("1");
        System.out.println("-----------------------------------");
        service.doPost();
    }
```

程序执行结果如图 12.1 所示。

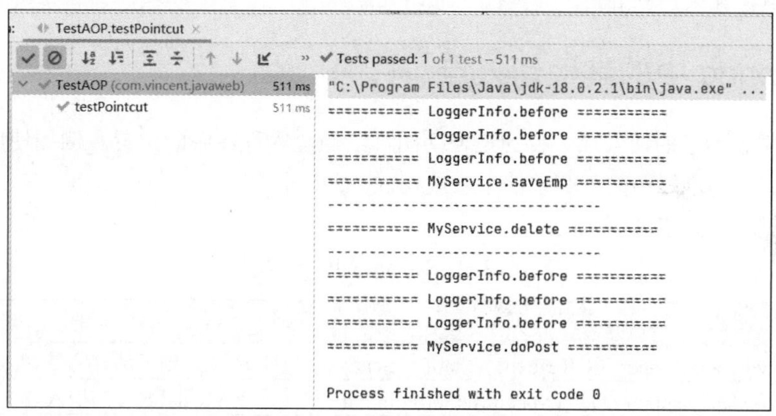

图 12.1　Spring 切入点

可以看到，以设定 patterns 正则列表的方法实现了横切，而不能匹配的方法则没有执行。

12.2.3　深入切入点底层

掌握 Spring 切入点底层将有助于更加深刻地理解切入点。Pointcut 接口是切入点的定义接口，用它来规定可切入的连接点的属性。通过对此接口的扩展可以处理其他类型的连接点，例如域等。定义切入点接口的代码如下：

```
    public interface Pointcut {
        ClassFilter getClassFilter();
        MethodMatcher getMethodMatcher();
        Pointcut TRUE = TruePointcut.INSTANCE;
```

```
}
```

使用 ClassFilter 接口匹配目标类，代码如下：

```
public interface ClassFilter {
    boolean matches(Class<?> clazz);
    ClassFilter TRUE = TrueClassFilter.INSTANCE;
}
```

可以看到，在 ClassFilter 接口中定义了 matches()方法，意思是与“…”相匹配，其中 class 代表被检测的 Class 实例，该实例是应用切入点的目标对象，如果返回 true，则表示目标对象可以被应用切入点；如果返回 false，则表示目标对象不可以应用切入点。

使用 MethodMatcher 接口来匹配目标类的方法或方法的参数，代码如下：

```
public interface MethodMatcher {
    boolean matches(Method method, Class<?> targetClass);
    boolean isRuntime();
    boolean matches(Method method, Class<?> targetClass, Object... args);
    MethodMatcher TRUE = TrueMethodMatcher.INSTANCE;
}
```

Spring 支持两种切入点：静态切入点和动态切入点。究竟执行静态切入点还是动态切入点，取决于 isRuntime()方法的返回值。在匹配切入点之前，Spring 会调用 isRuntime()，如果返回 false，则执行静态切入点，如果返回 true，则执行动态切入点。

12.2.4 Spring 中的其他切入点

Spring 提供了丰富的切入点，目的是使切面灵活地注入程序中的位置。例如使用流程切入点，可以根据当前调用的堆栈中的类和方法来实施切入。

Spring 常见的切入点如表 12.3 所示。

表12.3 Spring常见的切入点

切入点实现类	说　明
org.springframework.aop.support.JdkRegexpMethodPointcut	JDK 正则表达式方法切入点
org.springframework.aop.support.NameMatchMethodPointcut	名称匹配器方法切入点
org.springframework.aop.support.StaticMethodMatcherPointcut	静态方法匹配器切入点
org.springframework.aop.support.ControlFlowPointcut	流程切入点
org.springframework.aop.support.DynamicMethodMatcherPointcut	动态方法匹配器切入点

12.3 Aspect 对 AOP 的支持

12.3.1 了解 Aspect

Aspect 是对系统中的对象操作过程中截面逻辑进行模块化封装的 AOP 概念实体。在通常情况下，Aspect 可以包含多个切入点和通知。

AspectJ 是 Spring 框架 2.0 版本之后增加的新特性，Spring 使用了 AspectJ 提供的一个库来做切入点解析和匹配的工作。但是 AOP 在运行时仍旧是纯粹的 Spring AOP，它并不依赖于 AspectJ 的编译器或者织入器，在底层中使用的仍然是 Spring 2.0 之前的实现体系。

在使用 AspectJ 框架之前，需要导入 JAR 包：aspectjrt.jar 和 aspectjweaver.jar。

Spring 使用 AspectJ 主要有两种方法：基于 XML 和基于注解。

12.3.2 基于 XML 配置的 AOP 实现

定义业务处理接口和实现，代码如下：

```
public interface UserService {
    public void addUser();
    public int deleteUserById(int id);
    public int updateUserById(int id);
    public List queryUserList();
}
public class UserServiceImpl implements UserService {
    @Override
    public void addUser() {
        System.out.println("=======UserServiceImpl.addUser=======");
    }
    @Override
    public int deleteUserById(int id) {
        System.out.println("=======UserServiceImpl.deleteUserById =======");
        return 0;
    }
    @Override
    public int updateUserById(int id) {
        System.out.println("=======UserServiceImpl.updateUserById =======");
        int x = 1 / 0;
        return 0;
    }
    @Override
    public List queryUserList() {
        System.out.println("=======UserServiceImpl.queryUserList =======");
        return null;
    }
}
```

接着定义要“横切”的类，此处以记录日志为例，代码如下：

```
public class MyLogger {
    public  void beforePrintLog() {
        System.out.println("=======MyLogger.beforePrintLog方法开始记录日志了。");
    }
    public  void afterReturnPrintLog(){
        System.out.println("=======MyLogger.afterReturnPrintLog方法开始记录日志
了。");
    }
    public  void afterThrowingPrintLog() {
        System.out.println("=======MyLogger.afterThrowingPrintLog方法开始记录日
志了。");
    }
    public  void afterPrintLog() {
```

```
        System.out.println("=======MyLogger.afterPrintLog 方法开始记录日志了。");
    }
}
```

然后是基于 XML 配置 Bean，代码如下：

```
<?xml version="1.0" encoding="UTF-8"?>
<beans xmlns="http://www.springframework.org/schema/beans"
     xmlns:xsi="http://www.w3.org/2001/XMLSchema-instance"
     xmlns:aop="http://www.springframework.org/schema/aop"
     xsi:schemaLocation="http://www.springframework.org/schema/beans
     http://www.springframework.org/schema/beans/spring-beans.xsd
      http://www.springframework.org/schema/aop
      http://www.springframework.org/schema/aop/spring-aop.xsd">

    <!-- 配置 Spring 的 IoC，把 service 对象配置进来-->
    <bean id="userService" class="com.vincent.javaweb.UserServiceImpl" />

    <!-- 配置 Logger 类 -->
    <bean id="mylogger" class="com.vincent.javaweb.MyLogger" />

    <aop:config>
        <aop:aspect id="logAdvice" ref="mylogger" >
            <!--前置通知-->
            <aop:before method="beforePrintLog" pointcut="execution(*
com.vincent.javaweb.*.*(..))"></aop:before>
            <!--后置通知-->
            <aop:after-returning method="afterReturnPrintLog"
pointcut="execution(* com.vincent.javaweb.*.*(..))"></aop:after-returning>
            <!--异常通知-->
            <aop:after-throwing method="afterThrowingPrintLog"
pointcut="execution(* com.vincent.javaweb.*.*(..))"></aop:after-throwing>
            <!--最终通知-->
            <aop:after method="afterPrintLog" pointcut="execution(*
com.vincent.javaweb.*.*(..))"></aop:after>
        </aop:aspect>
    </aop:config>

</beans>
```

使用 aop:config 标签表明开始 AOP 的配置。

使用 aop:aspect 标签表明配置切面：

```
id 属性：给切面提供一个唯一标识。
ref 属性：指定通知类 Bean 的 Id。
```

在 aop:aspect 标签内部使用对应标签来配置通知的类型：

```
    aop:before：表示配置前置通知
        method 属性：用于指定 Logger 类中哪个方法是前置通知
        pointcut 属性：用于指定切入点表达式，该表达式的含义指的是对业务层中哪些方法增强
    切入点表达式的写法：
        关键字：execution(表达式)
        表达式：访问修饰符  返回值  包名.包名.包名...类名.方法名(参数列表)
        标准的表达式写法：
            public void com.vincent.javaweb.UserServiceImpl.addUser()
```

```
访问修饰符可以省略
    void com.vincent.javaweb.UserServiceImpl.addUser()
返回值可以使用通配符，表示任意返回值
    * com.vincent.javaweb.UserServiceImpl.addUser()
包名可以使用通配符，表示任意包。但是有几级包，就需要写几个*。
    * *.*.*.UserServiceImpl.addUser()
包名可以使用..表示当前包及其子包
        * *..AccountServiceImpl.saveAccount()
类名和方法名都可以使用*来实现通配：* *..*.*()
参数列表：
    可以直接写数据类型：
        基本类型直接写名称          int
        引用类型写包名.类名的方式    java.lang.String
    可以使用通配符表示任意类型，但是必须有参数
        可以使用..表示有无参数均可，有参数可以是任意类型
全通配写法：* *..*.*(..)
```

接下来编写测试类，代码如下：

```
@Test
public void testXmlAOP() throws BeansException {
    ApplicationContext context = new
ClassPathXmlApplicationContext("spring-config.xml");
    UserService service = context.getBean("userService", UserService.class);
    service.addUser();
    System.out.println("--------------------------------");
    service.updateUserById(2);
}
```

程序执行结果如图 12.2 所示。

图 12.2 Spring AOP 基于 XML 的 Aspect

可以看到，通用的通知模式会执行开始、返回和结束，而出现异常的方法会执行开始、异常记录和结束。

12.3.3 基于注解的 AOP 实现

基于注解，完全不需要 XML 配置，只需要定义一个配置项即可，代码如下：

```
@Configuration
@ComponentScan(basePackages = "com.vincent.javaweb")
```

```
// Java 配置开启 AOP 注解支持
@EnableAspectJAutoProxy
public class SpringAOPConfiguration {
}
```

然后修改业务类和“横切”类，添加注解（添加注解其实就是在代码中实现 XML 配置功能），业务类代码如下：

```
@Service("userServiceImpl2")
public class UserServiceImpl2 implements UserService {
    @Override
    public void addUser() {
        System.out.println("=======userServiceImpl2.addUser=======");
    }
    @Override
    public int deleteUserById(int id) {
        System.out.println("=======userServiceImpl2.deleteUserById =======");
        return 0;
    }
    @Override
    public int updateUserById(int id) {
        System.out.println("=======userServiceImpl2.updateUserById =======");
        int x = 1 / 0;
        return 0;
    }
    @Override
    public List queryUserList() {
        System.out.println("=======userServiceImpl2.queryUserList =======");
        return null;
    }
}
```

“横切”类的日志代码如下：

```
@Component("mylogger2")
//表示当前类是一个切面类
@Aspect
public class MyLogger2 {
    @Pointcut("execution(* com.vincent.javaweb.*.*(..))")
    private void ptc() {
    }
    @Before("ptc()")
    public  void beforePrintLog() {
        System.out.println("=======MyLogger2.beforePrintLog 方法开始记录日志了。
");
    }
    @AfterReturning("ptc()")
    public  void afterReturnPrintLog(){
        System.out.println("=======MyLogger2.afterReturnPrintLog 方法开始记录日
志了。");
    }
    @AfterThrowing("ptc()")
    public  void afterThrowingPrintLog() {
        System.out.println("=======MyLogger2.afterThrowingPrintLog 方法开始记录
日志了。");
```

```
    }
    @After("ptc()")
    public  void afterPrintLog() {
        System.out.println("=======MyLogger2.afterPrintLog 方法开始记录日志了。。。");
    }
    // @Around("ptc()")
    public void aroundPringLog(ProceedingJoinPoint proceedingJoinPoint) {
        Object rtValue = null;
        try {
            Object[] args = proceedingJoinPoint.getArgs();
            System.out.println("=======MyLogger2.aroundPringLog 方法开始记录日志了 1。");
            rtValue = proceedingJoinPoint.proceed(args);
            System.out.println("=======MyLogger2.aroundPringLog 方法开始记录日志了 2。");
        } catch (Throwable throwable) {
            System.out.println("=======MyLogger2.aroundPringLog 方法开始记录日志了 3。");
            throw new RuntimeException(throwable);
        } finally {
            System.out.println("=======MyLogger2.aroundPringLog 方法开始记录日志了 4。");
        }
    }
}
```

添加测试代码，代码如下：

```
@Test
public void testAnnAOP() throws BeansException {
    ApplicationContext context = new
AnnotationConfigApplicationContext(SpringAOPConfiguration.class);
    UserService service = context.getBean("userServiceImpl2",
UserService.class);
    service.addUser();
    System.out.println("---------------------------------");
    service.updateUserById(2);
}
```

可以看到，最终输出跟 XML 配置是一样的，如图 12.3 所示。

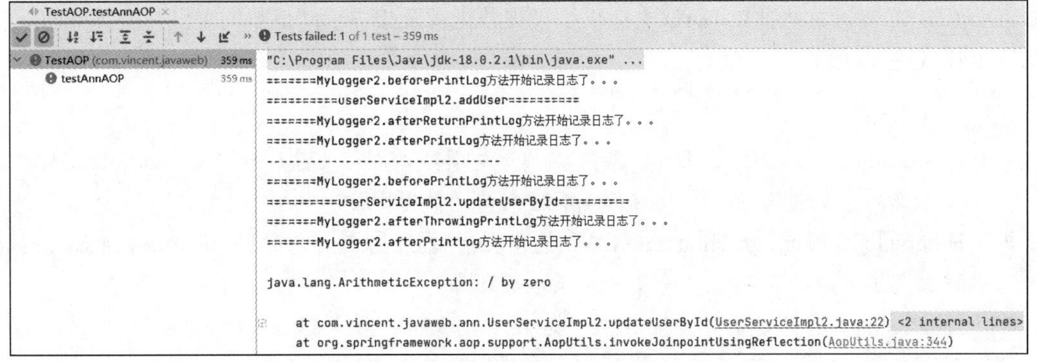

图 12.3 Spring AOP 基于注解的 Aspect

使用注解可以减少 XML 配置，也是后面比较常用的方式。

12.4 Spring 持久化

12.4.1 DAO 模式介绍

DAO（Data Access Object，数据访问对象）的存在提供了读写数据库中数据的一种方法，这个功能通过接口提供对外服务，程序的其他模块通过这些接口来访问数据库。

使用 DAO 模式有以下好处：

- 服务对象不再和特定的接口实现绑定在一起，使得它易于测试，因为它提供的是一种服务，在不需要连接数据库的条件下就可以进行单元测试，极大地提高了开发效率。
- 通过使用不依赖持久化技术的方法访问数据库，在应用程序的设计和使用上都有很大的灵活性，对于整个系统无论是在性能上还是应用上都是一个巨大的飞跃。
- DAO 的主要目的是将持久性相关的问题与业务规则和工作流隔离开来，它为定义业务层可以访问的持久性操作引入了一个接口，并且隐藏了实现的具体细节，该接口的功能将依赖于采用的持久性技术而改变，但是 DAO 接口可以基本上保持不变。
- DAO 属于 O/R Mapping 技术的一种。在 O/R Mapping 技术发布之前，开发者需要直接借助 JDBC 和 SQL 来完成与数据库的相互通信，在 O/R Mapping 技术出现之后，开发者能够使用 DAO 或其他不同的 DAO 框架来实现与 RDBMS（关系数据库管理系统）的交互。借助 O/R Mapping 技术，开发者能够将对象属性映射到数据表的字段，将对象映射到 RDBMS 中，这些 Mapping 技术能够为应用自动创建高效的 SQL 语句等，除此之外，O/R Mapping 技术还提供了延迟加载、缓存等高级特征，而 DAO 是 O/R Mapping 技术的一种实现，因此使用 DAO 能够大量节省程序开发时间，减少代码量和开发的成本。

12.4.2 Spring 的 DAO 理念

Spring 提供了一套抽象的 DAO 类供开发者扩展，这有利于以统一的方式操作各种 DAO 技术，例如 JDO、JDBC 等，这些抽象 DAO 类提供了设置数据源及相关辅助信息的方法，而其中的一些方法与具体 DAO 技术相关。

目前，Spring DAO 提供了以下几种类：

- JdbcDaoSupport: JDBC DAO 抽象类，开发者需要为它设置数据源（DataSource），通过其子类，开发者能够获得 JdbcTemplate 来访问数据库。
- HibernateDaoSupport: Hibernate DAO 抽象类。开发者需要为它配置 Hibernate SessionFactory。通过其子类，开发者能够获得 Hibernate 实现。
- JdoDaoSupport : Spring 为 JDO 提供的 DAO 抽象类，开发者需要为它配置 PersistenceManagerFactory，通过其子类，开发者能够获得 JdoTemplate。

在使用 Spring 的 DAO 框架进行数据库存取的时候，无须使用特定的数据库技术，通过一个数据存取接口来操作即可。下面通过一个简单的实例来讲解如何实现 Spring 中的 DAO 操作。

定义一个实体类 Employee，然后在类中定义对应数据表（笔者这里使用第 7 章的 Employees 表）

字段的属性，关键代码如下：

```
public class Employee {
    private int id;
    private int age;
    private String first;
    private String last;
    public Employee() {
    }
    public Employee(int id, int age, String first, String last) {
        this.id = id;
        this.age = age;
        this.first = first;
        this.last = last;
    }
    public int getId() {
        return id;
    }
    public void setId(int id) {
        this.id = id;
    }
    public int getAge() {
        return age;
    }
    public void setAge(int age) {
        this.age = age;
    }
    public String getFirst() {
        return first;
    }
    public void setFirst(String first) {
        this.first = first;
    }
    public String getLast() {
        return last;
    }
    public void setLast(String last) {
        this.last = last;
    }
    @Override
    public String toString() {
        return "Employee {" +
                "id=" + id +
                ", age=" + age +
                ", first='" + first + '\'' +
                ", last='" + last + '\'' +
                '}';
    }
}
```

创建接口 IEmployeeDAO，并定义用来执行数据添加的 insert()方法，其中 insert()方法中使用的参数是 Employees 实体对象，代码如下：

```
public interface IEmployeeDAO {
    public void insert(Employee emp);
    public List<Employee> queryEmployees();
}
```

编写 Spring 的配置文件 applicationContext.xml，在这个配置文件中首先定义一个名称为 dataSource 的数据源，其具体的配置代码如下：

```
    <!-- 配置数据源 -->
    <bean id="dataSource"
class="org.springframework.jdbc.datasource.DriverManagerDataSource">
        <property name="driverClassName">
            <value>com.mysql.cj.jdbc.Driver</value>
        </property>
        <property name="url">
            <value>jdbc:mysql://localhost:3306/test?useSSL=false</value>
        </property>
        <property name="username">
            <value>root</value>
        </property>
        <property name="password">
            <value>123456</value>
        </property>
    </bean>
```

读者可以自行通过 JUnit 测试 dataSource 配置成功与否。确认配置成功之后，接下来就是 IEmployeeDAO 接口的实现类 EmployeeDAOImpl。这个类中实现了接口的抽象方法 insert()，通过这个方法访问数据库，代码如下：

```
public class EmployeeDAOImpl implements IEmployeeDAO {
    private DataSource dataSource;
    public DataSource getDataSource() {
        return dataSource;
    }
    public void setDataSource(DataSource dataSource) {
        this.dataSource = dataSource;
    }
    @Override
    public void insert(Employee emp) {
        Connection conn = null;
        PreparedStatement pstmt = null;
        String sql = "insert into Employees values (?,?,?,?);";
        try {
            conn = dataSource.getConnection();
            pstmt = conn.prepareStatement(sql);
            pstmt.setInt(1, emp.getId());
            pstmt.setInt(2, emp.getAge());
            pstmt.setString(3, emp.getFirst());
            pstmt.setString(4, emp.getLast());
            pstmt.execute();
        } catch (SQLException e) {
            e.printStackTrace();
        } finally {
            try {
                if (null != pstmt)
                    pstmt.close();
                if (null != conn)
                    conn.close();
            } catch (SQLException e) {
                throw new RuntimeException(e);
            }
```

```
        }
    }
    public List<Employee> queryEmployees() {
        Connection conn = null;
        PreparedStatement pstmt = null;
        String sql = "select id,age,first,last from Employees;";
        List<Employee> result = new ArrayList<>();
        try {
            conn = dataSource.getConnection();
            pstmt = conn.prepareStatement(sql);
            ResultSet resultSet = pstmt.executeQuery();
            while (resultSet.next()) {
                Employee emp = new Employee();
                emp.setId(resultSet.getInt("id"));
                emp.setAge(resultSet.getInt("age"));
                emp.setFirst(resultSet.getString("first"));
                emp.setLast(resultSet.getString("last"));
                result.add(emp);
            }
            resultSet.close();
        } catch (SQLException e) {
            e.printStackTrace();
        } finally {
            try {
                if (null != pstmt)
                    pstmt.close();
                if (null != conn)
                    conn.close();
            } catch (SQLException e) {
                throw new RuntimeException(e);
            }
        }
        return result;
    }
}
```

编写好 DAO 的实现类之后，需要在 XML 中配置，配置代码如下：

```
<!-- 为 DAO 注入数据源 -->
<bean id="employeeDao" class="com.vincent.javaweb.dao.impl.EmployeeDAOImpl">
    <property name="dataSource" ref="dataSource" />
</bean>
```

此处注入了 dataSource 属性，所以在 Impl 实现类中可以直接使用数据源。接下来创建测试代码，验证方法，代码如下：

```
@Test
public void testInsert() throws BeansException {
    ApplicationContext context = new
ClassPathXmlApplicationContext("applicationContext.xml");
    IEmployeeDAO dao = (IEmployeeDAO) context.getBean("employeeDao");
    List<Employee> list = dao.queryEmployees();
    System.out.println("......before insert......");
    for (Employee employee : list) {
        System.out.println(employee);
    }
    dao.insert(new Employee(100,32,"Wang","Susan"));
```

```
        System.out.println(".....after insert.....");
        List<Employee> list2 = dao.queryEmployees();
        for (Employee employee : list2) {
            System.out.println(employee);
        }
    }
```

程序执行结果如图 12.4 所示。

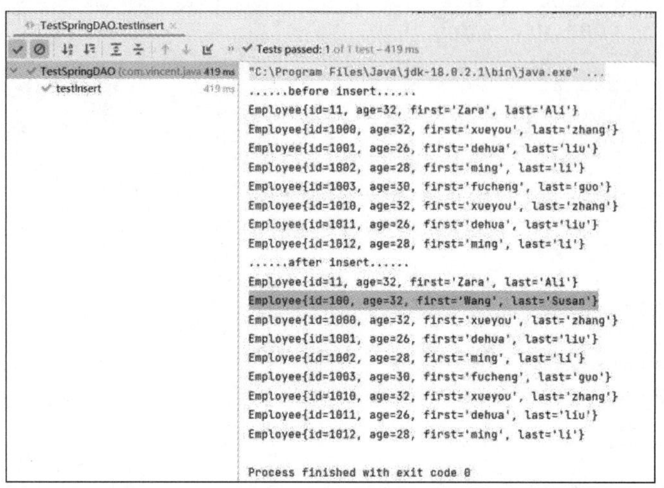

图 12.4 Spring DAO 实例

定义 queryEmployees()方法的目的是对比前后输出，验证 insert()方法是否执行成功，可以看到，在执行 insert()方法前，查询出了 5 条数据，执行 insert()方法之后，数据变成 6 条了，说明 insert()方法执行成功。

12.4.3 事务应用的管理

Spring 中的事务是基于 AOP 实现的，而 Spring 的 AOP 是方法级别的，所以 Spring 的事务属性就是对事务应用到方法上的策略描述。这些属性分为传播行为、隔离级别、只读和超时属性。

事务管理在应用程序中起着至关重要的作用，它是一系列任务组成的工作单元，在这个工作单元中，所有的任务必须同时执行，它们只有两种可能的执行结果，要么所有任务全部成功执行，要么所有任务全部执行失败。

事务管理通常分为两种方式，即编程式事务管理和声明式事务管理。在 Spring 中，这两种事务管理方式被实现得更加优秀。

1. 编程式事务管理

在 Spring 中主要有两种编程式事务的实现方法，即使用 PlatformTransactionManager 接口的事务管理器实现和使用 TransactionTemplate 实现。虽然二者各有优缺点，但是推荐使用 TransactionTemplate 实现方式，因为它符合 Spring 的模板模式。

TransactionTemplate 模板和 Spring 的其他模板一样，它封装了资源的打开和关闭等常用的重复代码，在编写程序时只需完成需要的业务代码即可。

2. 声明式事务管理

Spring 的声明式事务不涉及组件依赖关系，它通过 AOP 实现事务管理，Spring 本身就是一个容器，相对而言更为轻便小巧。在使用 Spring 的声明式事务时不需要编写任何代码，便可实现基于容器的事务管理。Spring 提供了一些可供选择的辅助类，这些辅助类简化了传统的数据库操作流程，在一定程度上节省了工作量，提高了编码效率，所以推荐使用声明式事务。

在 Spring 中常用 TransactionProxyFactoryBean 完成声明式事务管理。

使用 TransactionProxyFactoryBean 需要注入它所依赖的事务管理器，设置代理的目标对象、代理对象的生成方式和事务属性。代理对象是在目标对象上生成的包含事务和 AOP 切面的新的对象，它可以赋予目标的引用来替代目标对象以支持事务或 AOP 提供的切面功能。

12.4.4 应用 JdbcTemplate 操作数据库

JdbcTemplate 类是 Spring 的核心类之一，可以在 org.springframework.jdbc.core 包中找到它。JdbcTemplate 类在内部已经处理完了数据库资源的建立和释放，并且可以避免一些常见的错误，例如关闭连接、抛出异常等。因此，使用 JdbcTemplate 类简化了编写 JDBC 时所使用的基础代码。

JdbcTemplate 类可以直接通过数据源的引用实例化，然后在服务中使用，也可以通过依赖注入的方式在 ApplicationContext 中产生并作为 JavaBean 的引用供服务使用。

JdbcTemplate 类运行了核心的 JDBC 工作流程，例如应用程序要创建和执行 Statement 对象，只需在代码中提供 SQL 语句。这个类还可以执行 SQL 中的查询、更新或者调用存储过程等操作，同时生成结果集的迭代数据。同时，这个类还可以捕捉 JDBC 的异常并将它们转换成 org.springframework.dao 包中定义的通用的能够提供更多信息的异常体系。

JdbcTemplate 类中提供了接口来方便地访问和处理数据库中的数据，这些方法提供了基本的选项用于执行查询和更新数据库操作。在数据查询和更新的方法中，JdbcTemplate 类提供了很多重载的方法，提高了程序的灵活性。

JdbcTemplate 提供了很多常用的数据查询方法，比较常见的如下：

- query。
- queryForObject。
- queryForList。
- queryForMap。

此处以 queryForList 为例，对第 7 章的员工表（Employees）进行操作，实现数据列表查询。

在配置文件 applicationContext.xml 中，配置 JdbcTemplate 和数据源，关键代码如图 12.5 所示。

```
<!-- 为dao注入数据源 -->
<bean id="employeeDao" class="com.vincent.javaweb.service.impl.EmployeeDAOImpl">
    <property name="dataSource" ref="dataSource" />
</bean>
<!-- 配置jdbcTemplate -->
<bean id="jdbcTemplate" class="org.springframework.jdbc.core.JdbcTemplate">
    <property name="dataSource" ref="dataSource" />
</bean>
```

图 12.5 配置 JdbcTemplate 和数据源的关键代码

对比 12.4.2 节的 Spring 的 DAO 理念，可以看出，JdbcTemplate 封装了对数据库的基本操作。接下来看测试代码：

```
    @Test
    public void testJdbcTemplate() throws BeansException {
        ApplicationContext context = new
ClassPathXmlApplicationContext("applicationContext.xml");
        JdbcTemplate dao = (JdbcTemplate) context.getBean("jdbcTemplate");
        List<Map<String, Object>> list = dao.queryForList("select id,age,first,last
from Employees;");
        System.out.println("......JdbcTemplate.before insert......");
        printJdbcTemplate(list);
        dao.execute("update Employees set last = 'wwwwwwww' where id = 100 and first
= 'Wang';");
        List<Map<String, Object>> list2 = dao.queryForList("select
id,age,first,last from Employees;");
        System.out.println("......JdbcTemplate.after insert......");
        printJdbcTemplate(list2);
    }
    private void printJdbcTemplate(List<Map<String, Object>> list) {
        for (Map<String, Object> map : list) {
            StringBuilder sb = new StringBuilder("Employee{");
            for (Map.Entry<String, Object> entry : map.entrySet()) {

sb.append(entry.getKey()).append("=").append(entry.getValue()).append(", ");
            }
            String result = sb.substring(0, sb.length() - 2);
            System.out.println(result + "}");
        }
    }
```

测试代码的执行结果如图 12.6 所示。

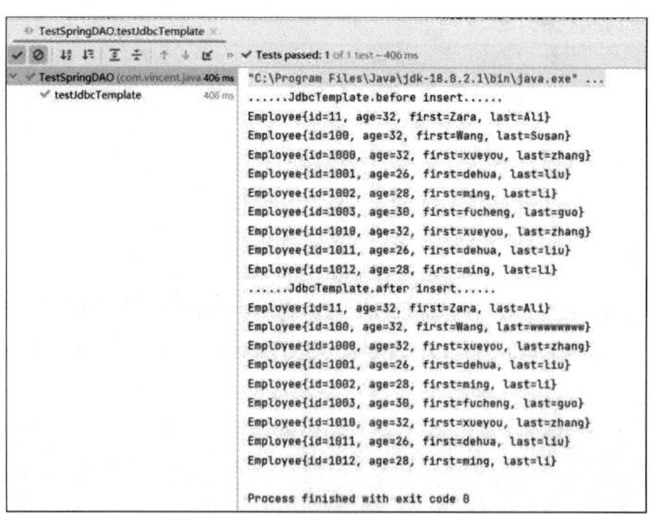

图 12.6 JdbcTemplate 实例

JdbcTemplate 类进行数据写入主要有 execute()、update()等方法，它实现了很多方法的重载特征，在示例中调用了 JdbcTemplate 类写入数据的常用方法 execute(sql)。

12.5　实践与练习

1. 掌握 Spring 核心 IoC、AOP 核心理念和使用场景。
2. 使用 Spring DAO 实现用户登录。

要求使用 dataSource 源配置，并且使用 JdbcTemplate 操作数据库。

3. 基于习题 2，完成用户登录后对用户模块的管理和操作，包括用户的增、删、改、查操作。

第 13 章

MyBatis 技术

13.1 MyBatis 概述

13.1.1 框架

框架通常指的是为了实现某个业界标准或完成特定基本任务的软件组件规范，也指为了实现某个软件组件规范时，提供规范所要求的基础功能的软件产品。比如第 12 章学习的 Spring 框架。

使用框架开发极大地提升了开发效率，它有以下优势：

- 省去大量的代码编写，减少开发时间，降低开发难度。
- 限制程序员必须使用框架规范开发，可以增强代码的规范性，降低程序员之间的沟通及日后维护的成本。
- 将程序员的注意力从技术中抽离出来，更集中于业务层面。
- 可以直观地把框架比作汽车的零部件，汽车厂商只需要根据模型组合各个零部件就能造出不同性能的车子。

13.1.2 ORM 框架

ORM（Object Relational Mapping，对象关系映射）是一种为了解决面向对象与关系数据库存在的互不匹配现象的技术。ORM 框架是连接数据库的桥梁，只要提供了持久化类与表的映射关系，ORM 框架在运行时就能参照映射文件的信息把对象持久化到数据库中。在具体操作业务对象的时候，不需要再去和复杂的 SQL 语句打交道，只需简单地操作对象的属性和方法即可。

开发应用程序时可能会编写特别多数据访问层的代码，从数据库保存、删除、读取对象信息，而这些代码都是重复的。使用 ORM 则会大大减少重复性代码。对象关系映射主要实现程序对象到关系数据库数据的映射。

ORM 框架在开发中的作用如图 13.1 所示，它实现了数据模型（Java 代码）与数据库底层的直接接触，封装了数据对象与库的映射，使数据模型不需要关心 SQL 的实现。

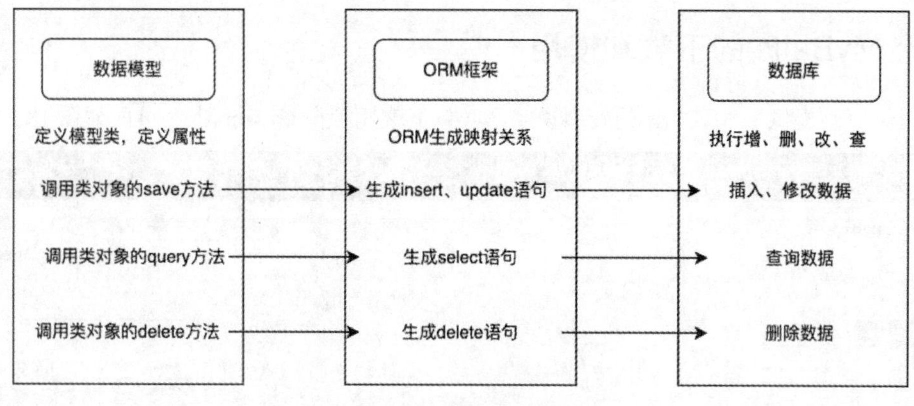

图 13.1　ORM 框架

JDBC 操作数据库的程序，数据库数据与对象数据的转换代码烦琐、无技术含量。使用 ORM 框架代替 JDBC 后，框架可以帮助程序员自动进行转换，只要像平时一样操作对象，ORM 框架就会根据映射完成对数据库的操作，极大地增强了开发效率。

13.1.3　MyBatis 介绍

MyBatis 是一款优秀的基于 Java 的持久层框架，它内部封装了 JDBC，使开发者只需要关注 SQL 语句本身，而不需要花费精力去处理加载驱动、创建连接、创建 statement 等繁杂的过程。

通过 XML 或注解的方式将要执行的各种 statement 配置起来，并通过 Java 对象和 statement 中 SQL 的动态参数进行映射，以生成最终执行的 SQL 语句，最后由 MyBatis 框架执行 SQL 语句并将结果映射为 Java 对象并返回。

MyBatis 采用 ORM 思想解决了实体和数据库映射的问题，对 JDBC 进行了封装，屏蔽了 JDBC API 底层访问细节，使开发时不用与 JDBC API 打交道，就可以完成对数据库的持久化操作。

作为一款优秀的持久层框架，其优势十分明显：

- 基于 SQL 语句编程，相当灵活，不会对应用程序或者数据库的现有设计造成任何影响，SQL 写在 XML 中，解除 SQL 与程序代码的耦合，便于统一管理。
- 提供 XML 标签，支持编写动态 SQL 语句，并且可以复用。
- 与 JDBC 相比，消除了 JDBC 大量冗余的代码，不需要手动开关连接。
- 数据库兼容性高（因为 MyBatis 使用 JDBC 来连接数据库，所以只要是 JDBC 支持的数据库，MyBatis 都支持）。
- 能够与 Spring 很好地集成。
- 提供映射标签，支持对象与数据库的 ORM 字段关系映射。
- 提供对象关系映射标签，支持对象关系组件维护。

任何框架都不可能尽善尽美，MyBatis 也有不足处：

- SQL 语句的编写工作量较大，尤其当字段多、关联表多时，对开发人员编写 SQL 语句的功底有一定要求。

- SQL 语句依赖于数据库，导致数据库的移植性差，不能随意更换数据库。

13.1.4 MyBatis 的下载和使用

MyBatis 官网提供了 MyBatis 的使用说明，其包下载托管在 GitHub 上，页面如图 13.2 所示。

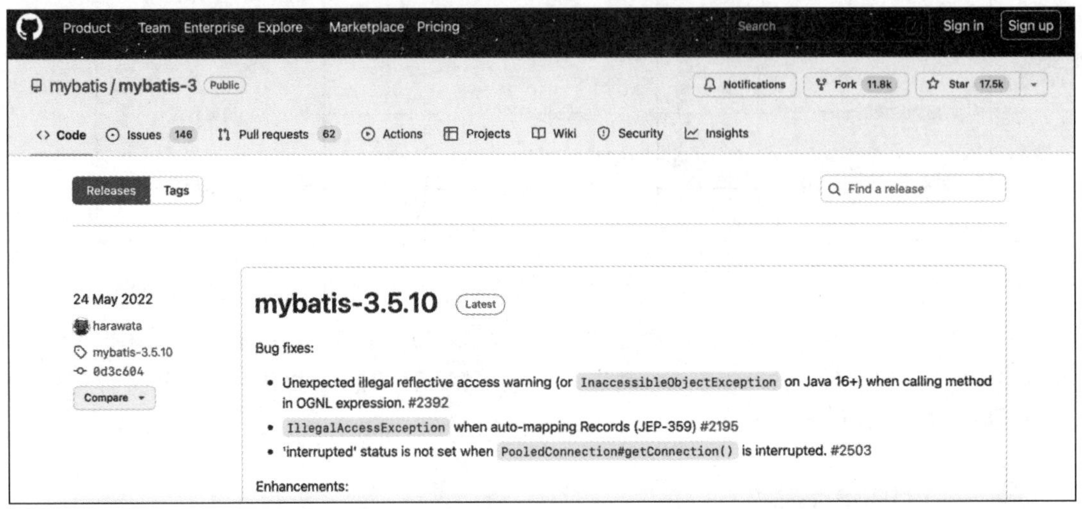

图 13.2 MyBatis 下载页面

页面有下载链接，有 3 个资源：第一个是 MyBatis 框架压缩包，第二个和第三个分别为 Windows 和 Linux 系统下的源代码。下载 mybatis-3.5.10.zip 包，解压缩，目录结构如图 13.3 所示。

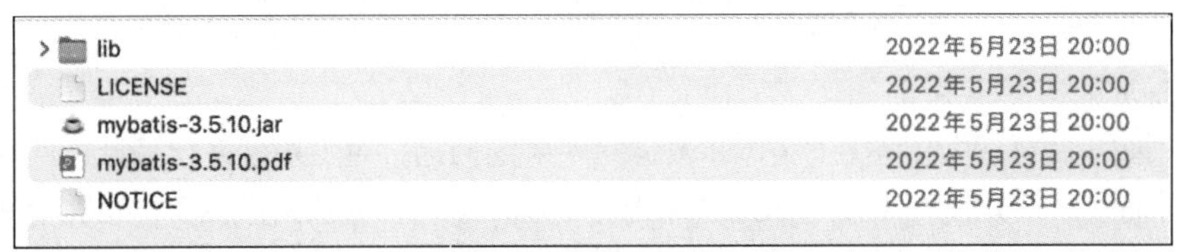

图 13.3 MyBatis 目录结构

目录说明如下：

- lib：MyBatis 依赖包。
- mybatis-3.4.2.jar：MyBatis 核心包。
- mybatis-3.4.2.pdf：MyBatis 使用手册。

在应用程序中导入 MyBatis 的核心包以及依赖包即可。

13.1.5 MyBatis 的工作原理

MyBatis 应用程序通过 SqlSessionFactoryBuilder 从 mybatis-config.xml 配置文件中构建出 SqlSessionFactory，然后 SqlSessionFactory 的实例直接开启一个 SqlSession，再通过 SqlSession 实例获得 Mapper 对象并运行 Mapper 映射的 SQL 语句，完成对数据库的 CRUD 和事务提交，之后关闭 SqlSession，如图 13.4 所示。

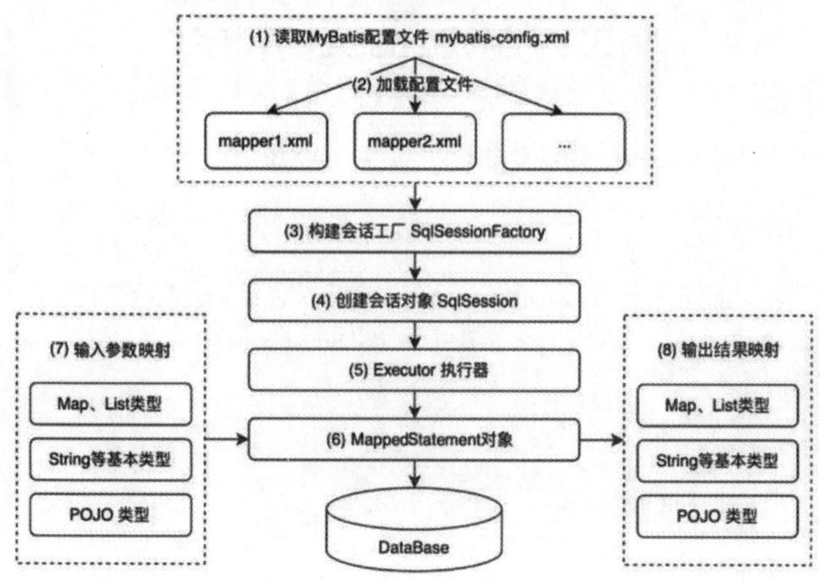

图 13.4　MyBatis 的工作原理

从图 13.4 可以看出，MyBatis 框架在操作数据库时大致经过了 8 个步骤。对这 8 个步骤分析如下：

（1）读取 MyBatis 的配置文件。mybatis-config.xml 为 MyBatis 的全局配置文件，用于配置数据库连接信息。

（2）加载映射文件。映射文件即 SQL 映射文件，该文件中配置了操作数据库的 SQL 语句，需要在 MyBatis 配置文件 mybatis-config.xml 中加载。mybatis-config.xml 文件可以加载多个映射文件，每个文件对应数据库中的一张表。

（3）构建会话工厂。通过 MyBatis 的环境配置信息构建会话工厂 SqlSessionFactory。

（4）创建会话对象。由会话工厂创建 SqlSession 对象，该对象中包含执行 SQL 语句的所有方法。

（5）Executor 执行器。MyBatis 底层定义了一个 Executor 接口来操作数据库，它将根据 SqlSession 传递的参数动态地生成需要执行的 SQL 语句，同时负责查询缓存的维护。

（6）MappedStatement 对象。在 Executor 接口的执行方法中有一个 MappedStatement 类型的参数，该参数是对映射信息的封装，用于存储要映射的 SQL 语句的 id、参数等信息。

（7）输入参数映射。输入参数类型可以是 Map、List 等集合类型，也可以是基本数据类型和 POJO 类型。输入参数映射过程类似于 JDBC 对 preparedStatement 对象设置参数的过程。

（8）输出结果映射。输出结果类型可以是 Map、List 等集合类型，也可以是基本数据类型和 POJO 类型。输出结果映射过程类似于 JDBC 对结果集的解析过程。

MappedStatement 对象在执行 SQL 语句后，将输出结果映射到 Java 对象中。这种将输出结果映射到 Java 对象的过程类似于 JDBC 编程中对结果的解析处理过程。

13.2 MyBatis 入门程序

下面以案例来讲解 MyBatis，通过案例一步一步学习 MyBatis。

13.2.1 环境搭建

创建项目，在 web/lib 下添加 mybatis-3.5.10.jar 和 mysql-connector-java-8.0.29.jar 两个包。

在项目中创建了 resource 文件夹，右击选择 Mark Directory as→resources root，resource 文件夹作为存放配置项的目录。

1. db.properties

在 resource 中创建 db.properties 文件，内容如下：

```
#mysql
db.username=root
db.password=123456
db.jdbcUrl=jdbc:mysql://localhost:3306/test?useSSL=false&characterEncoding=
utf-8
db.driverClass=com.mysql.cj.jdbc.Driver
```

2. SqlMapConfig.xml

SqlMapConfig.xml 是 MyBatis 的核心配置文件，用于配置 MyBatis 的运行环境、数据源、事务等。首先，创建 MyBatis 核心配置文件模板，如图 13.5 所示。

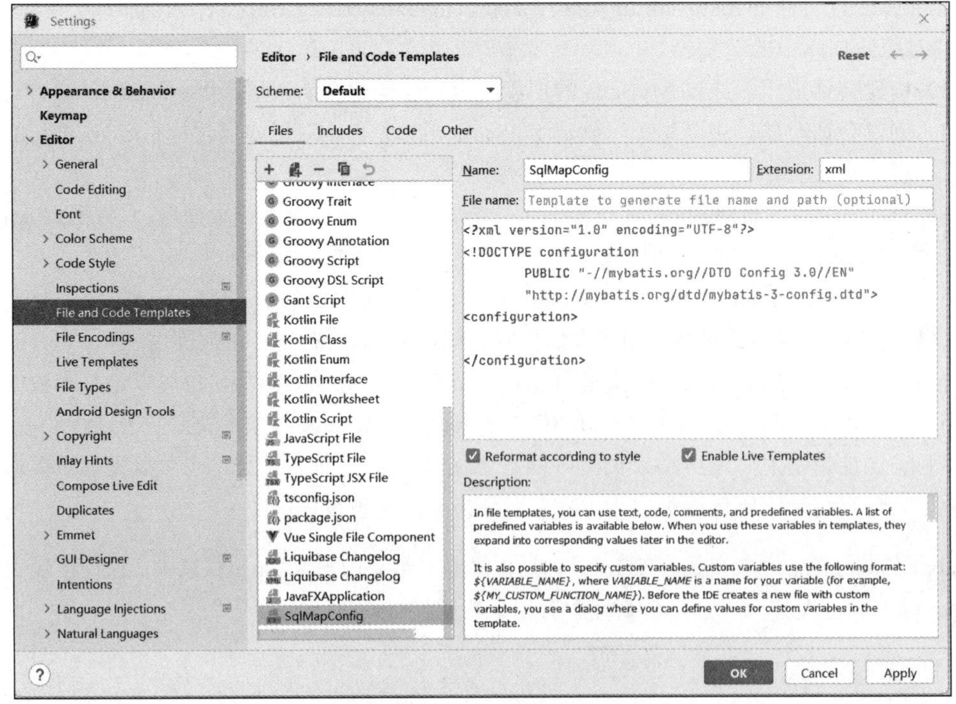

图 13.5 SqlMapConfig 配置

在 resource 目录下新建 SqlMapConfig.xml 核心配置文件，文件内容如下：

```
<?xml version="1.0" encoding="UTF-8"?>
<!DOCTYPE configuration
      PUBLIC "-//mybatis.org//DTD Config 3.0//EN"
      "http://mybatis.org/dtd/mybatis-3-config.dtd">
<configuration>
   <!-- 加载属性文件 db.properties -->
   <properties resource="db.properties"></properties>
   <!-- 配置全局参数 -->
   <!--<settings></settings>-->
   <!-- 自定义别名:扫描指定包下的实体类，给这些类取别名，默认是它的类名或者类名首字母小写
-->
   <typeAliases>
      <package name="com.vincent.javaweb.entity"/>
   </typeAliases>
   <!-- 和 Spring 整合后，environments 配置将废除-->
   <environments default="development">
      <environment id="development">
         <!-- 使用 JDBC 事务管理，事务控制由 MyBatis 负责-->
         <transactionManager type="JDBC" />
         <!-- 数据库连接池，由 MyBatis 管理，通过${}直接加载属性文件上的值-->
         <!--  -->
         <dataSource type="POOLED">
            <property name="driver" value="${db.driverClass}" />
            <property name="url" value="${db.jdbcUrl}" />
            <property name="username" value="${db.username}" />
            <property name="password" value="${db.password}" />
         </dataSource>
      </environment>
   </environments>
   <!-- 批量加载 mapper 映射文件 -->
   <mappers>
      <mapper resource="mapper/UserInfoMapper.xml" />
   </mappers>
</configuration>
```

SqlMapConfig.xml 配置文件除了 db.properties 数据库配置之外，typeAliases 用于配置扫描实体对象目录，mappers 用于配置 mapper 映射文件的位置。

3. 数据库建表

以用户管理的增、删、改、查学习 MyBatis 入门，首先创建用户表：

```
create table t_user_info (
   id int primary key AUTO_INCREMENT,
   name varchar(64),
   sex varchar(8),
   birthday date,
   address varchar (255)
);
```

4. 创建实体对象

实体对象 UserInfo 用于在 MyBatis 进行 SQL 映射时使用，通常属性名与数据库表字段对应，代

码如下：

```
package com.vincent.javaweb.entity;
import java.util.Date;
//属性名称和数据库表的字段对应
public class UserInfo {
    private int id;
    private String name;    //用户姓名
    private String sex;     //性别
    private Date birthday;  //生日
    private String address; //地址
    public UserInfo() {
    }
    public UserInfo(String name, String sex, Date birthday, String address) {
        this.name = name;
        this.sex = sex;
        this.birthday = birthday;
        this.address = address;
    }
    public int getId() {
        return id;
    }
    public void setId(int id) {
        this.id = id;
    }
    public String getName() {
        return name;
    }
    public void setName(String name) {
        this.name = name;
    }
    public String getSex() {
        return sex;
    }
    public void setSex(String sex) {
        this.sex = sex;
    }
    public Date getBirthday() {
        return birthday;
    }
    public void setBirthday(Date birthday) {
        this.birthday = birthday;
    }
    public String getAddress() {
        return address;
    }
    public void setAddress(String address) {
        this.address = address;
    }
    @Override
    public String toString() {
        return "UserInfo{" +
                "id=" + id +
                ", name='" + name + '\'' +
                ", sex='" + sex + '\'' +
```

```
                ", birthday=" + birthday +
                ", address='" + address + '\'' +
                '}';
    }
}
```

5. 创建 Mapper 接口

MyBatis 实现映射关系的规范如下：

- Mapper 接口和 Mapper 的 XML 文件必须要同名且一般在同一个包下(这里放在不同包下，额外做了配置)。
- Mapper 的 XML 文件中的 namespace 的值必须是同名 Mapper 接口的全类名。
- Mapper 接口中的方法名必须与 Mapper 的 XML 中的 id 一致。
- Mapper 接口中的方法的形参类型必须与 Mapper 的 XML 中的 parameterType 的值一致。
- Mapper 接口中的方法的返回值类型必须与 Mapper 的 XML 中的 resultType 的值一致。

接口定义数据库增、删、改、查的基本操作，代码如下：

```
package com.vincent.javaweb.mapper;
public interface UserInfoMapper {
    // 根据 id 查询用户信息
    public UserInfo selectUserById(Integer id);
    // 根据用户名称模糊查询用户信息
    public List<UserInfo> selectUserByName(String name);
    // 添加用户
    public void insertUser(UserInfo user);
    // 修改用户信息（根据 id 修改）
    public void updateUser(UserInfo user);
    // 根据 id 删除用户
    public void deleteUser(Integer id);
}
```

6. 创建 Mapper.xml

在 resource 目录下创建 mapper 目录，mapper 主要存放 MyBatis 文件，然后创建 UserInfoMapper.xml，文件名必须与接口文件名称保持一致。其代码如下：

```
<?xml version="1.0" encoding="UTF-8" ?>
<!DOCTYPE mapper
       PUBLIC "-//mybatis.org//DTD Mapper 3.0//EN"
       "http://mybatis.org/dtd/mybatis-3-mapper.dtd">
<!-- namespace 必须是接口的名称 -->
<mapper namespace="com.vincent.javaweb.mapper.UserInfoMapper">
</mapper>
```

7. 创建测试类 UserInfoMapperTest

这里需要配置 Junit 测试环境，笔者使用 Junit 4，选择 Mapper 接口类，右击 Go To→Test，如图 13.6 所示。

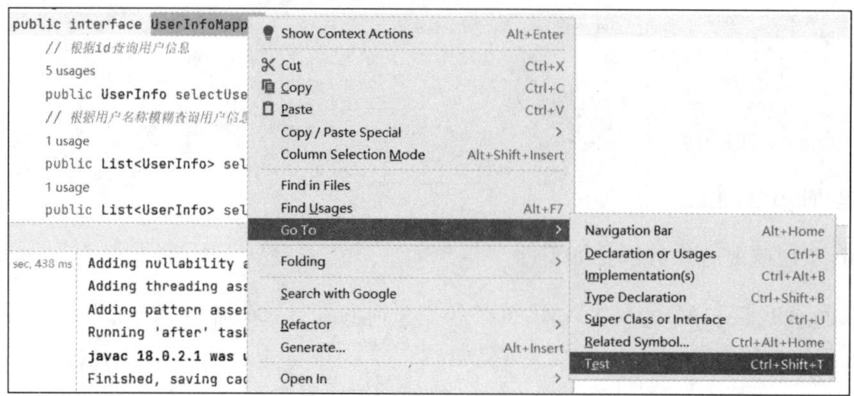

图 13.6　创建 Mapper 测试类

Testing Library 选择 JUnit4，Class name 和 Destination package 根据读者需要自行选择，勾选 setUp/@Before 复选框，然后勾选接口的方法，单击 OK 按钮，如图 13.7 所示。

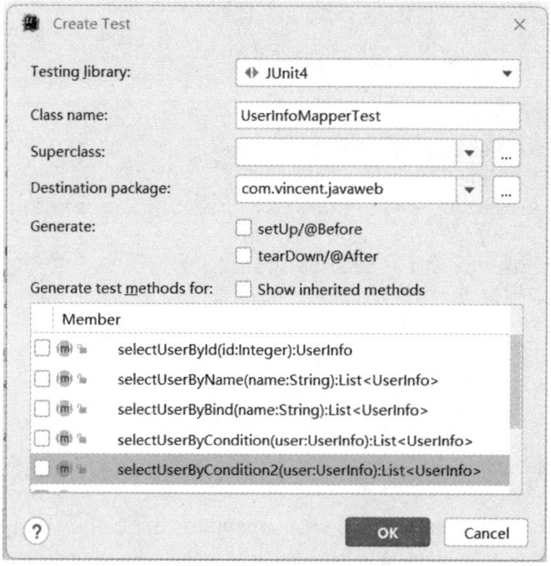

图 13.7　Mapper 测试类配置项

生成的代码如下：

```
public class UserInfoMapperTest {
    private SqlSessionFactory factory;
    @Before
    public void setUp() throws Exception {
        //加载 MyBatis 核心配置文件
        InputStream inputStream =
Resources.getResourceAsStream("SqlMapConfig.xml");
        factory = new SqlSessionFactoryBuilder().build(inputStream);
    }
    @Test
    public void selectUserById() {
    }
```

```
    @Test
    public void selectUserByName() {
    }
    @Test
    public void insertUser() throws ParseException {
    }
    @Test
    public void updateUser() {
    }
    @Test
    public void deleteUser() {
    }
}
```

基于 MyBatis 的应用都是以一个 SqlSessionFactory 的实例为核心的。SqlSessionFactory 的实例可以通过 SqlSessionFactoryBuilder 获得。而 SqlSessionFactoryBuilder 则可以通过 XML 配置文件或一个预先配置的 Configuration 实例来构建出 SqlSessionFactory 实例。

13.2.2　根据 id 查询用户

修改 UserInfoMapper.xml 方法，添加 selectUserById 查询方法，代码如下：

```
<!-- namespace 必须是接口的名称 -->
<mapper namespace="com.vincent.javaweb.mapper.UserInfoMapper">
    <!--
        根据用户 id（主键）查询用户信息
        1.id ：作为唯一标识
        2.parameterType：输入参数映射的类型
        3.resultType：输出参数映射的类型，可以直接使用别名
        4.? 占位符： #{}
            若是简单数据类型，则{}里面的名字可以任意写；
            若是引用数据类型，则{}里面的名字只能与此类型中的属性名一致
    -->
    <select id="selectUserById" parameterType="Integer"
resultType="com.vincent.javaweb.entity.UserInfo">
        select * from t_user_info where id = #{id}
    </select>
</mapper>
```

完善测试类 selectUserById 的程序逻辑，代码如下：

```
@Test
public void selectUserById() {
    SqlSession sqlSesison = factory.openSession();
    UserInfoMapper mapper = sqlSesison.getMapper(UserInfoMapper.class);
    UserInfo info = mapper.selectUserById(2);
    System.out.println("=====selectUserById.UserInfo:" + info);
    sqlSesison.commit();
    sqlSesison.close();
}
```

在 IDEA 中单击绿色的箭头，运行后，结果如图 13.8 所示。

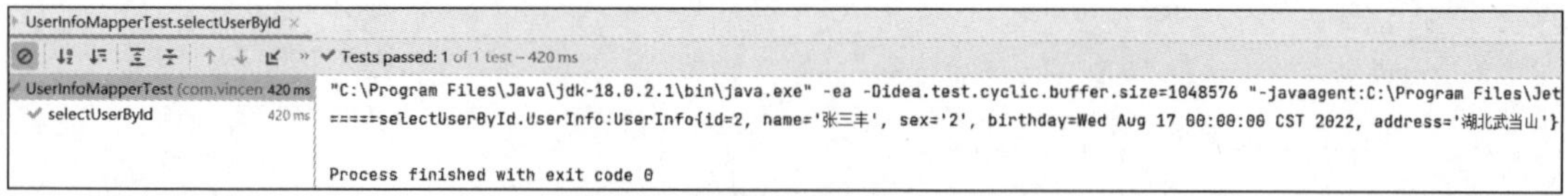

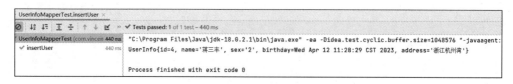

图 13.8　根据 id 查询用户

通过 SqlSessionFactory 获取 mapper 接口，mapper 接口在调用过程中调用 XML 的 SQL 查询数据返回结果。

13.2.3　添加用户

修改 UserInfoMapper.xml 方法，添加 insertUser 方法，代码如下：

```
<insert id="insertUser" parameterType="com.vincent.javaweb.entity.UserInfo">
    <!-- 获得当前插入对象的 id 值 -->
    <selectKey keyProperty="id" order="AFTER" resultType="Integer">
        select LAST_INSERT_ID()
    </selectKey>
    insert into t_user_info(name,birthday,sex,address)
values(#{name},#{birthday},#{sex},#{address})
</insert>
```

完善测试类 insertUser 的逻辑，代码如下：

```
@Test
public void insertUser() throws ParseException {
    SqlSession sqlSesison = factory.openSession();
    UserInfoMapper mapper = sqlSesison.getMapper(UserInfoMapper.class);
    UserInfo user = new UserInfo("蒋三丰","2", new Date(),"浙江杭州湾");
    mapper.insertUser(user);
    System.out.println(user);
    sqlSesison.commit();
    sqlSesison.close();
}
```

在 IDEA 中单击绿色的箭头，运行后，效果如图 13.9 所示。

```
UserInfoMapperTest.insertUser
Tests passed: 1 of 1 test – 440 ms
UserInfoMapperTest (com.vincen 440 ms
insertUser 440 ms
"C:\Program Files\Java\jdk-18.0.2.1\bin\java.exe" -ea -Didea.test.cyclic.buffer.size=1048576 "-javaagent:
UserInfo{id=4, name='蒋三丰', sex='2', birthday=Wed Apr 12 11:28:29 CST 2023, address='浙江杭州湾'}
Process finished with exit code 0
```

图 13.9　添加用户效果

13.2.4　根据名称模糊查询用户

修改 UserInfoMapper.xml 方法，添加 selectUserByName 查询方法，代码如下：

```
<!-- 根据用户名进行模糊查询 -->
<select id="selectUserByName" parameterType="String" resultType="User">
    <!-- concat()函数，实现拼接 -->
    select * from t_user_info where name like CONCAT('%',#{name},'%')
</select>
```

完善测试类 insertUser 的程序逻辑，代码如下：

```
@Test
public void insertUser() throws ParseException {
    SqlSession sqlSesison = factory.openSession();
    UserInfoMapper mapper = sqlSesison.getMapper(UserInfoMapper.class);
    UserInfo user = new UserInfo("蒋三丰","2", new Date(),"浙江杭州湾");
    mapper.insertUser(user);
    System.out.println(user);
    sqlSesison.commit();
    sqlSesison.close();
}
```

在 IDEA 中单击绿色的箭头，运行后，结果如图 13.10 所示。

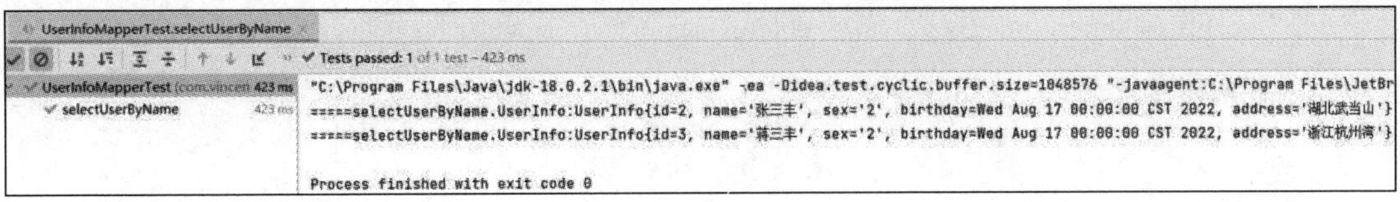

```
UserInfoMapperTest.selectUserByName
Tests passed: 1 of 1 test – 423 ms
UserInfoMapperTest (com.vincen 423 ms
  selectUserByName 423 ms
"C:\Program Files\Java\jdk-18.0.2.1\bin\java.exe" -ea -Didea.test.cyclic.buffer.size=1048576 "-javaagent:C:\Program Files\JetBr
=====selectUserByName.UserInfo:UserInfo{id=2, name='张三丰', sex='2', birthday=Wed Aug 17 00:00:00 CST 2022, address='湖北武当山'}
=====selectUserByName.UserInfo:UserInfo{id=3, name='蒋三丰', sex='2', birthday=Wed Aug 17 00:00:00 CST 2022, address='浙江杭州湾'}

Process finished with exit code 0
```

图 13.10　添加用户

13.2.5　修改用户

修改 UserInfoMapper.xml 方法，添加 updateUser 方法，代码如下：

```
<!-- 更新用户 -->
<update id="updateUser" parameterType="com.vincent.javaweb.entity.UserInfo">
    update t_user_info set
name=#{name},birthday=#{birthday},sex=#{sex},address=#{address}
    where id = #{id}
</update>
```

完善测试类 updateUser 的程序逻辑，代码如下：

```
@Test
public void updateUser() {
    SqlSession sqlSesison = factory.openSession();
    UserInfoMapper mapper = sqlSesison.getMapper(UserInfoMapper.class);
    UserInfo info = mapper.selectUserById(1);
    System.out.println("=====updateUser.before:" + info);
    info.setName("吕洞玄");
    mapper.updateUser(info);
    info = mapper.selectUserById(1);
    System.out.println("=====updateUser.after:" + info);
    sqlSesison.commit();
    sqlSesison.close();
}
```

在 IDEA 中单击绿色的箭头，运行后，结果如图 13.11 所示。

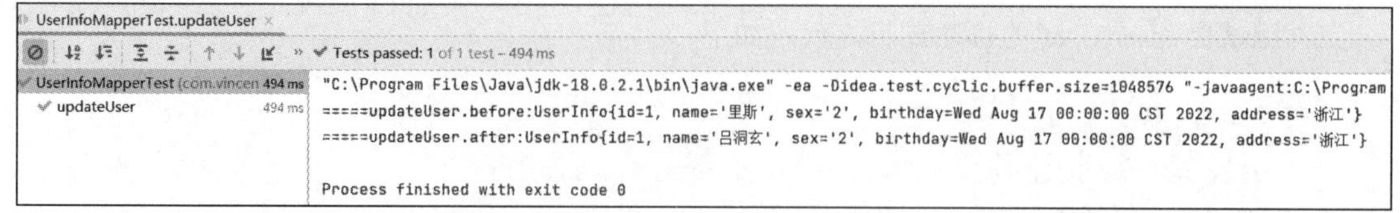

图 13.11　修改用户

笔者为了展示 update 的结果，在数据 update 前后打印出了用户信息用于对比。可以看到，修改用户名之后，展示的是修改之后的数据，表示修改数据成功了。

13.2.6　删除用户

修改 UserInfoMapper.xml 方法，添加 deleteUser 方法，代码如下：

```
<!-- 删除用户 -->
<delete id="deleteUser" parameterType="int">
    delete from t_user_info where id = #{id}
</delete>
```

完善测试类 deleteUser 的程序逻辑，代码如下：

```
@Test
public void deleteUser() {
    SqlSession sqlSesison = factory.openSession();
    UserInfoMapper mapper = sqlSesison.getMapper(UserInfoMapper.class);
    UserInfo info = mapper.selectUserById(1);
    System.out.println("=====deleteUser.before:" + info);
    mapper.deleteUser(1);
    info = mapper.selectUserById(1);
    System.out.println("=====deleteUser.after:" + info);
    sqlSesison.commit();
    sqlSesison.close();
}
```

在 IDEA 中单击绿色的箭头，运行后，结果如图 13.12 所示。

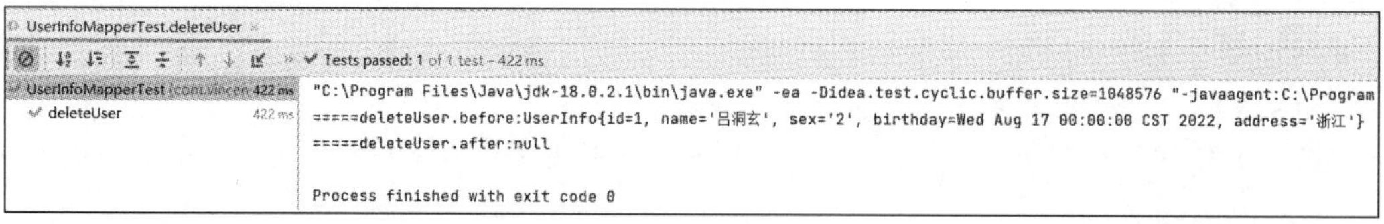

```
UserInfoMapperTest.deleteUser
Tests passed: 1 of 1 test – 422 ms
UserInfoMapperTest (com.vincen 422 ms
  deleteUser 422 ms
"C:\Program Files\Java\jdk-18.0.2.1\bin\java.exe" -ea -Didea.test.cyclic.buffer.size=1048576 "-javaagent:C:\Program
=====deleteUser.before:UserInfo{id=1, name='吕洞玄', sex='2', birthday=Wed Aug 17 00:00:00 CST 2022, address='浙江'}
=====deleteUser.after:null

Process finished with exit code 0
```

图 13.12　删除用户

笔者为了展示 delete 的结果，在数据 delete 前后打印出了用户信息用于对比。可以看到，删除 id 为 1 的用户之后就查询不到该户的数据了。

13.3　MyBatis 的核心对象

首先介绍 MyBatis 的核心接口和类，如图 13.13 所示。

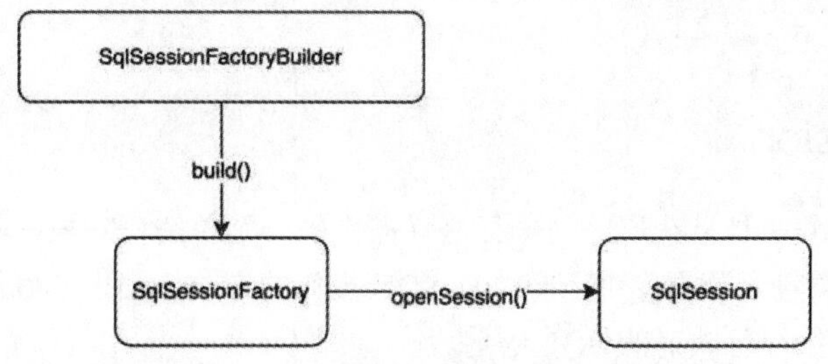

图 13.13 MyBatis 的核心接口和类

每个 MyBatis 的应用程序都以一个 SqlSessionFactory 对象的实例为核心。首先获取 SqlSessionFactoryBuilder 对象，可以根据 XML 配置文件或者 Configuration 类的实例构建该对象。然后获取 SqlSessionFactory 对象，该对象实例可以通过 SqlSessionFactoryBuilder 对象来获取。有了 SqlSessionFactory 对象之后，就可以获取 SqlSession 实例，SqlSession 对象中完全包含以数据库为背景的所有执行 SQL 操作的方法，可以用该实例直接执行已映射的 SQL 语句。

13.3.1 SqlSessionFactoryBuilder

SqlSessionFactoryBuilder 负责构建 SqlSessionFactory，并且提供了多个 build()方法用于重载。通过 build()参数分析，发现配置信息能够以 3 种形式提供给 SqlSessionFactoryBuilder 的 build()方法，分别是 InputStream（字节流）、Reader（字符流）和 Configuration（类），由于字节流与字符流都属于读取配置文件的方式，因此从配置信息的来源就很容易想到构建一个 SqlSessionFactory 有两种方式：读取 XML 配置文件构建和编程构建。一般习惯采取 XML 配置文件的方式来构建 SqlSessionFactory。

SqlSessionFactoryBuilder 的最大特点是阅后即焚。一旦创建了 SqlSessionFactory 对象，这个类就不再需要存在了，因此 SqlSessionFactoryBuilder 的最佳作用域就是存在于方法体内，也就是局部变量。

13.3.2 SqlSessionFactory

SqlSessionFactory 是 MyBatis 框架中十分重要的对象，它是单个数据库映射关系经过编译后的内存镜像，主要用于创建 SqlSession。SqlSessionFactory 的实例可以通过 SqlSessionFactoryBuilder 对象来创建，而 SqlSessionFactoryBuilder 则可以通过 XML 配置文件或预先定义好的 Configuration 实例来创建 SqlSessionFactory 的实例。

其代码如下：

```
    // 1.读取配置文件
    InputStream inputStream = Resources.getResourceAsStream(读取配置文件);
    // 2.根据配置文件构建
    SqlSessionFactory SqlSessionFactory sqlSessionFactory = new
SqlSessionFactoryBuilder().build(inputStream);
```

SqlSessionFactory 对象是安全的，它一旦被创建，在整个应用执行期间都会存在。如果多次创建同一个数据库的 SqlSessionFactory，那么此数据库的资源将容易被耗尽。为了解决此问题，通常每个数据库都会只对应一个 SqlSessionFactory，所以在创建 SqlSessionFactory 实例时，建议使用单列模式。

13.3.3 SqlSession

SqlSession 是应用程序与持久层之间执行交互操作的一个单线程对象，其主要作用是执行持久化操作。SqlSession 对象包含数据库中所有执行 SQL 操作的方法，由于其底层封装了 JDBC 连接，所以直接使用其实例来执行已映射的 SQL 语句。

每一个线程都应该有一个自己的 SqlSession 实例，并且该实例是不能被共享的。同时，SqlSession 实例也是线程不安全的，因此它的使用范围最好是一次请求或一个方法中，绝对不能将它在一个类的静态字段、实例字段或任何类型的管理范围中使用，使用 SqlSession 对象之后，要及时关闭它，通常可以将它放在 finally 块中关闭。

13.4 MyBatis 配置文件元素

这里的配置文件指的是 SqlMapConfig.xml 文件，MyBatis 配置 XML 文件的层次结构是不能够颠倒顺序的。下面是 MyBatis 的全部配置：

```
<?xml version"1.0" encoding="UTF-8"?>
<!-- 配置 -->
<configuration>
    <!-- 属性 -->
    <properties/>
    <!-- 设置 -->
    <settings/>
    <!-- 类型命名 -->
    <typeAliases/>
    <!-- 类型处理器 -->
    <typeHandlers/>
    <!-- 对象工厂 -->
    <objectFactory/>
    <!-- 插件 -->
    <plugins/>
    <!-- 配置环境 -->
    <environments>
        <!-- 环境变量 -->
        <environment>
            <!-- 事务管理器 -->
            <transactionManager/>
            <!-- 数据源-->
            <dataSource/>
        </environment>
    </environments>
    <!-- 数据库厂商标识 -->
    <databaseIdProvider/>
    <!-- 映射器 -->
    <mappers/>
</configuration>
```

初看比较复杂，其实理解后还是蛮简单的，而且很多东西在初级的使用中使用默认配置就行了。

13.4.1 <properties>元素

<properties>是一个配置属性的元素，该元素通常用于将内部的配置外在化，即通过引用外部的配置文件来动态地替换内部定义的属性。例如，数据库的连接等属性，这样更方便程序的运行和部署。

创建 db.properties 的配置文件，代码如下：

```
db.username=root
db.password=123456
db.jdbcUrl=jdbc:mysql://localhost:3306/test?useSSL=false&characterEncoding=
utf-8
db.driverClass=com.mysql.cj.jdbc.Driver
```

在 MyBatis 配置文件 SqlMapConfig.xml 中配置<properties>属性：

```
<properties resource="db.properties"></properties>
```

修改配置文件中数据库连接的信息：

```
<environments default="development">
    <environment id="development">
        <!-- 使用 JDBC 事务管理，事务控制由 MyBatis 负责-->
        <transactionManager type="JDBC" />
        <!-- 数据库连接池，由 MyBatis 管理，通过${}直接加载属性文件上的值-->
        <!--  -->
        <dataSource type="POOLED">
            <property name="driver" value="${db.driverClass}" />
            <property name="url" value="${db.jdbcUrl}" />
            <property name="username" value="${db.username}" />
            <property name="password" value="${db.password}" />
        </dataSource>
    </environment>
</environments>
```

这里讲一下优先级的问题：通过参数传递的属性具有最高优先级，然后是 resource/url 属性中指定的配置文件，最后是 properties 属性中指定的属性。

13.4.2 <settings>元素

<settings>元素主要用于改变 MyBatis 运行时的行为，例如开启二级缓存、开启延迟加载等，虽然不配置< settings>元素，也可以正常运行 MyBatis，如表 13.1 所示。

表13.1 MyBatis <setting>元素常见的配置及其说明

设置参数	说明	有效值	默认值
cacheEnabled	全局缓存	true/false	false
lazyLoadingEnabled	延迟加载。开启后所有关联对象都会延迟加载	true/false	false
aggressiveLazyLoading	关联对象属性延迟加载开关	true/false	true

（续表）

设置参数	说　明	有效值	默认值
multipleResultSetsEnabled	是否允许单一语句返回多结果集	true/false	true
useColumnLabel	使用列标签代替列名	true/false	true
useGeneratedKeys	允许 JDBC 支持自动生成主键	true/false	false
autoMappingBehavior	自动映射列到字段或者属性。NONE 表示取消映射，PARTIAL 只会自动映射没有定义嵌套结果集映射的结果集，FULL 自动映射任意结果集	NONE/PARTIAL/FULL	PARTIAL
defaultExcutorType	配置默认的执行器	SIMPLE/REUSE/BATCH	SIMPLE
defaultStatementTimeout	设置超时时间，它决定等待数据库的秒数	正整数	无设置
mapUnderscoreToCamelCase	是否开启自动驼峰命名规则	true/false	false
jdbcTypeForNull	为空值指定 JDBC 类型	NULL/VARCHAR/OTHER	OTHER

使用方法如下（以开启缓存为例）：

```
<settings>
   <setting name="cacheEnabled" value="true" />
</settings>
```

13.4.3 <typeAliases>元素

<typeAliases>元素用于为配置文件中的 Java 类型设置一个别名。别名的设置与 XML 配置相关，其使用的意义在于减少全限定类名的冗余。别名的使用忽略字母大小写。

使用<typeAliases>元素配置别名，代码如下：

```
<typeAliases>
   <typeAlias type="com.vincent.javaweb.entity.UserInfo" alias="UserInfo" />
</typeAliases>
```

<typeAliases>元素的子元素<typeAlias>中的 type 属性用于指定需要被定义别名的类的全限定名；alias 属性的属性值 Book 就是自定义的别名，它可以代替 com.money.bean.Book 在 MyBatis 文件的任何位置使用。如果省略 alias 属性，MyBatis 会默认将类名首字母小写后的名称作为别名。

当实体类过多时，还可以通过自动扫描包的形式自定义别名：

```
<typeAliases>
   <package name="com.vincent.javaweb.entity"/>
</typeAliases>
```

<typeAliases>元素的子元素<package>中的 name 属性用于指定要被定义别名的包，MyBatis 会将所有 com.money.bean 包中的实体类以首字母小写的非限定类名来作为它的别名。

还可以在程序中使用注解，别名为其注解的值：

```
@Alias("userinfo")
public class UserInfo {
}
```

@Alias 注解将会覆盖配置文件中的<typeAliases>定义。

@Alias 要和<package name=""/>标签配合使用，MyBatis 会自动查看指定包内的类别名注解，如果没有这个注解，那么默认的别名就是类的名字，不区分字母大小写。

13.4.4 <typeHandler>元素

当 MyBatis 将一个 Java 对象作为输入参数执行 insert 语句时，它会创建一个 PreparedStatement 对象，并且调用 set 方法对“?”占位符设置相应的参数值，该参数值的类型可以是 Int、String、Date 等 Java 对象属性类型中的任意一个。例如：

```
    <insert id="insertUser" parameterType="com.vincent.javaweb.entity.UserInfo">
        <!-- 获得当前插入对象的 id 值 -->
        <selectKey keyProperty="id" order="AFTER" resultType="Integer">
            select LAST_INSERT_ID()
        </selectKey>
        insert into t_user_info(name,birthday,sex,address)
values(#{name},#{birthday},#{sex},#{address})
    </insert>
```

当执行上面的语句时，MyBatis 会创建一个有占位符的 PreparedStatement 接口：

```
    PreparedStatement ps = connection.prepareStatement("insert into
t_user_info(name,birthday,sex,address) values(?,?,?,?)");
```

接下来就像 JDBC 的操作一样，针对不同的“?”采用合适的 set 方法设置参数值。MyBatis 通过使用类型处理器 typeHandler 来决定针对不同数据类型进行匹配。typeHandler 的作用是将预处理语句中传入的参数从 JavaType（Java 类型）转换为 JdbcType（JDBC 类型），或者从数据库取出结果时将 JdbcType 转换为 JavaType，如表 13.2 所示。

表13.2 MyBatis内置的类型处理器

类型处理器	JavaType	JdbcType
BooleanTypeHandler	java.lang.Boolean，boolean	boolean
ByteTypeHandler	java.lang.Byte，byte	numeric，byte
ShortTypeHandler	java.lang.Short，short	numeric，short integer
IntegerTypeHandler	java.lang.Integer，int	numeric，integer
LongTypeHandler	java.lang.Long，long	numeric，long Integer
FloatTypeHandler	java.lang.Float，float	numeric，float
DoubleTypeHandler	java.lang.Double，double	numeric，double
BigDecimalTypeHandler	java.math.BigDecimal	numeric，decimal
StringTypeHandler	java.lang.String	char，varchar
ClobTypeHandler	java.lang.String	clob，long varchar
ByteArrayTypeHandler	byte[]	byte
BlobTypeHandler	byte[]	clob，long binary
DateTypeHandler	java.util.Date	timestamp
SqlTimestampTypeHandler	java.sql.Timestamp	timestamp
SqlDateTypeHandler	java.sql.Date	date
SqlTimeTypeHandler	java.sql.Time	time

当 MyBatis 框架提供的这些类型处理器不能够满足需求时，还可以通过自定义的方式对类型处

理器进行扩展（自定义类型处理器可以通过实现 TypeHandler 接口或者继承 BaseTypeHandler 类来定义）。

13.4.5 <objectFactory>元素

在 MyBatis 中，其 SQL 映射配置文件中的 SQL 语句所得到的查询结果被动态映射到 resultType 或其他处理结果集的参数配置对应的 Java 类型时，其中就有 JavaBean 等封装类。而 objectFactory 对象工厂就是用来创建实体对象的类的。

默认的 objectFactory 要做的就是实例化查询结果对应的目标类，有两种方式可以将查询结果的值映射到对应的目标类：一种是通过目标类的默认构造方法；另一种是通过目标类的有参构造方法。

如果要再新建（new）一个对象（构造方法或者有参构造方法），在得到对象之前需要执行一些处理的程序逻辑，或者在执行该类的有参构造方法时，在传入参数之前，要对参数进行一些处理，这时就可以创建自己的 objectFactory 来加载该类型的对象。

自定义的对象工厂需要实现 ObjectFactory 接口，或者继承 DefaultObjectFactory 类：

```
public class MyObjectFactory extends DefaultObjectFactory {
}
```

在配置文件中使用<objectFactory>元素配置自定义的 ObjectFactory：

```
<objectFactory type="com.money.bean.MyObjectFactory">
    <property name="" value="MyObjectFactory" />
</objectFactory>
```

objectFactory 自定义对象类被定义在工程中，在全局配置文件 SqlMapConfig.xml 中配置。当 Resource 资源类加载 SqlMapConfig.xml 文件，并创建出 SqlSessionFactory 时，会加载配置文件中自定义的 objectFactory，并设置配置标签中的 property 参数。

13.4.6 <plugins>元素

<plugins>元素的作用是配置用户所开发的插件。

MyBatis 对某种方法进行拦截调用的机制被称为 Plugin 插件。使用 plugin 方法还能修改或重写方法逻辑。MyBatis 中允许使用 plugin 拦截的方法如下：

```
Executor  // 操作接口类
    (update, query, flushStatements, commit, rollback, getTransaction, close,
isClosed)
ParameterHandler // 处理参数接口
    (getParameterObject, setParameters)
ResultSetHandler // 结果集接口
    (handleResultSets, handleOutputParameters)
StatementHandler // 预编译状态接口
    (prepare, parameterize, batch, update, query)
```

下面是一个简单拦截器接口的实现：

```
@Intercepts({@Signature(type = Executor.class,method = "update",args =
{MappedStatement.class,Object.class})})
public class ExamplePlugin implements Interceptor {
```

```
    // 对目标方法进行拦截的抽象方法
    @Override
    public Object intercept(Invocation invocation) throws Throwable {
        return invocation.proceed();
    }
    // 将拦截器插入目标对象
    @Override
    public Object plugin(Object target) {
        return Plugin.wrap(target, this);
    }
    // 将全局配置文件中的参数注入插件类中
    @Override
    public void setProperties(Properties properties) {
    }
}
```

在类头部添加@Intercepts 拦截器注解，声明插件类。其中可声明多个@Signature 签名注解，type 为接口类型，method 为拦截器方法名，args 是参数信息。

在 MyBatis 中的全局配置（SqlMapConfig.xml）起到拦截作用：

```
<plugins>
    <plugin interceptor="com.vincent.javaweb.helper.ExamplePlugin">
        <property name="username" value="zhangsan"/>
    </plugin>
</plugins>
```

这样就可以对 Executor 中的 update 方法进行拦截了。

13.4.7 <environments>元素

在配置文件中，<environments>元素用于对环境进行配置。MyBatis 的环境配置实际上就是数据源的配置，我们可以通过<environments>元素配置多种数据源，即配置多种数据库：

```
<!-- 和 Spring 整合后，environments 配置将废除-->
<environments default="development">
    <environment id="development">
        <!-- 使用 JDBC 事务管理，事务控制由 MyBatis 负责-->
        <transactionManager type="JDBC" />
        <!-- 数据库连接池，由 MyBatis 管理，通过${}直接加载属性文件上的值-->
        <dataSource type="POOLED">
            <property name="driver" value="${db.driverClass}" />
            <property name="url" value="${db.jdbcUrl}" />
            <property name="username" value="${db.username}" />
            <property name="password" value="${db.password}" />
        </dataSource>
    </environment>
</environments>
```

<environments>元素是环境配置的根元素，它包含一个 default 属性，该属性用于指定默认的环境 ID。<environment>是<environments>元素的子元素，它可以定义多个，其 id 属性用于表示所定义环境的 ID 值，当有多个 environment 数据库环境时，可以根据 environments 的 default 属性值来指定哪个数据库环境起作用（id 属性匹配的那个 environment 数据库环境起作用），也可以根据后续的代

码改变数据库环境。在<environment>元素内，包含事务管理和数据源的配置信息，其中<transactionManager>元素用于配置事务管理，它的 type 属性用于指定事务管理的方式，即使用哪种事务管理器；<dataSource>元素用于配置数据源，它的 type 属性用于指定使用哪种数据源，该元素至少要配置 4 要素：driver、url、username 和 password。

MyBatis 可以配置两种类型的事务管理器，分别是 JDBC 和 MANAGED。

- JDBC: 此配置直接使用了 JDBC 的提交和回滚设置，它依赖于从数据源得到的连接来管理事务的作用域。
- MANAGED: 此配置从来不提交或回滚一个连接，而是让容器来管理事务的整个生命周期。在默认情况下，它会关闭连接，但一些容器并不希望这样，可以将 closeConnection 属性设置为 false 来阻止它默认的关闭行为。

13.4.8 <mappers>元素

在配置文件中，<mappers>元素用于指定 MyBatis 映射文件的位置，一般可以使用以下 4 种方式来引入映射文件：

（1）使用类路径引入：

```
<mappers>
   <mapper resource="mapper/UserInfoMapper.xml" />
</mappers>
```

（2）使用本地文件引入：

```
<mappers>
   <mapper url="file:/Users/mythwind/workspaces/mapper/UserMapper.xml" />
</mappers>
```

（3）使用接口类引入：

```
<mappers>
   <mapper class="com.vincent.javaweb.mapper.UserInfo" />
</mappers>
```

（4）使用包名引入：

```
<mappers>
   <package name="com.vincent.javaweb.mapper"/>
</mappers>
```

13.5 映射文件

映射文件是 MyBatis 框架中十分重要的文件，可以说，MyBatis 框架的强大之处就体现在映射文件的编写上。映射文件的命名一般是实体类名+Mapper.xml。这个 XML 文件中包括类所对应的数据库表的各种增、删、改、查 SQL 语句。在映射文件中，<mapper>元素是映射文件的根元素，其他元素都是它的子元素，如图 13.14 所示。

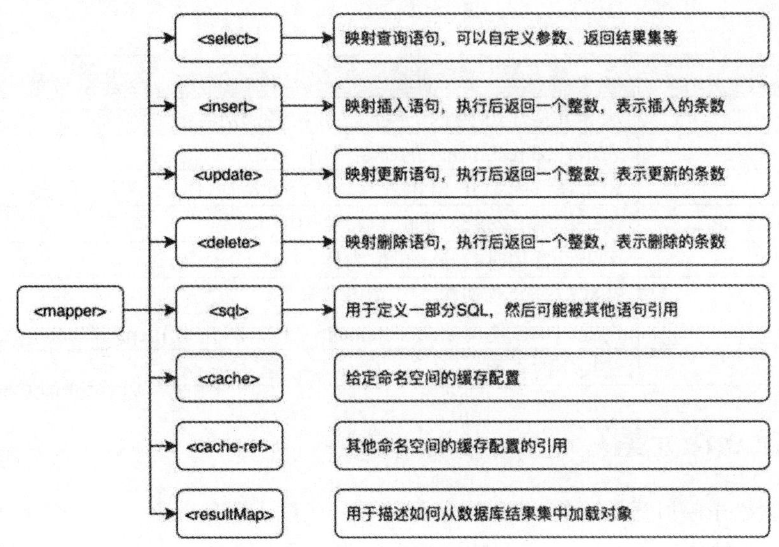

图 13.14 MyBatis 映射文件

<mapper>元素有一个属性是 namespace，它对应着实体类的 mapper 接口，此接口就是 MyBatis 的映射接口，它对 mapper.xml 文件中的 SQL 语句进行映射。

13.5.1 <select>元素

<select>元素用于映射查询语句，它从数据库中读取数据，并将读取的数据进行封装。例如：

```
    <select id="selectUserById" parameterType="Integer"
resultType="com.vincent.javaweb.entity.UserInfo">
        select * from t_user_info where id = #{id}
    </select>
    <select id="selectUserByName" parameterType="String" resultMap="UserInfoMap">
        <!-- concat()函数，实现拼接 -->
        select * from t_user_info where name like CONCAT('%',#{name},'%')
    </select>
```

id 属性的值要和实体类的 Mapper 映射接口中的方法名保持一致。resultMap 属性为返回的结果集，如果该类没有配置别名，就需要使用全限定名。resultType 属性为查询到的结果集中每一行所代表的数据类型。

当没有配置<resultMap>元素且列名和实体类中的 set 方法去掉 set 后剩余的部分首字母小写不一致时，就会出现映射不匹配的问题，此时可以通过给列名起别名的方法解决，别名必须和实体类中的 set 方法去掉 set 后剩余的部分首字母小写得到的名字一致。其弊端就是只在当前 select 语句中有效，即只在当前映射方法中有效。配置<resultMap>元素可以有效解决这个问题。

<select>元素常见的属性如表 13.3 所示。

表 13.3 MyBatis <select>元素常见的属性

属 性	说 明
id	表示命名空间中的唯一标识符，常与命名空间组合使用
parameterType	该属性表示传入 SQL 语句的参数类的全限定名或别名

（续表）

属　　性	说　　明
resultType	从 SQL 语句中返回的类的全限定名或别名
resultMap	表示外部 resultMap 的命名引用
flushCache	表示在调用 SQL 语句之后，是否需要 MyBatis 清空之前查询的缓存
useCache	用于控制二级缓存的开启和关闭
timeout	用于设置超时参数，单位为秒
fetchSize	获取记录的总条数
statementType	设置 JDBC 使用哪个 statement 工作，默认为 PreparedStatement
resultSetType	结果集的类型

13.5.2 <insert>元素

<insert>元素用于映射插入语句，MyBatis 执行完一条插入语句后将返回一个整数表示其影响的行数。<insert>元素的属性与<select>元素的属性大部分相同，但有几个特有属性，如表 13.4 所示。

表13.4　MyBatis <insert>元素的特有属性

属　　性	说　　明
keyProperty	该属性的作用是将插入或更新操作的返回值赋给类的某个属性，通常会设置为主键对应的属性。如果是联合主键，则可以将多个值用逗号隔开
keyColumn	该属性用于设置第几列是主键，当主键列不是表中的第 1 列时需要设置。如果是联合主键，则可以将多个值用逗号隔开
useGeneratedKeys	该方法获主要用于获取由数据库内部产生的主键，需要数据库支持，比如 MySQL、SQL Server 等自动递增的字段，其默认值为 false

1. 自增主键

MyBatis 调用 JDBC 的 getGeneratedKeys()将使得如 MySQL、PostgreSQL、SQL Server 等数据库的表，采用自动递增的字段作为主键，有时可能需要将这个刚刚产生的主键用于关联其他业务。

实现方式一（推荐）：

```
    <insert id="insertUser" parameterType="com.vincent.javaweb.entity.UserInfo"
keyProperty="id" useGeneratedKeys="true">
        insert into t_user_info(name,birthday,sex,address)
values(#{name},#{birthday},#{sex},#{address})
    </insert>
```

实现方式二：

```
    <insert id="insertUser" parameterType="com.vincent.javaweb.entity.UserInfo">
        <!-- 获得当前插入对象的 id 值（了解一下，不推荐）-->
        <selectKey keyProperty="id" order="AFTER" resultType="Integer">
            select LAST_INSERT_ID()
        </selectKey>
        insert into t_user_info(name,birthday,sex,address)
values(#{name},#{birthday},#{sex},#{address})
    </insert>
```

2. 自定义主键

在实际开发中，如果使用的数据库不支持主键自动递增（例如Oracle数据库），或者取消了主键自动递增的规则，则可以使用MyBatis的<selectKey>元素来自定义生成主键。

13.5.3 <update>元素和<delete>元素

<update>元素和<delete>元素比较简单，它们的属性和<insert>元素、<select>元素的属性差不多，执行后也返回一个整数，表示影响了数据库的记录行数。

<update>元素用于映射更新语句，<delete>元素用于映射删除语句。

示例代码如下：

```
    <!-- 更新用户 -->
    <update id="updateUser" parameterType="com.vincent.javaweb.entity.UserInfo">
        update t_user_info set
name=#{name},birthday=#{birthday},sex=#{sex},address=#{address}
        where id = #{id}
    </update>
    <!-- 删除用户 -->
    <delete id="deleteUser" parameterType="int">
        delete from t_user_info where id = #{id}
    </delete>
```

13.5.4 <sql>元素

<sql>元素标签用来定义可重复使用的SQL代码片段，使用时只需要用include元素标签引用即可，最终达到SQL语句复用的目的。同时它可以被静态地（在加载参数时）参数化，不同的属性值通过包含的实例进行相应的变化。

示例代码如下：

```
    <sql id="userInfoCols">
        id,name,sex,birthday,address
    </sql>
    <select id="selectUserById" parameterType="Integer"
resultType="com.vincent.javaweb.entity.UserInfo">
        select <include refid="userInfoCols" /> from t_user_info where id = #{id}
    </select>
```

<sql>元素用来封装SQL语句或者SQL片段代码，而<include>元素用来调用封装的代码片段。

13.5.5 <resultMap>元素

<resultMap>元素表示结果映射集，是一个非常重要的元素。它的主要作用是定义映射规则、级联的更新以及定义类型转化器等。它可以引导MyBatis将结果映射为Java对象。示例代码如下：

```
    <!-- 将实体类与数据库列匹配 -->
    <resultMap id="UserInfoMap" type="com.vincent.javaweb.entity.UserInfo">
        <id property="id" column="id" />
        <result property="name" column="name" />
        <result property="sex" column="sex" />
```

```
    <result property="birthday" column="birthday" />
    <result property="address" column="address" />
</resultMap>
```

使用 resultMap 方式：

```
<!-- 根据用户名进行模糊查询 -->
<select id="selectUserByName" parameterType="String" resultMap="UserInfoMap">
    select * from t_user_info where name like CONCAT('%',#{name},'%')
</select>
```

<resultMap>元素的 type 属性表示需要映射的实体对象，id 属性是这个 resultMap 的唯一标识，因为在一个 XML 文件中 resultMap 可能有多个。它有一个子元素<constructor>用于配置构造方法（当一个实体对象中未定义无参的构造方法时，就可以使用<constructor>元素进行配置）。子元素<id>用于表示哪个列是主键，而<result>用于表示实体对象和数据表中普通列的映射关系。property 属性的值一般是实体对象中的 set 方法去掉 set 后剩余的部分首字母小写，column 一般是数据表中的列名或列名的别名。当只有单表查询，且表中一部分或全部 property 和 column 的值完全相同时，<resultMap>元素那一部分或全部可以不用配置。

配置 property 和 type 的原因：通过反射创建类对象。attribute 一般是类的成员变量名。

此外，还有<association>和<collection>用于处理多表时的关联关系，而<discriminator>元素主要用于处理一个单独的数据库查询返回很多不同数据类型结果集的情况。

13.6 动态 SQL

MyBatis 的强大特性之一便是它的动态 SQL，在 MyBatis 的映射文件中，前面讲的 SQL 都是比较简单的，当业务逻辑复杂时，SQL 常常是动态变化的，前面学习的 SQL 就不能满足要求了。

使用之前学习的 JDBC 就能体会到根据不同条件拼接 SQL 语句有多么痛苦。拼接的时候要确保不能忘了必要的空格，还要注意省掉列名列表最后的逗号。利用动态 SQL 这一特性可以彻底摆脱这种痛苦。

MyBatis 动态 SQL 常用的标签如表 13.5 所示。

表13.5 MyBatis动态SQL常用的标签

属 性	作 用	备 注
if	判断语句	单条件分支
choose(when/otherwise)	if else	多条件分支
trim(where/set)	辅助元素	用于处理 SQL 拼接
foreach	循环语句	批量插入、更新、查询时经常用到
bind	绑定变量	兼容不同数据库，防 SQL 注入

这些标签在开发过程中无处不在，能够解决用户在数据查询方面的绝大部分问题，正是有了它们，在处理复杂业务逻辑和复杂 SQL 的时候才更方便高效。

13.6.1 <if>元素

<if>元素在 MyBatis 开发工作中主要用于 where（查询）、insert（插入）和 update（更新）3 种操作中。通过判断参数值是否为空来决定是否使用某个条件，需要注意的是，此处 where 1=1 条件不可省略。

示例代码如下：

```
    <!-- 根据查询条件查询用户信息 -->
    <select id="selectUserByCondition" parameterType="UserInfo"
resultMap="UserInfoMap">
        select <include refid="userInfoCols" />
        from t_user_info
        where 1 = 1
        <if test="id != null and id != 0">
            and id = #{id}
        </if>
        <if test="name != null and name != ''">
            and name like CONCAT('%',#{name},'%')
        </if>
    </select>
```

Java 测试代码如下：

```
    @Test
    public void selectUserByCondition() {
        SqlSession sqlSesison = factory.openSession();
        UserInfoMapper mapper = sqlSesison.getMapper(UserInfoMapper.class);
        UserInfo user = new UserInfo();
        // user.setId(4);
        // user.setName("三丰");
        List<UserInfo> infos = mapper.selectUserByCondition(user);
        for (UserInfo info : infos) {
            System.out.println("=====selectUserByCondition.UserInfo:" + info);
        }
        sqlSesison.commit();
        sqlSesison.close();
    }
```

在测试代码中，为了验证 if 条件，我们在 selectUserByCondition 传入参数的时候，先传入空对象，运行得到结果 1；再给 id 赋值，得到结果 2；再注释掉 id 赋值，只给名称赋值，得到结果 3。读者可以对比一下 3 次验证的结果。

13.6.2 <choose>、<when>和<otherwise>元素

有些时候，业务需求并不需要用到所有的条件语句，而只想择其一二。针对这种情况，MyBatis 提供了 choose 元素，它有点像 Java 中的 switch 语句。

示例代码如下：

```
    <!-- 根据单一条件查询 -->
    <select id="selectUserByCondition2" parameterType="UserInfo"
resultMap="UserInfoMap">
        select <include refid="userInfoCols" />
```

```
    from t_user_info
    where 1 = 1
    <choose>
        <when test="id != null and id != 0">
            and id = #{id}
        </when>
        <when test="name != null and name != ''">
            and name like CONCAT('%',#{name},'%')
        </when>
    </choose>
</select>
```

如果传入了 id，那么按照 id 来查找，如果传入了 name，那么按照 name 来查找，如果两者都传入，那么只按照 id 来查找，即只有一个条件会生效，且是按照语句顺序执行的。

13.6.3 <where>和<trim>元素

前面讲解的几种元素都需要在前面添加一个默认的 where 条件，为了避免这种情况，因此有了<where>元素，可以结合多种元素一起使用。

示例代码如下：

```
<!-- where：如上语句不想在后面加上 where 1=1 ，则使用下面的写法，where/if -->
<select id="selectUserWhere" parameterType="UserInfo"
resultMap="UserInfoMap">
    select <include refid="userInfoCols" />
    from t_user_info
    <where>
        <if test="id != null and id != 0">
            and id = #{id}
        </if>
        <if test="name != null and name != ''">
            and name like CONCAT('%',#{name},'%')
        </if>
    </where>
</select>
```

<trim>元素与<where>元素的作用类似，用法如下：

```
<!-- trim 效果与 where 类似：
        prefix 前缀
        prefixOverrides 假如条件第一个词满足则清除
-->
<select id="selectUserTrim" parameterType="UserInfo" resultMap="UserInfoMap">
    select <include refid="userInfoCols" />
    from t_user_info
    <trim prefix="where" prefixOverrides="and">
        <if test="id != null and id != 0">
            and id = #{id}
        </if>
        <if test="name != null and name != ''">
            and name like CONCAT('%',#{name},'%')
        </if>
    </trim>
</select>
```

13.6.4　<set>元素

用于动态更新语句的类似解决方案叫作<set>。<set>元素可以用于动态包含需要更新的列，忽略其他不更新的列。

示例代码如下：

```
<!-- set mybatis 就比较轻量，判断符合条件的字段才会更新 -->
<update id="updateUserSet" parameterType="UserInfo">
   update t_user_info
   <set>
      <if test="name != null">name=#{name},</if>
      <if test="birthday != null">birthday=#{birthday},</if>
      <if test="sex != null">sex=#{sex},</if>
      <if test="address != null">address=#{address}</if>
   </set>
   where id = #{id}
</update>
```

13.6.5　<foreach>元素

<foreach>元素的功能非常强大，它允许用户指定一个集合，声明可以在元素体内使用的集合项（item）和索引（index）变量。它也允许用户指定开头与结尾的字符串以及集合项迭代之间的分隔符。

可以将任何可迭代对象（如 List、Set 等）、Map 对象或者数组对象作为集合参数传递给 foreach。当使用可迭代对象或者数组时，index 是当前迭代的序号，item 的值是本次迭代获取到的元素。当使用 Map 对象（或者 Map.Entry 对象的集合）时，index 是键，item 是值。

先来看一下<foreach>标签的参数：

- item：表示集合中每一个元素进行迭代的别名。
- index：指定一个名字，用于表示在迭代过程中，每次迭代到的位置。
- open：表示该语句以什么开始。
- close：表示该语句以什么结束。
- separator：表示每次迭代之间以什么符号作为分隔符。

```
   <insert id="insertUserBatch" parameterType="UserInfo" keyProperty="id"
useGeneratedKeys="true">
      insert into t_user_info(name,birthday,sex,address)
      values
      <foreach collection="list" item="user" separator=",">
         (#{user.name},#{user.birthday},#{user.sex},#{user.address})
      </foreach>
   </insert>
```

Java 测试代码如下：

```
@Test
public void insertUserBatch() {
   SqlSession sqlSesison = factory.openSession();
   UserInfoMapper mapper = sqlSesison.getMapper(UserInfoMapper.class);
   List<UserInfo> list = new ArrayList<>();
```

```
        list.add(new UserInfo("乔峰","2", new Date(),"契丹南院大王"));
        list.add(new UserInfo("段誉","2", new Date(),"大理镇南王"));
        list.add(new UserInfo("虚竹","2", new Date(),"灵鹫宫宫主"));
        mapper.insertUserBatch(list);
        sqlSesison.commit();
        sqlSesison.close();
    }
```

13.6.6 <bind>元素

<bind>元素用于处理参数，为参数添加一些修饰。在进行模糊查询时，如果使用“${}”拼接字符串，则无法防止 SQL 注入问题。如果使用字符串拼接函数或连接符号，不同数据库的字符串拼接函数或连接符号不同，则会导致数据库适配困难。<bind>元素使用可以解决此类适配上的问题。

示例代码如下：

```
<select id="selectUserByBind" parameterType="String" resultMap="UserInfoMap">
    <bind name="pattern_name" value="'%' + name + '%'"/>
    select * from t_user_info where name like #{pattern_name}
</select>
```

Java 测试代码如下：

```
@Test
public void selectUserByBind() {
    SqlSession sqlSesison = factory.openSession();
    UserInfoMapper mapper = sqlSesison.getMapper(UserInfoMapper.class);
    List<UserInfo> infos = mapper.selectUserByBind("三丰");
    for (UserInfo info : infos) {
        System.out.println("=====selectUserByBind.UserInfo:" + info);
    }
    sqlSesison.commit();
    sqlSesison.close();
}
```

MyBatis 动态 SQL 是开发中经常用到的，它不仅方便了开发，提高了效率，还实现了逻辑和底层数据查询的分离。

13.7 关系映射

在实现复杂关系映射之前，可以在映射文件中通过配置来实现，使用注解开发后，可以使用@Results 注解、@Result 注解、@One 注解、@Many 注解组合完成复杂关系的配置。下面来看关系映射注解的使用方法，如表 13.6 所示。

表13.6 MyBatis关系映射注解说明

注　解	说　明
@Results	代替的是<resultMap>标签，该注解中可以使用单个@Result，也可以使用@Result 集合。格式：@Results({@Result(),@Result})或者@Results(@Result())

（续表）

注　解	说　明
@Result	代替的是<id>标签和<result>标签。 Column：数据库的列名。 Property：实体类属性名。 One：需要使用的@One 注解。 Many：需要使用的@Many 注解
@One	代替了<association>标签，是多表查询的关键，在注解中用来指定子查询返回单一对象。 Select：指定用来多表查询的 sqlmapper。 使用格式：@Result(column="",property="",one=@One(select=""))
@Many	代替了<collection>标签，是多表查询的关键，在注解中用来指定子查询返回对象集合。 使用格式：@Result(column="",property="",many=@Many(select=""))

前面讲解了基于配置文件 mapper.xml 的关系映射，本节使用注解的方式来配置关系映射。

13.7.1　一对一

一对一查询的示例：查询一个订单，与此同时查询出该订单所属的用户。

1. 建表导入数据

示例代码如下：

```
create table  t_rela_customer (
  id int primary key auto_increment,
  username varchar(64),
  password varchar(32),
  email varchar(32),
  birthday datetime,
  valid boolean
);
insert into  t_rela_customer (username, password, email, birthday, valid)
values ('阿大','ada','ada@163.com','2022-08-19 17:00:00', true);
insert into  t_rela_customer (username, password, email, birthday, valid)
values ('阿二','aer','aer@163.com','2022-08-20 17:00:00', true);
insert into  t_rela_customer (username, password, email, birthday, valid)
values ('阿三','asan','asan@163.com','2022-08-21 17:00:00', true);

create table  t_rela_order (
   id int primary key auto_increment,
   ordertime datetime,
   total decimal(22,6),
   cid int
);
insert into  t_rela_order(ordertime, total, cid) values (now(), 89.5, 1);
insert into  t_rela_order(ordertime, total, cid) values (now(), 99, 1);
insert into  t_rela_order(ordertime, total, cid) values (now(), 10.25, 1);
```

2. 创建实体对象

示例代码如下：

```java
public class RelaCustomer {
    private int id;
    private String username;
    private String password;
    private String email;
    private Date birthday;
    private boolean valid;
    public int getId() {
        return id;
    }
    public void setId(int id) {
        this.id = id;
    }
    public String getUsername() {
        return username;
    }
    public void setUsername(String username) {
        this.username = username;
    }
    public String getPassword() {
        return password;
    }
    public void setPassword(String password) {
        this.password = password;
    }
    public String getEmail() {
        return email;
    }
    public void setEmail(String email) {
        this.email = email;
    }
    public Date getBirthday() {
        return birthday;
    }
    public void setBirthday(Date birthday) {
        this.birthday = birthday;
    }
    public boolean isValid() {
        return valid;
    }
    public void setValid(boolean valid) {
        this.valid = valid;
    }
    @Override
    public String toString() {
        return "RelaCustomer{" +
                "id=" + id +
                ", username='" + username + '\'' +
                ", password='" + password + '\'' +
                ", email='" + email + '\'' +
                ", birthday=" + birthday +
                ", valid=" + valid +
                '}';
    }
}
```

```
public class RelaOrder {
    private int id;
    private Date ordertime;
    private double total;
    private RelaCustomer customer;

    public int getId() {
        return id;
    }

    public void setId(int id) {
        this.id = id;
    }
    public Date getOrdertime() {
        return ordertime;
    }
    public void setOrdertime(Date ordertime) {
        this.ordertime = ordertime;
    }
    public double getTotal() {
        return total;
    }
    public void setTotal(double total) {
        this.total = total;
    }
    public RelaCustomer getCustomer() {
        return customer;
    }
    public void setCustomer(RelaCustomer customer) {
        this.customer = customer;
    }
    @Override
    public String toString() {
        return "RelaOrder{" +
                "id=" + id +
                ", ordertime=" + ordertime +
                ", total=" + total +
                ", customer=" + customer +
                '}';
    }
}
```

3. 使用注解创建接口

示例代码如下：

```
public interface RelaCustomerMapper {
    @Select("select * from t_rela_customer where id = #{cid}")
    @Results({
            @Result(id=true,column="id",property="id"),
            @Result(column="username",property="username"),
            @Result(column="password",property="password"),
            @Result(column="email",property="email"),
            @Result(column="birthday",property="birthday"),
            @Result(column="valid",property="valid")
```

```
    })
    public RelaCustomer queryCustomerById(int cid);
}
public interface RelaOrderMapper {
    @Select("select * from t_rela_order ")
    @Results({
            @Result(id=true,column="id",property="id"),
            @Result(column="ordertime",property="ordertime"),
            @Result(column="total",property="total"),
@Result(column="cid",property="customer",one=@One(select="com.vincent.javaweb.m
apper.RelaCustomerMapper.queryCustomerById",fetchType= FetchType.EAGER))
    })
    public List<RelaOrder> queryAll();
}
```

4. Java 测试代码

示例代码如下：

```
@Test
public void testOneToOne() {
    SqlSession sqlsesison = factory.openSession();
    RelaOrderMapper mapper = sqlsesison.getMapper(RelaOrderMapper.class);
    List<RelaOrder> orders = mapper.queryAll();
    for (RelaOrder order : orders) {
        System.out.println("=====testOneToOne.order:" + order);
    }
}
```

13.7.2 一对多

一对多查询的示例：查询一个用户，与此同时查询出该用户具有的订单。

在 RelaOrderMapper 类中添加根据用户 ID 获取其订单信息的方法，代码如下：

```
@Select("select * from t_rela_order  where cid = #{cid}")
public List<RelaOrder> queryOrderByCustomerId(int cid);
```

在 RelaCustomerMapper 类中添加查询用户的方法，然后查询该用户下的所有订单，代码如下：

```
@Select("select * from t_rela_customer where username like
concat('%',#{username},'%') ")
@Results({
        @Result(id = true, column = "id", property = "id"),
        @Result(column = "username", property = "username"),
        @Result(column = "password", property = "password"),
        @Result(column = "email", property = "email"),
        @Result(column = "birthday", property = "birthday"),
        @Result(column = "valid", property = "valid"),
        @Result(column = "id", property = "orderLists", javaType = List.class,
many = @Many(select =
"com.vincent.javaweb.mapper.RelaOrderMapper.queryOrderByCustomerId"))
})
public List<RelaCustomer> queryCustomerAndOrdersByName(String username);
```

Java 测试代码如下：

```
@Test
public void testOneToMany() {
    SqlSession sqlsesison = factory.openSession();
    RelaCustomerMapper mapper =
sqlsesison.getMapper(RelaCustomerMapper.class);
    List<RelaCustomer> customers = mapper.queryCustomerAndOrdersByName("阿");
    for (RelaCustomer c : customers) {
        System.out.println("=====testOneToMany.c:" + c);
        List<RelaOrder>  orders = c.getOrderLists();
        for (RelaOrder order : orders) {
            System.out.println("    orders:" + order);
        }
    }
}
```

13.7.3　多对多

多对多查询的示例：查询用户，同时查询出该用户的所有角色。

1. 建表

示例代码如下：

```
create table t_role (
    id int primary key AUTO_INCREMENT,
    rolename varchar(64)
);
insert into t_role (rolename) values ('管理员');
insert into t_role (rolename) values ('开发人员');
insert into t_role (rolename) values ('测试人员');
insert into t_role (rolename) values ('运维人员');
create table t_user_role (
    user_id int,role_id int
);
insert into t_user_role (user_id, role_id) values (2,1);
insert into t_user_role (user_id, role_id) values (3,2);
insert into t_user_role (user_id, role_id) values (3,4);
insert into t_user_role (user_id, role_id) values (4,3);
insert into t_user_role (user_id, role_id) values (5,2);
```

2. 创建实体和 Mapper

示例代码如下：

```
//属性名称和数据库表的字段对应
@Alias("userinfo")
public class UserInfo {
    private int id;
    private String name;    // 用户姓名
    private String sex;     // 性别
    private Date birthday;  // 生日
    private String address; // 地址
```

```
        private List<Role> roleLists;
    }
    public class Role {
        private int id;
        private String rolename;
    }
    public interface RelaRoleMapper {
        @Select("select * from t_role t1,t_user_role t2 where t1.id = t2.role_id and 
t2.user_id = #{uid}")
        public List<Role> queryByUserId(int uid);
    }
    public interface RelaUserMapper {
        @Select("<script>select * from t_user_info where 1 = 1 <if test='name != 
null'> and name like concat('%',#{name},'%')</if></script>")
        @Results({
                @Result(id = true, column = "id", property = "id"),
                @Result(column = "name", property = "name"),
                @Result(column = "sex", property = "sex"),
                @Result(column = "birthday", property = "birthday"),
                @Result(column = "address", property = "address"),
                @Result(column = "id", property = "roleLists", javaType = List.class, 
many = @Many(select = "com.vincent.javaweb.mapper.RelaRoleMapper.queryByUserId"))
        })
        public List<UserInfo> queryUserAndRoleByName(String name);
    }
```

3. Java 测试方法

示例代码如下：

```
    @Test
    public void testManyToMany() {
        SqlSession sqlsesison = factory.openSession();
        RelaUserMapper mapper = sqlsesison.getMapper(RelaUserMapper.class);
        List<UserInfo> users = mapper.queryUserAndRoleByName(null);
        for (UserInfo user : users) {
            System.out.println("=====tesManyToMany.user:" + user);
            List<Role>  roles = user.getRoleLists();
            for (Role r : roles) {
                System.out.println("    role:" + r);
            }
        }
    }
```

13.8 MyBatis 与 Spring 的整合

前面已经分别讲解了 Spring 和 MyBatis，本节将学习 MyBatis 与 Spring 的整合，其核心是 SqlSessionFactory 对象交由 Spring 来管理。所以只需要将 SqlSessionFactory 的对象生成器 SqlSessionFactoryBean 注册在 Spring 容器中，再将其注入给 Dao 的实现类即可完成整合。

本次整合采用注解方式配置，读者在学习过程中可以一边学习理解注解的配置方式，一边对照前面 XML 配置的方式来学习。

13.8.1　创建项目并导入所需的 JAR 包

创建名为 ch13_ms 的 Module，添加 Web 框架，并创建相应的目录，主要目录如下：

- resources：存放配置（数据库配置文件）。
- com.vincent.javaweb.config：注解配置类。
- com.vincent.javaweb.entity：存放数据库实体类。
- com.vincent.javaweb.mapper：存放 MyBatis 映射类。
- com.vincent.javaweb.service：存放数据库逻辑处理类。
- web/WEB-INF/classes：编译的 Class 文件目录。
- web/WEB-INF/libs：导入的 JAR 包。

具体目录结构如图 13.15 所示。

在 web/libs 中引入 MyBatis 和 Spring 的整合需要使用到的 JAR 包如图 13.16 所示。

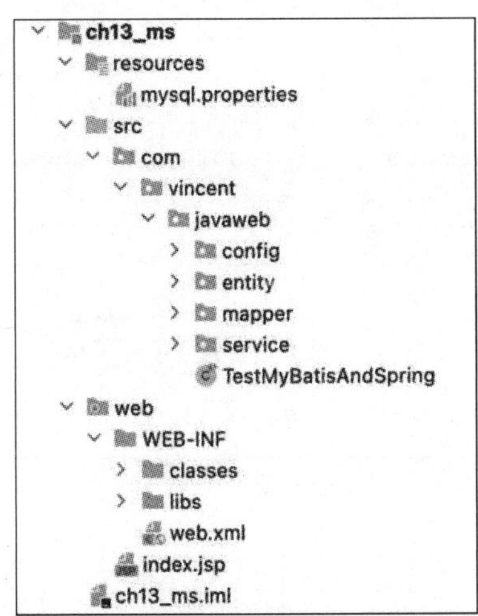

图 13.15　MyBatis 整合 Spring 目录结构

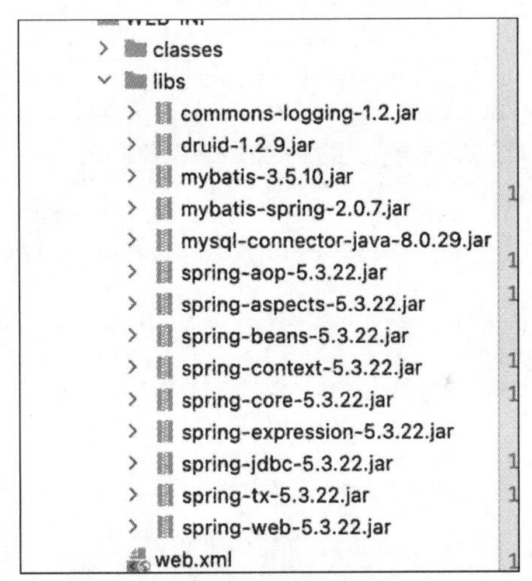

图 13.16　MyBatis 整合 Spring 引用的 JAR 包

13.8.2　编写配置文件

在 resource 目录下编写数据库连接配置文件 mysql.properties，内容如下：

```
#mysql
jdbc.username=root
jdbc.password=123456
jdbc.url=jdbc:mysql://localhost:3306/test?useSSL=false&characterEncoding=ut
f-8
jdbc.driver=com.mysql.cj.jdbc.Driver
```

在 com.vincent.javaweb.config 包下分别创建 DataSourceConfig、MyBatisConfig 和 SpringConfig，代码如下：

```
@PropertySource("classpath:mysql.properties")
```

```
public class DataSourceConfig {
    //用 SpEl 表达式将属性注入
    @Value("${jdbc.driver}")
    private String driver;
    @Value("${jdbc.url}")
    private String url;
    @Value("${jdbc.username}")
    private String username;
    @Value("${jdbc.password}")
    private String password;

    // 将方法的返回值放置在 Spring 容器中
    @Bean("druidDataSource")
    public DruidDataSource getDataSource() {
        DruidDataSource dataSource = new DruidDataSource();
        dataSource.setDriverClassName(driver);
        dataSource.setUrl(url);
        dataSource.setUsername(username);
        dataSource.setPassword(password);
        return dataSource;
    }
}
public class MyBatisConfig {
    @Bean
    public SqlSessionFactoryBean sqlSessionFactory(DataSource dataSource) {
        SqlSessionFactoryBean ssfb = new SqlSessionFactoryBean();
        ssfb.setTypeAliasesPackage("com.vincent.javaweb.entity");
        ssfb.setDataSource(dataSource);
        return ssfb;
    }
    @Bean
    public MapperScannerConfigurer mapperScannerConfigurer() {
        MapperScannerConfigurer msc = new MapperScannerConfigurer();
        msc.setBasePackage("com.vincent.javaweb.mapper");
        return msc;
    }
}
@Configuration
@ComponentScan("com.vincent.javaweb")
@PropertySource("classpath:mysql.properties")
@Import({DataSourceConfig.class, MyBatisConfig.class})
public class SpringConfig {
}
```

DataSourceConfig 主要用于配置数据源，MyBatisConfig 主要配置用于 MyBatis，SpringConfig 主要用于开启注解扫描、引入外部配置类（数据源配置类和 MyBatis 配置类）。

13.8.3 创建实体对象和 Mapper 接口

在 com.vincent.javaweb.entity 包下创建实体对象 UserInfo，代码如下：

```
@Alias("userinfo")
public class UserInfo {
    private int id;
```

```
    private String name;     // 用户姓名
    private String sex;      // 性别
    private Date birthday;   // 生日
    private String address;  // 地址
}
```

此处省略 set/get 方法。

在 com.vincent.javaweb.mapper 包下创建 Mapper 映射接口，代码如下：

```
@Mapper
public interface UserInfoMapper {
    @Select("select * from t_user_info where id = #{id}")
    public UserInfo queryUserById(Integer id);
    @Select("<script>select * from t_user_info where 1 = 1 <if test='name !=
null'> and name like concat('%',#{name},'%')</if></script>")
    @Results({
            @Result(id = true, column = "id", property = "id"),
            @Result(column = "name", property = "name"),
            @Result(column = "sex", property = "sex"),
            @Result(column = "birthday", property = "birthday"),
            @Result(column = "address", property = "address")
    })
    public List<UserInfo> queryUserAndRoleByName(String name);
}
```

至此，基本的整合已经完成。

13.8.4　Mapper 接口方式的开发整合

Mapper 接口方式比较简单，直接将 Mapper 当作 Bean 操作，代码如下：

```
@Test
public void testMapper() {
    ApplicationContext context = new
AnnotationConfigApplicationContext(SpringConfig.class);
    UserInfoMapper mapper = context.getBean(UserInfoMapper.class);
    UserInfo userInfo = mapper.queryUserById(2);
    System.out.println(userInfo);
}
```

13.8.5　传统 DAO 方式的开发整合

在 com.vincent.javaweb.service 包下创建 IUserService 接口，然后在 impl 包下创建其实现类 UserServiceImpl，代码如下：

```
@Service
public class UserServiceImpl implements IUserService {
    @Autowired
    private UserInfoMapper userMapper;
    @Override
    public UserInfo queryUserById(Integer id) {
        return userMapper.queryUserById(id);
    }
    @Override
```

```
    public List<UserInfo> queryUserAndRoleByName(String name) {
        return queryUserAndRoleByName(name);
    }
}
```

Java 测试代码如下：

```
@Test
public void testDao() {
    ApplicationContext context = new
AnnotationConfigApplicationContext(SpringConfig.class);
    IUserService service = context.getBean(IUserService.class);
    UserInfo userInfo = service.queryUserById(2);
    System.out.println(userInfo);
}
```

13.9 实践与练习

通过 MyBatis 模拟一个添加订单的应用场景。

- 业务：一个新用户添加了一个新的订单，这两个表主键 id 都是自增的。
- 条件：用户表和订单表，主键 id 都是自增的。
- 分析：首先要给用户表添加一个新用户，添加成功后查询该用户的 ID，然后执行订单添加操作。

由下表：

```
create table store (
  id int primary key auto_increment,
  shop owner varchar(32) comment "店主姓名",
  id_number varchar(18) comment "身份证号",
  name varchar(100) comment "店铺名称",
  industry varchar(100) comment "行业分类",
  area varchar(200) comment "店铺区域",
  phone varchar(11) comment "手机号码",
  status int default 0 comment "审核状态。 0：待审核  1：审核通过  2：审核失败 3：重
新审核 ",
  audit time datetime comment "审核时间"
);
insert into store values (null,"张三丰","441322199309273014","张三丰包子铺","美
食","北京市海淀区","18933283299","0","2017-12-08 12:35:30");
insert into store values (null,"令狐冲","441322199009102104","华冲手机维修","电
子维修","北京市昌平区","18933283299","1","2019-01-020 20:20:00");
insert into store values (null,"赵敏","441322199610205317","托尼美容美发","美容
美发","北京市朝阳区","18933283299","2","2020-08-08 10:00:30");
```

完成增、删、改、查操作。

在 StoreMapper 接口中声明 List<Store> findCondition(Store store)方法来动态地根据不同条件查询数据。

完成 MyBatis 和 Spring 的整合，并用配置 XML 的方式实现整合过程。

第 14 章

Spring MVC 技术

Spring MVC 是 Spring 提供的一个基于 MVC 设计模式的轻量级 Web 开发框架，本质上相当于 Servlet。Spring MVC 角色划分清晰，分工明细。Spring MVC 本身就是 Spring 框架的一部分，可以说和 Spring 框架是无缝集成的，性能方面具有先天的优势，是当今业界主流、热门的 Web 开发框架。

一个好的框架要减轻开发者处理复杂问题的负担，内部有良好的扩展，并且有一个支持它的强大的用户群体，恰恰 Spring MVC 都做到了。

14.1 Spring MVC 概述

14.1.1 关于三层架构和 MVC

1. 三层架构

在第 1 章介绍过，开发架构一般都是基于两种形式：一种是 C/S 架构，也就是客户端/服务器；另一种是 B/S 架构，也就是浏览器/服务器。在 Java Web 开发中，几乎都是基于 B/S 架构开发的。在 B/S 架构中，系统标准的三层架构包括：表现层、业务层和持久层。

- 表现层：也就是 Web 层。负责接收客户端请求，向客户端响应结果。表现层的设计一般都使用 MVC 模型。
- 业务层：也就是 Service 层。负责业务逻辑处理，和开发项目的需求息息相关。Web 层依赖业务层，但是业务层不依赖 Web 层。
- 持久层：也就是 DAO 层。是数据库的主要操控系统，实现数据的增加、删除、修改、查询等操作，并将操作结果反馈到业务逻辑层。

2. MVC 模型

MVC（Model View Controller，模型－视图－控制器）是一种用于设计创建 Web 应用程序表现层的模式。

- Model: 通常指的是数据模型。一般用于封装数据。
- View: 通常指的是 JSP 或者 HTML。一般用于展示数据。通常视图是依据模型数据创建的。
- Controller: 是应用程序中处理用户交互的部分。一般用于处理程序逻辑。

14.1.2 Spring MVC 概述

Spring MVC 是一个基于 Java 语言的、实现了 MVC 设计模式的请求驱动类型的轻量级 Web 框架，通过把 Model、View、Controller 分离，将 Web 层进行职责解耦，把复杂的 Web 应用分成逻辑清晰的几部分，以简化开发，减少出错，方便组内开发人员之间的配合。

14.1.3 Spring MVC 的请求流程

Spring MVC 的执行流程如图 14.1 所示。

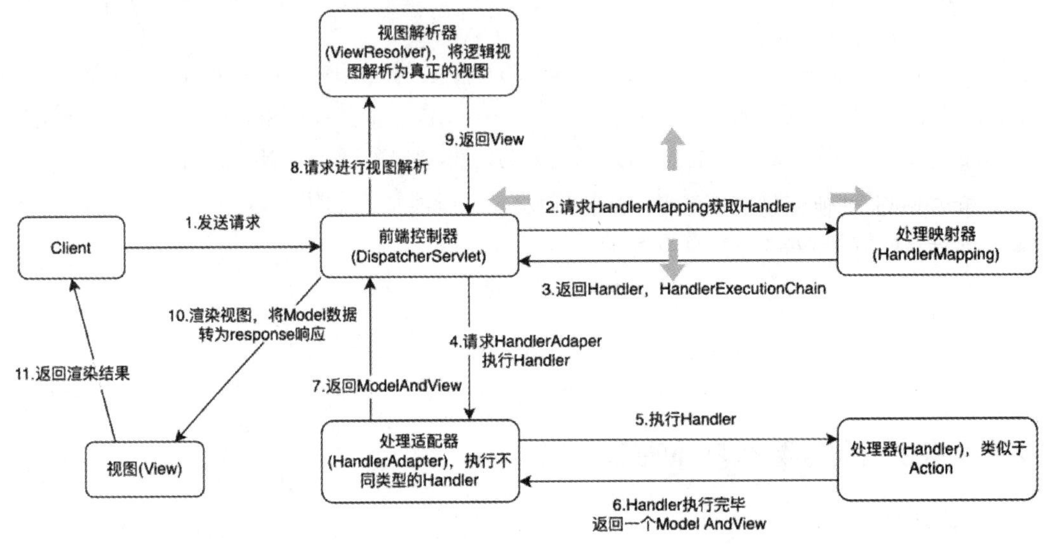

图 14.1　Spring MVC 的执行流程

Spring MVC 的执行流程具体说明如下：

用户通过浏览器发起一个 HTTP 请求，该请求会被 DispatcherServlet（前端控制器）拦截。

DispatcherServlet 调用 HandlerMapping（处理映射器）找到具体的处理器（Handler），生成处理对象及处理拦截器（如果有则生成）一并返回前端控制器。

处理映射器 HandlerMapping 返回 Handler（抽象），以 HandlerExecutionChain 执行链的形式返回给 DispatcherServlet。

DispatcherServlet 将执行链返回的 Handler 信息发送给 HandlerAdapter（处理适配器）。

HandlerAdapter 根据 Handler 信息找到并执行相应的 Handler（Controller 控制器）对请求进行处理。

Handler 执行完毕后会返回给 HandlerAdapter 一个 ModelAndView 对象（Spring MVC 的底层对象，包括 Model 数据模型和 View 视图信息）。

HandlerAdapter 接收到 ModelAndView 对象后，将其返回给 DispatcherServlet。

DispatcherServlet 接收到 ModelAndView 对象后，会请求 ViewResolver（视图解析器）对视图进行解析。

ViewResolver 解析完成后，会将 View（视图）返回给 DispatcherServlet。

DispatcherServlet 接收到具体的 View（视图）后，进行视图渲染，将 Model 中的模型数据填充到 View（视图）中的 request 域，生成最终的 View（视图）。

View（视图）负责将结果显示到浏览器（客户端）。

14.1.4 Spring MVC 的优势

Spring MVC 有以下优势：

- 清晰的角色划分：前端控制器（DispatcherServlet）、处理映射器（HandlerMapping）、处理适配器（HandlerAdapter）、视图解析器（ViewResolver）、处理器或页面控制器（Controller）、验证器（Validator）、命令对象（Command 请求参数绑定到的对象就叫命令对象）、表单对象（Form Object 提供给表单展示和提交到的对象就叫表单对象）。
- 分工明确，而且扩展点相当灵活，很容易扩展，虽然几乎不需要。
- 由于命令对象就是一个 POJO，因此无须继承框架特定 API，可以使用命令对象直接作为业务对象。
- 和 Spring 其他框架无缝集成，是其他 Web 框架所不具备的。
- 可适配，通过 HandlerAdapter 可以支持任意的类作为处理器。
- 可定制性，HandlerMapping、ViewResolver 等能够非常简单地定制。
- 功能强大的数据验证、格式化、绑定机制。
- 利用 Spring 提供的 Mock 对象能够非常简单地进行 Web 层单元测试。
- 对本地化、主题的解析的支持，更容易进行国际化和主题的切换。
- 强大的 JSP 标签库，使 JSP 编写更容易。

14.2 第一个 Spring MVC 应用

由于笔者使用了 Tomcat 10、JDK 18.0.0.1，Spring MVC 5.x 版本目前不支持 Tomcat 10，这里有两个办法处理：一是降低 Tomcat 和 JDK 版本；二是升级 Spring MVC 版本，这里笔者选择使用 Spring MVC 6.0.0-M5。

选择相应的版本下载压缩包并解压即可。

14.2.1 创建项目并引入 JAR 包

首先创建项目，添加 Web 框架，然后创建 classes、lib 目录，项目结构如图 14.2 所示。

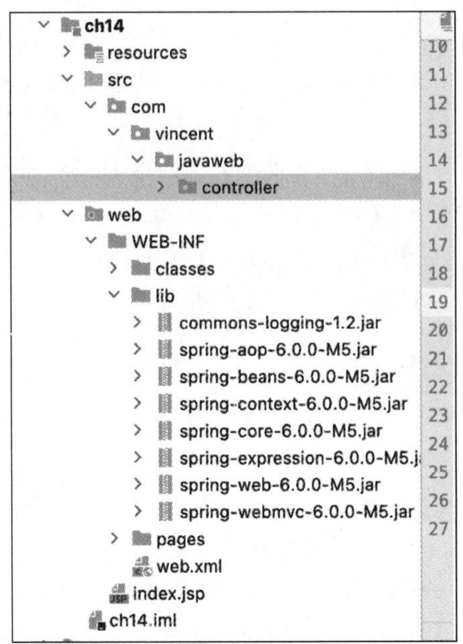

图 14.2 Spring MVC 项目结构和 JAR 包

14.2.2 配置前端控制器

Spring MVC 是基于 Servlet 的，DispatcherServlet 是整个 Spring MVC 框架的核心，主要负责截获请求并将其分派给相应的处理器处理。跟所有的 Servlet 一样，DispatcherServlet 也需要在 web.xml 中进行配置，它才能够正常工作，示例代码如下：

```
    <?xml version="1.0" encoding="UTF-8"?>
    <web-app xmlns="https://jakarta.ee/xml/ns/jakartaee"
             xmlns:xsi="http://www.w3.org/2001/XMLSchema-instance"
             xsi:schemaLocation="https://jakarta.ee/xml/ns/jakartaee
https://jakarta.ee/xml/ns/jakartaee/web-app_5_0.xsd"
             version="5.0">
        <!--springmvc 的核心控制器-->
        <servlet>
            <servlet-name>DispatcherServlet</servlet-name>

<servlet-class>org.springframework.web.servlet.DispatcherServlet</servlet-class
>
            <!--配置 DispatcherServlet 的一个初始化参数：Spring MVC 配置文件的位置和名称
-->
            <init-param>
                <param-name>contextConfigLocation</param-name>
                <param-value>classpath*:springmvc-config.xml</param-value>
            </init-param>
            <!-- 作为框架的核心组件，在启动过程中有大量的初始化操作要做，而这些操作放在第一次请
求时执行会严重影响访问速度，因此需要通过此标签将启动控制 DispatcherServlet 的初始化时间提前到
服务器启动时 -->
            <load-on-startup>1</load-on-startup>
        </servlet>
        <servlet-mapping>
```

```
        <servlet-name>DispatcherServlet</servlet-name>
        <url-pattern>/</url-pattern>
    </servlet-mapping>
</web-app>
```

默认情况下，所有的 Servlet（包括 DispatcherServlet）都是在第一次调用时才会被加载。这种机制虽然能在一定程度上降低项目启动的时间，但却增加了用户第一次访问所需的时间，给用户带来不佳的体验。因此，在 web.xml 中配置<load-on-startup>标签对 Spring MVC 前端控制器 DispatcherServlet 的初始化时间进行了设置，让它在项目启动时就完成了加载。

load-on-startup 元素取值规则如下：

- 它的取值必须是一个整数。
- 当值小于 0 或者没有指定时，表示容器在该 Servlet 首次被请求时才会被加载。
- 当值大于 0 或等于 0 时，表示容器在启动时就加载并初始化该 Servlet，取值越小，优先级越高。
- 当取值相同时，容器会自行选择顺序进行加载。

此外，通过<servlet-mapping>将 DispatcherServlet 映射到“/”，表示 DispatcherServlet 需要截获并处理该项目的所有 URL 请求（以.jsp 为后缀的请求除外）。

14.2.3 创建 Spring MVC 配置文件，配置控制器映射信息

在 resources 目录下创建名为 springmvc-config.xml 的配置文件，内容如下：

```
<?xml version="1.0" encoding="UTF-8"?>
<beans xmlns="http://www.springframework.org/schema/beans"
      xmlns:xsi="http://www.w3.org/2001/XMLSchema-instance"
      xmlns:context="http://www.springframework.org/schema/context"
      xmlns:mvc="http://www.springframework.org/schema/mvc"
      xsi:schemaLocation="http://www.springframework.org/schema/beans
      http://www.springframework.org/schema/beans/spring-beans.xsd
      http://www.springframework.org/schema/mvc
      http://www.springframework.org/schema/mvc/spring-mvc.xsd
      http://www.springframework.org/schema/context
      http://www.springframework.org/schema/context/spring-context.xsd">
    <!-- 配置 Spring 创建容器时要扫描的包 -->
    <context:component-scan base-package="com.vincent.javaweb" />
    <!-- 配置视图解析器 -->
    <bean id="internalResourceViewResolver"
class="org.springframework.web.servlet.view.InternalResourceViewResolver">
        <!-- 文件所在的目录 -->
        <property name="prefix" value="/WEB-INF/pages/" />
        <!-- 文件的后缀名 -->
        <property name="suffix" value=".jsp" />
    </bean>
    <!-- 配置 spring 开启注解 mvc 的支持 -->
    <mvc:annotation-driven />
</beans>
```

在上面的配置中定义了一个类型为 InternalResourceViewResolver 的 Bean，这就是视图解析器。

通过它可以对视图的编码、视图前缀、视图后缀等进行配置。

14.2.4 创建 Controller 类

DispatcherServlet 会拦截用户发送来的所有请求进行统一处理，但不同的请求有着不同的处理过程，例如登录请求和注册请求就分别对应着登录过程和注册过程，因此需要 Controller 来对不同的请求进行不同的处理。在 Spring MVC 中，普通的 Java 类只要标注了@Controller 注解，就会被 Spring MVC 识别成 Controller。Controller 类中的每一个处理请求的方法被称为“控制器方法”。控制器方法在处理完请求后，通常会返回一个字符串类型的逻辑视图名，Spring MVC 需要借助 ViewResolver（视图解析器）将这个逻辑视图名解析为真正的视图，最终响应给客户端展示。

示例代码如下：

```
@Controller
public class HelloController {
    @RequestMapping("/register")
    public String register() {
        System.out.println("====HelloController.register is running...");
        //视图名，视图为：视图前缀+hello+视图后缀，即 /WEB-INF/pages/register.jsp
        return "register";
    }
    @RequestMapping("/login")
    public String login() {
        System.out.println("====HelloController.login is running...");
        //视图名，视图为：视图前缀+hello+视图后缀，即 /WEB-INF/pages/hello.jsp
        return "login";
    }
}
```

在以上代码中，除了@Controller 注解外，还在方法上使用了@RequestMapping 注解，它的作用是将请求和处理请求的控制器方法关联映射起来，建立映射关系。Spring MVC 的 DispatcherServelt 在拦截到指定的请求后，就会根据这个映射关系将请求分发给指定的控制器方法进行处理。

14.2.5 创建视图页面

根据 Spring MVC 配置文件中关于 InternalResourceViewResolver 视图解析器的配置可知，所有的视图文件都应该存放在 /WEB-INF/pages 目录下且文件名必须以.jsp 结尾。

在/WEB-INF/pages 目录下创建 register.jsp，代码如下：

```
<%@ page contentType="text/html;charset=UTF-8" language="java" %>
<html>
<head>
    <title>Title</title>
</head>
<body>
    <h3>欢迎来到注册页面</h3>
    <li><a href="index.jsp">跳转首页</a></li>
    <li><a href="login">跳转登录页面</a></li>
</body>
</html>
```

在/WEB-INF/pages 目录下创建 login.jsp，代码如下：

```
<%@ page contentType="text/html;charset=UTF-8" language="java" %>
<html>
<head>
    <title>Title</title>
</head>
<body>
    <h3>欢迎来到登录页面</h3>
    <li><a href="index.jsp">跳转首页</a></li>
    <li><a href="register">跳转注册页面</a></li>
</body>
</html>
```

修改 index.jsp，在 body 中添加代码如下：

```
<h3>Spring MVC 入门示例</h3>
<a href="register">注册</a> | <a href="login">登录</a>
```

14.2.6　启动项目，测试应用

在 Tomcat 中部署项目，启动 Tomcat，首先出现“Spring MVC 入门示例”，单击“注册”按钮，会跳转到注册页面，单击“登录”按钮，会跳转到登录页面，如图 14.3~图 14.5 所示。

图 14.3　Spring MVC 入门首页

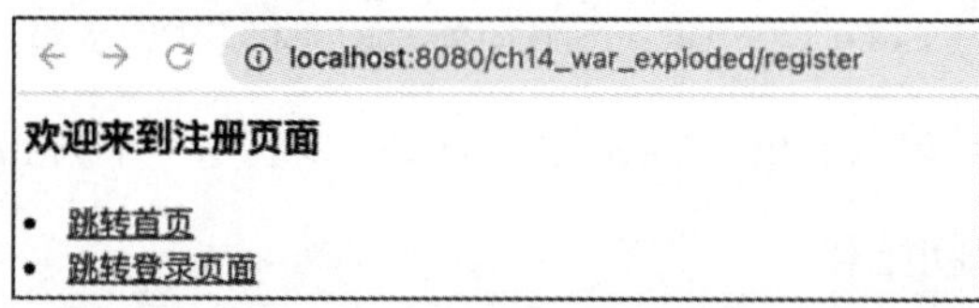

图 14.4　Spring MVC 入门注册页面

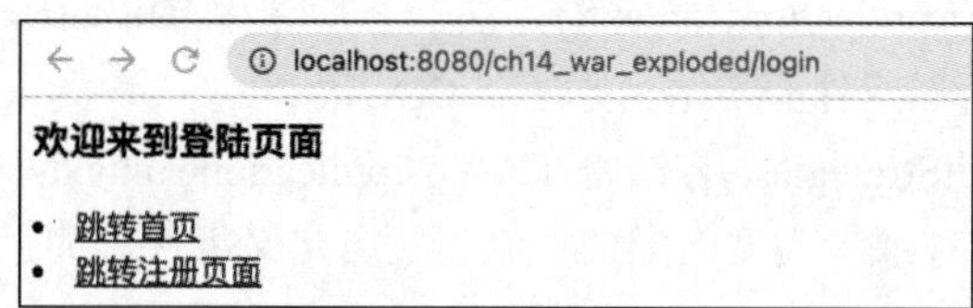

图 14.5　Spring MVC 入门登录页面

以上就是简单的 Spring MVC 入门示例，通过以上步骤，即可完成简单的首页、登录、注册页面的跳转。

14.3 Spring MVC 的注解

14.3.1 DispatcherServlet

在 IDEA 中，打开 DispatcherServlet 类，右击选择 Diagrams→Show Diagram，可以查看 DispatcherServlet 继承的类和实现的接口，如图 14.6 所示。

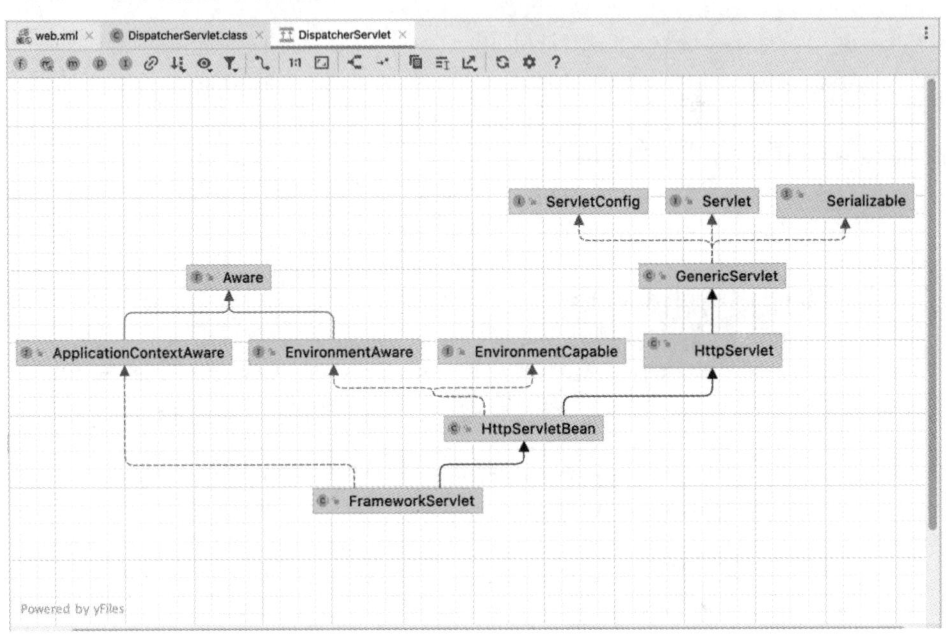

图 14.6 DispatcherServlet 继承的类和实现的接口

从图 14.6 中的继承关系可以看出，DispatcherServlet 本质是一个 HttpServlet。

1. DispatcherServlet 初始化

Web 容器启动时将调用 HttpServletBean 的 init()方法，然后调用 FrameworkServlet 的 initServletBean()和 initWebApplicationContext()方法，之后调用 DispatcherServlet 的 onRefresh()、initStrategies()以及各种解析器组件的初始化方法 initXXX()。

DispatcherServlet 的 initStrategies()方法将在 WebApplicationContext 初始化后自动执行，自动扫描上下文的 Bean，根据名称或者类型匹配的机制查找自定义组件，如果没有找到，则会装配一套 Spring 的默认组件。在 org.springframework.web.servlet 路径下有一个 DispatcherServlet.properties 配置文件，该文件指定了 DispatcherServlet 所使用的默认组件。

DispatcherServlet 启动时会对 Web 层 Bean 的配置进行检查，如 HandlerMapping、HandlerAdapter 等，如果没有配置，则会提供默认配置。

整个 DispatcherServlet 初始化的过程主要做了如下两件事情：

（1）初始化 Spring Web MVC 使用的 Web 上下文（ContextLoaderListener 加载了根上下文）。

（2）初始化 DispatcherServlet 使用的策略，如 HandlerMapping、HandlerAdapter 等。

2. DispatcherServlet 处理流程

在配置好 DispatcherServlet 之后，当请求交由该 DispatcherServlet 处理时，其处理流程如下：

（1）构造 WebApplicationContext 作为属性绑定到请求上以备控制器和其他元素使用。绑定的默认 key 为 DispatcherServlet.WEB_APPLICATION_CONTEXT_ATTRIBUTE。

（2）绑定地区解析器到请求上以备解析地区时使用，比如生成视图和准备数据时等。如果不需要解析地区，则无须使用。

（3）绑定主题解析器到请求上以备视图等元素加载主题时使用。

（4）如果配置了文件流解析器，则会检测请求中是否包含文件流，如果包含，则请求会被包装为 MultipartHttpServletRequest 供其他元素做进一步处理。

（5）搜索合适的处理器处理请求。若找到的话，则与该处理器相关联的执行链（前拦截器、后拦截器、控制器等）会被执行以准备模型数据或生成视图。

（6）如果返回了模型对象，下一步就会进行视图的渲染。如果没有任何模型对象返回，例如因为安全的原因被前拦截器或后拦截器拦截了请求，那么就没有视图会生成，因为该请求已经结束了。

14.3.2　@Controller 注解类型

@Controller 注解可以将一个普通的 Java 类标识成控制器（Controller）类。Spring 中提供了基于注解的 Controller 定义方式：@Controller 和@RestController 注解。基于注解的 Controller 定义不需要继承或者实现接口，用户可以自由地定义接口签名。以下为 Spring Controller 定义的示例：

```
@Controller
public class HelloController {
}
```

@Controller 注解继承了 Spring 的@Component 注解，会把对应的类声明为 Spring 对应的 Bean，并且可以被 Web 组件管理。@RestController 注解是@Controller 和@ResponseBody 的组合，@ResponseBody 表示函数的返回不需要渲染为 View，应该直接作为 Response 的内容写回客户端。

Spring MVC 是通过组件扫描机制查找应用中的控制器类的，为了保证控制器能够被 Spring MVC 扫描到，需要在 Spring MVC 的配置文件中使用<context:component-scan/>标签，指定控制器类的基本包（请确保所有控制器类都在基本包及其子包下）。示例代码如下：

```
<!-- 使用扫描机制扫描控制器类，控制器类都在 net.biancheng.controller 包及其子包下 -->
<context:component-scan base-package="com.vincent.javaweb.controller" />
```

14.3.3　@RequestMapping 注解类型

Spring MVC 的前端控制器（DispatcherServlet）拦截到用户发来的请求后，会通过@RequestMapping 注解提供的映射信息找到对应的控制器方法，对这个请求进行处理。

@RequestMapping 既可以标注在控制器类上，也可以标注在控制器方法上。

1. 修饰方法

当@RequestMapping 注解被标注在方法上时，value 属性值就表示访问该方法的 URL 地址。当用户发送过来的请求想要访问该 Controller 下的控制器方法时，请求路径就必须与这个 value 值相同。示例代码如下：

```
@Controller
public class HelloController {
    @RequestMapping("/login")
    public String login() {
        System.out.println("====HelloController.login is running...");
        //视图名，视图为：视图前缀+hello+视图后缀，即/WEB-INF/pages/hello.jsp
        return "login";
    }
}
```

2. 修饰类

当@RequestMapping 注解标注在控制器类上时，value 属性的取值就是这个控制器类中的所有控制器方法 URL 地址的父路径。访问这个 Controller 下的任意控制器方法都需要带上这个父路径。

```
@Controller
@RequestMapping(value = "/springmvc")
public class DecorateClassController {
    @RequestMapping("/register")
    public String register() {
        System.out.println("====DecorateClassController.register is
running...");
        //视图名，视图为：视图前缀+hello+视图后缀，即 /WEB-INF/pages/register.jsp
        return "register";
    }
}
```

在这个控制类中，用户想要访问 DecorateClassController 中的 register()方法，请求的地址就必须带上父路径“/springmvc”，即请求地址必须为“/springmvc/register”。

14.3.4 ViewResolver（视图解析器）

Spring MVC 用于处理视图的两个重要的接口是 ViewResolver 和 View。ViewResolver 的主要作用是把一个逻辑上的视图名称解析为一个真正的视图，Spring MVC 中用于把 View 对象呈现给客户端的是 View 对象本身，而 ViewResolver 只是把逻辑视图名称解析为对象的 View 对象。View 接口主要用于处理视图，然后返回给客户端。

1. View

View 就是用来渲染页面的，它的目的是将程序返回的数据（Model 数据）填入页面中，最终生成 HTML、JSP、Excel 表单、Word 文档、PDF 文档以及 JSON 数据等形式的文件，并展示给用户。为了简化视图的开发，Spring MVC 提供了许多已经开发好的视图，这些视图都是 View 接口的实现类。

表 14.1 列举了几个常用的视图。

表14.1 Spring MVC 常用的视图

实现类	说明
ThymeleafView	Thymeleaf 视图。当项目中使用 Thymeleaf 视图技术时，就需要使用该视图类
InternalResourceView	转发视图，通过它可以实现请求的转发和跳转。它也是 JSP 视图
RedirectView	重定向视图，通过它可以实现请求的重定向和跳转
FreeMarkerView	FreeMarker 视图
MappingJackson2JsonView	JSON 视图
AbstractPdfView	PDF 视图

在 Spring MVC 中，视图可以划分为逻辑视图和非逻辑视图。逻辑视图最大的特点是，其控制器方法返回的 ModelAndView 中的 view 可以不是一个真正的视图对象，而是一个字符串类型的逻辑视图名。对于逻辑视图而言，它需要一个视图解析器（ViewResolver）进行解析，才能得到真正的物理视图对象。非逻辑视图与逻辑视图完全相反，其控制方法返回的是一个真正的视图对象，而不是逻辑视图名，因此这种视图是不需要视图解析器解析的，只需要直接将视图模型渲染出来即可，例如 MappingJackson2JsonView 就是这样的情况。

2. ViewResolver

Spring MVC 提供了一个视图解析器的接口 ViewResolver，所有具体的视图解析器必须实现该接口。

```
public interface ViewResolver {
    @Nullable
    View resolveViewName(String viewName, Locale locale) throws Exception;
}
```

Spring MVC 提供了很多 ViewResolver 接口的实现类，它们中的每一个都对应 Java Web 应用中的某些特定视图技术。在使用某个特定的视图解析器时，需要将它以 Bean 组件的形式注入 Spring MVC 容器中，否则 Spring MVC 会使用默认的 InternalResourceViewResolver 进行解析。

表 14.2 列举了几个常用的视图解析器。

表14.2 Spring MVC常用的ViewResolver

视图解析器	说明
BeanNameViewResolver	将视图解析后，映射成一个 Bean，视图的名称就是 Bean 的 id
InternalResourceViewResolver	将视图解析后，映射成一个资源文件
FreeMarkerViewResolver	将视图解析后，映射成一个 FreeMarker 模板文件
ThymeleafViewResolver	将视图解析后，映射成一个 Thymeleaf 模板文件

14.4 Spring MVC 数据绑定

在数据绑定过程中，Spring MVC 框架会通过数据绑定组件（DataBinder）将请求参数串的内容进行类型转换，然后将转换后的值赋给控制器类中方法的形参。这样后台方式就可以正确绑定并获取客户端请求携带的参数。

具体信息处理过程如下：

（1）Spring MVC 将 ServletRequest 对象传递给 DataBinder。

（2）将处理方法的入参对象传递给 DataBinder。

（3）DataBinder 调用 ConversionService 组件进行数据类型转换、数据格式化等工作，并将 ServletRequest 对象中的消息填充到参数对象中。

（4）调用 Validator 组件对已经绑定了请求消息数据的参数对象进行数据合法性校验。

（5）校验完成后会生成数据绑定结果 BindingResult 对象，Spring MVC 会将 BindingResult 对象中的内容赋给处理方法的相应参数。

14.4.1 绑定默认数据类型

当前端请求的参数比较简单时，可以直接使用 Spring MVC 提供的默认参数类型进行数据绑定。常用的默认参数类型如下：

- HttpServletRequest：通过 request 对象获取请求消息。
- HttpServletResponse：通过 response 对象处理响应信息。
- HttpSession：通过 session 对象得到已保存的对象。
- Model/ModelMap：Model 是一个接口，ModelMap 是一个接口实现，作用是将 Model 数据填充到 request 域。

绑定默认数据类型的示例代码如下：

```
@RequestMapping(value="/default")
public String defaultDataType(HttpServletRequest request) {
    //获取请求地址中的参数 id 的值
    String id = request.getParameter("id");
    System.out.println("defaultDataType.id=" + id);
    request.setAttribute("id", id);
    return "bind/default";
}
```

引用的 JSP 页面的代码如下：

```
<li><a href="default?id=1">绑定默认数据类型</a></li>
```

展示页面的代码（default.jsp）如下：

```
<body>
    绑定默认数据类型 id: ${id}
</body>
```

使用注解方式定义了一个控制器类，同时定义了方法的访问路径。在方法参数中使用了 HttpServletRequest 类型，并通过该对象的 getParameter()方法获取了指定的参数。

14.4.2 绑定简单数据类型

绑定简单数据类型指的是 Java 中几种基本数据类型的绑定，如 Int、String、Double 等类型。绑定简单数据类型的示例代码如下：

```
@RequestMapping(value="/simple")
public ModelAndView simpleDataType(@RequestParam(value = "id") Integer uid) {
    System.out.println("simpleDataType.id=" + uid);
    Map<String,Object> model = new HashMap<String,Object>();
    if (null != uid) {
        model.put("id", uid);
    }
    return new ModelAndView("bind/simple", model);
}
```

该方法只是将 HttpServletRequest 参数类型替换成了 Integer 类型。

展示页面的代码（simple.jsp）如下：

```
<body>
    绑定简单数据类型 id: ${id}
</body>
```

有时前端请求中参数名和后台控制器类方法中的形参名不一样，就会导致后台无法正确绑定并接收到前端请求的参数。为此，Spring MVC 提供了@RequestParam 注解来进行间接数据绑定。

@RequestParam 注解主要用于定义请求中的参数，在使用时可以指定它的 4 个属性：

- value：name 属性的别名，这里指入参的请求参数名字，例如 value="user_id"表示请求的参数中名字为 user_id 的参数的值将传入。如果只使用 value 属性，就可以省略 value 属性名。
- name：指定请求头绑定的名称。
- required：用于指定参数是否必需，默认是 true，表示请求中一定要有相应的参数。
- defaultValue：默认值，表示请求中没有同名参数时的默认值。

14.4.3　绑定 POJO 类型

在实际应用中，客户端请求可能会传递多个不同类型的参数数据，此时可以使用 POJO 类型进行数据绑定。POJO 类型的数据绑定是将所有关联的请求参数封装在一个 POJO（对象）中，然后在方法中直接使用该 POJO 作为形参来完成数据绑定。

首先定义 POJO 类，代码如下：

```
public class User {
    private String username;
    private String password;
    // 省略 setter/getter 方法
    @Override
    public String toString() {
        return "User {" +
                "username='" + username + '\'' +
                ", password='" + password + '\'' +
                '}';
    }
}
```

在 Controller 中定义方法，代码如下：

```
@RequestMapping(value="/entity")
public ModelAndView entityDataType(User user) {
```

```
    System.out.println("entityDataType.user=" + user);
    Map<String,Object> model = new HashMap<String,Object>();
    if (null != user) {
        model.put("user", user);
    }
    return new ModelAndView("bind/entity", model);
}
```

创建登录页面，代码如下：

```
<body>
    <form action="entity" method="post">
        username: <input id="username" name="username" type="text"><br>
        password: <input id="password" name="password" type="password"><br>
        <input type="submit" id="submit" value="登录">
    </form>
</body>
```

通过 JSP 页面代码调用 entity 请求，进入 Controller，绑定 POJO 类数据，传递到展示页面 entity.jsp，代码如下：

```
<body>
    绑定 POJO 类型：<br>
    username: ${user.username}<br>
    password: ${user.password}<br>
</body>
```

在使用 POJO 类型的数据绑定时，前端请求的参数名（本例中指 form 表单内各元素的 name 属性值）必须与要绑定的 POJO 类中的属性名一样。

14.4.4 绑定包装 POJO

所谓的包装 POJO，就是在一个 POJO 中包含另一个简单的 POJO。

创建 POJO 类 UserInfo，代码如下：

```
public class UserInfo {
    private Integer uid;
    private String tel;
    private String addr;
    // 省略 setter/getter 方法
    @Override
    public String toString() {
        return "UserInfo {" +
                "uid=" + uid +
                ", tel='" + tel + '\'' +
                ", addr='" + addr + '\'' +
                '}';
    }
}
```

改造 User 类，添加 UserInfo 属性，并提供 setter/getter 方法，代码如下：

```
public class User {
    private String username;
    private String password;
```

```
    private UserInfo userInfo;
    // 省略 setter/getter 方法
    @Override
    public String toString() {
        return "User {" +
                "username='" + username + '\'' +
                ", password='" + password + '\'' +
                '}';
    }
}
```

在 Controller 中定义方法，代码如下：

```
@RequestMapping(value="/packEntity")
public ModelAndView packEntityDataType(User user) {
    System.out.println("packEntityDataType.user=" + user);
    Map<String,Object> model = new HashMap<String,Object>();
    if (null != user) {
        model.put("user", user);
    }
    return new ModelAndView("bind/packEntity", model);
}
```

创建登录页面，代码如下：

```
<form action="packEntity" method="post">
    username: <input id="username" name="username" type="text"><br>
    password: <input id="password" name="password" type="password"><br>
    tel:      <input id="tel" name="userInfo.tel" type="text"><br>
    addr:     <input id="addr" name="userInfo.addr" type="text"><br>
    <input type="submit" id="submit" value="提交">
</form>
```

通过 JSP 页面代码调用 packEntity 请求，进入 Controller，绑定 POJO 类数据，传递到展示页面 packEntity.jsp，代码如下：

```
<body>
    绑定包装 POJO: <br>
    username: ${user.username}<br>
    password: ${user.password}<br>
    tel:${user.userInfo.tel}<br>
    addr:${user.userInfo.addr}<br>
</body>
```

在使用包装 POJO 类型的数据绑定时，前端请求的参数名编写必须符合以下两种情况：

（1）如果查询条件参数是包装类的直接基本属性，则参数名直接用对应的属性名。

（2）如果查询条件是包装类型中 POJO 的子属性，则参数名必须为[对象.属性]，其中[对象]要和包装 POJO 中的对象属性名称一致，[属性]要和包装 POJO 中的对象子属性一致。

14.4.5 绑定数组

前面讲了简单的参数绑定，但是在实际应用中并不能很好地满足业务需求，比如页面上有个列表，想做个批量的功能，这个时候就要使用数组或者集合来向后台传递参数。

示例代码如下：

```
@RequestMapping("/array")
@ResponseBody
public String arrayType(String[] names) {
    System.out.println(Arrays.toString(names));
    StringBuilder buffer = new StringBuilder();
    for (String str:names){
        buffer.append(str).append(",");
    }
    String result = buffer.substring(0,buffer.length() - 1).toString();
    System.out.println("========" + result);
    return "names:" + result;
}
```

引用 JSP 页面的代码如下：

```
<li>绑定数组</li>
<form action="array" method="post">
    <table>
        <tr>
            <td>选择</td>
            <td>用户名</td>
        </tr>
        <tr>
            <td><input name="names" value="Anie" type="checkbox"></td>
            <td>Anie</td>
        </tr>
        <tr>
            <td><input name="names" value="Jack" type="checkbox"></td>
            <td>Jack</td>
        </tr>
        <tr>
            <td><input name="names" value="Lucy" type="checkbox"></td>
            <td>Lucy</td>
        </tr>
    </table>
    <input type="submit" value="删除"/>
</form>
```

@ResponseBody 属性返回纯文本数据，页面输出数据请求结果。

14.4.6 绑定集合

绑定集合的方式很多，有 List、Set、Map 等，此处以 List 为例进行介绍，其他方式类似。先在 JSP 页面构建 List 数据，代码如下：

```
<li>绑定集合 List</li>
<form action="list" method="post">
    <table>
        <tr>
            <td>请选择</td><td>学期</td><td>代码</td><td>课程</td><td>学分</td>
        </tr>
        <tr>
            <td><input type="checkbox" name="courses[0].id" value="1" /></td>
            <td><input type="text" name="courses[0].term" value="2016-2017-1"
```

```
/></td>
            <td><input type="text" name="courses[0].cno" value="1H11137" /></td>
            <td><input type="text" name="courses[0].cname" value="程序设计基础 1"
/></td>
            <td><input type="text" name="courses[0].credit" value="2" /></td>
        </tr>
        <tr>
            <td><input type="checkbox" name="courses[1].id" value="2" /></td>
            <td><input type="text" name="courses[1].term"
value="2016-2017-2"></td>
            <td><input type="text" name="courses[1].cno" value="1H11145"></td>
            <td><input type="text" name="courses[1].cname" value="程序设计基础
2"></td>
            <td><input type="text" name="courses[1].credit" value="4"></td>
        </tr>
        <tr><td><input type="checkbox" name="courses[2].id" value="3" /></td>
            <td><input type="text" name="courses[2].term"
value="2017-2018-1"></td>
            <td><input type="text" name="courses[2].cno" value="1H10500"></td>
            <td><input type="text" name="courses[2].cname" value="面向对象程序设
计"></td>
            <td><input type="text" name="courses[2].credit" value="6"></td>
        </tr>
    </table>
    <input type="submit" value="确定"/>
</form>
```

在 Controller 中的程序处理逻辑，代码如下：

```
@RequestMapping(value = "/list", produces = "application/json;charset=UTF-8")
@ResponseBody
public String listType(CourseList courseList) {
    Integer credit = 0;
    List<Course> courses = courseList.getCourses();
    StringBuilder sb = new StringBuilder();
    for (Course course : courses) {
        if (course.getId() != null) {
            System.out.println(course);
            sb.append(course);
            sb.append("\n");
            credit += course.getCredit();
        }
    }
    sb.append("已选择课程总学分为:").append(credit);
    System.out.println(sb.toString());
    return sb.toString();
}
```

其中 produces = "application/json;charset=UTF-8"是处理中文乱码的方法。

两个 POJO 类的代码如下：

```
public class Course {
    private Integer id;
    private String term;
    private String cno;
    private String cname;
    private Integer credit;
}
```

```
    public class CourseList {
        private List<Course> courses;
    }
```

程序执行结果如图 14.7 所示。

```
Course{id=1, term='2016-2017-1', cno='1H11137', cname='程序设计基础1', credit=2}
Course{id=2, term='2016-2017-2', cno='1H11145', cname='程序设计基础2', credit=4}
Course{id=3, term='2017-2018-1', cno='1H10500', cname='面向对象程序设计', credit=6}
已选择课程总学分为:12
```

图 14.7　Spring MVC 绑定集合 List

14.5　JSON 数据交互和 RESTful 支持

14.5.1　JSON 数据转互

Spring MVC 在传递数据时，通常需要对数据的类型和格式进行转换。而这些数据不仅可以是常见的 String 类型，还可以是 JSON（JavaScript Object Notation，JS 对象标记）等其他类型。

JSON 是近些年一种比较流行的数据格式，它与 XML 相似，也是用来存储数据的，相较于 XML，JSON 数据占用的空间更小，解析速度更快。因此，使用 JSON 数据进行前后台的数据交互是一种十分常见的手段。

JSON 是一种轻量级的数据交互格式。与 XML 一样，JSON 也是一种基于纯文本的数据格式。JSON 不仅能够传递 String、Number、Boolean 等简单类型的数据，还可以传递数组、Object 对象等复杂类型的数据。

为了实现浏览器与控制器类之间的 JSON 数据交互，Spring MVC 提供了一个默认的 MappingJackson2HttpMessageConverter 类来处理 JSON 格式请求和响应。通过它既可以将 Java 对象转换为 JSON 数据，也可以将 JSON 数据转换为 Java 对象。

笔者这里以 FastJson 为例进行讲解，FastJson 采用独创的算法将 parse 的速度提升到极致，超过了所有 JSON 库。

1. 引入 JAR 包

FastJson 是阿里巴巴公司开发的开源项目，为了支持 Spring MVC 6.0 版本，这里 FastJson 使用了 2.0 版本，需要下载 fastjson2-2.0.12.jar 和 fastjson2-extension-2.0.12.jar。

下载好 JAR 包之后，将它引入项目中。

2. 配置 Spring MVC 核心配置文件

在 Spring MVC 配置文件 springmvc-config.xml 中，配置 FastJson，代码如下：

```
    <!-- 配置 Spring 开启注解 MVC 的支持 -->
    <mvc:annotation-driven>
        <!--配置@ResponseBody 由 FastJson 解析 -->
        <mvc:message-converters register-defaults="true">
            <bean
class="org.springframework.http.converter.StringHttpMessageConverter">
```

```
            <property name="defaultCharset" value="UTF-8" />
        </bean>
        <bean
class="com.alibaba.fastjson2.support.spring.http.converter.FastJsonHttpMessageC
onverter">
            <property name="supportedMediaTypes">
                <list>
                    <value>text/html;charset=UTF-8 </value>
                    <value>application/json</value>
                </list>
            </property>
        </bean>
    </mvc:message-converters>
</mvc:annotation-driven>
```

上面配置的 FastJsonHttpMessageConverter 实现了 JSON 和 Java 对象的转换，配置 Charset 是为了解决中文乱码。

3. 创建 Java 对象

笔者这里沿用了上面示例中的 User 对象，添加默认构造器和有参数的构造器。

4. 创建 Controller 控制器

创建 JsonController，添加 testJson()方法，代码如下：

```
@RequestMapping("/testJson")
@ResponseBody
public User testJson() {
    return new User("张三","zhangsan");
}
```

控制器类中 testJson()方法中的@RequestBody 注解用于直接返回 User 对象（当返回 POJO 对象时，默认转换为 JSON 格式的数据进行响应）。

通过上述 4 步，Spring MVC 完成了 JSON 数据的交互，并能直接实现 Java 对象和 JSON 数据转换，方便数据传输交互。

14.5.2 RESTful 的支持

REST 实际上是 Representational State Transfer 的缩写，翻译成中文就是表述性状态转移。

RESTful（REST 风格）是一种当前比较流行的互联网软件架构模式，它充分并正确地利用 HTTP 的特性，规定了一套统一的资源获取方式，以实现不同终端之间（客户端与服务端）的数据访问与交互。

一个满足 RESTful 的程序或设计应该满足以下条件和约束：

（1）对请求的 URL 进行规范，在 URL 中不会出现动词（都是使用名词），而使用动词都是以 HTTP 请求方式来表示的。

（2）充分利用 HTTP 方法，HTTP 方法名包括 GET、POST、PUT、PATCH、DELETE。

前面学习的都是以传统方式操作资源，对比传统方式和 RESTful 方式，区别如下。

1. 传统方式操作资源

通过不同的参数来实现不同的效果，方法单一，例如使用 POST 和 GET 请求。

- http://localhost:8080/item/queryItem.action?id=1：查询（对应 GET 请求）。
- http://localhost:8080/item/saveItem.action：新增（对应 POST 请求）。
- http://localhost:8080/item/queryItem.action?id=1：更新（对应 POST 请求）。
- http://localhost:8080/item/deleteItem.action?id=1：删除（对应 POST 或者 GET 请求）。

2. 使用 RESTful 操作资源

可以通过不同的请求方式来实现不同的效果，如下所示，请求地址一样，但功能可以不同。

- http://localhost:8080/item/1：查询（对应 GET 请求）。
- http://localhost:8080/item：新增（对应 POST 请求）。
- http://localhost:8080/item：更新（对应 PUT 请求）。
- http://localhost:8080/item/1：删除（对应 DELETE 请求）。

传统方式 Controller 示例代码如下：

```
@RequestMapping("/addNor")
public String addNor(int a, int b, Model model) {
    int result = a + b;
    // 封装数据：向模型中添加属性 msg 及其值，进行视图渲染
    model.addAttribute("msg","addNor 加法运算结果：" + a + "+" + b + "=" + result);
    // 返回视图逻辑名，交由视图解析器进行处理
    return "restful";
}
```

RESTful 方式 Controller 示例代码如下：

```
/**
 * 使用 RESTful 风格进行访问
 * 使用@RequestMapping 注解，设置请求映射的访问路径
 * 其真实访问路径为 http://localhost:8080/xxxx/add/a/b
 * 而使用默认方式的访问路径为 http://localhost:8080/xxxx/add?a=1&b=2
 */
@RequestMapping("/add/{a}/{b}")
// 使用@PathVariable 注解，让方法参数的值对应绑定到一个 URL 模板变量上
public String add(@PathVariable int a, @PathVariable int b, Model model) {
    int result = a + b;
    // 封装数据：向模型中添加属性 msg 与其值，进行视图渲染
    model.addAttribute("msg","add 加法运算结果：" + a + "+" + b + "=" + result);
    // 返回视图逻辑名，交由视图解析器进行处理
    return "restful";
}
```

请求访问 URL 格式的区别：

```
<h3>Spring MVC 对 RESTful 的支持</h3>
<li><a href="addNor?a=2&b=3">传统风格 add</a></li>
<li><a href="add/2/3">RESTful 风格 add</a></li>
```

RESTful 使用了路径变量，其好处如下：

（1）使路径变得更加简洁。

（2）获得参数更加方便，框架会自动进行类型转换。

（3）通过路径变量的类型可以约束访问参数，如果类型不一样，则访问不到对应的请求方法。

14.6 拦 截 器

Spring MVC的拦截器（Interceptor）可以对用户请求进行拦截，并在请求进入控制器（Controller）之前、控制器处理完请求后甚至是渲染视图后执行一些指定的操作。

在Spring MVC中，拦截器的作用与Servlet中的过滤器类似，它主要用于拦截用户请求并进行相应的处理，例如通过拦截器可以执行权限验证、记录请求信息日志、判断用户是否已登录等操作。

Spring MVC拦截器使用的是可插拔式设计，如果需要某个拦截器，只需在配置文件中启用该拦截器即可；如果不需要这个拦截器，则只要在配置文件中取消应用该拦截器即可。

14.6.1 拦截器的定义

在Spring MVC中，要使用拦截器，就需要对拦截器类进行定义和配置，通常拦截器类可以通过两种方式来定义：一种是通过实现HandleInterceptor接口，或者继承HandleInterceptor接口的实现类HandleInterceptorAdapter来定义。

其代码如下：

```
public class MyHandlerInterceptor implements HandlerInterceptor {
    @Override
    public boolean preHandle(HttpServletRequest request, HttpServletResponse
response, Object handler) throws Exception {
        System.out.println("=======MyHandlerInterceptor.preHandle =======");
        return true;
    }
    @Override
    public void postHandle(HttpServletRequest request, HttpServletResponse
response, Object handler, ModelAndView modelAndView) throws Exception {
        System.out.println("=======MyHandlerInterceptor.postHandle =======");
    }
    @Override
    public void afterCompletion(HttpServletRequest request,
HttpServletResponse response, Object handler, Exception ex) throws Exception {
        System.out.println("====MyHandlerInterceptor.afterCompletion ====");
    }
}
```

通过实现WebRequestInterceptor接口，或者继承WebRequestInterceptor接口的实现类来定义。

其代码如下：

```
public class MyWebRequestInterceptor implements WebRequestInterceptor {
    @Override
    public void preHandle(WebRequest request) throws Exception {
        System.out.println("======MyWebRequestInterceptor.preHandle ======");
    }
    @Override
```

```
    public void postHandle(WebRequest request, ModelMap model) throws Exception {
        System.out.println("=====MyWebRequestInterceptor.postHandle =====");
    }
    @Override
    public void afterCompletion(WebRequest request, Exception ex) throws
Exception {
        System.out.println("====MyWebRequestInterceptor.afterCompletion====");
    }
}
```

从以上代码可以看出，自定义的拦截器实现了接口中的 3 个方法。

1. preHandle()方法

该方法会在控制器方法前执行，其返回值表示是否中断后续操作。当返回值为 true 时，表示继续向下执行；当返回值为 false 时，会中断后续的所有操作（包括调用下一个拦截器和执行控制器类中的方法等）。

2. postHandle()方法

该方法会在控制器方法调用之后，解析视图之前执行。可以通过该方法对请求域中的模型和视图做出进一步的修改。

3. afterCompletion()方法

该方法会在整个请求完成（即视图渲染结束）之后执行。可以通过该方法实现资源清理、记录日志信息等工作。

14.6.2 拦截器的配置

在定义完拦截器后，还需要在 Spring MVC 的配置文件中使用<mvc:interceptors>标签及其子标签对拦截器进行配置，这样这个拦截器才会生效。

1. 通过<bean>子标签配置全局拦截器

可以在 Spring MVC 的配置文件中，通过<mvc:interceptors>标签及其子标签<bean>将自定义的拦截器配置成一个全局拦截器。该拦截器会对项目内所有的请求进行拦截。

其代码如下：

```
<!--配置拦截器-->
<mvc:interceptors>
    <!-- 使用 bean 直接定义在<mvc:interceptors>下面的 Interceptor 将拦截所有请求 -->
    <bean class="com.vincent.javaweb.interceptor.MyHandlerInterceptor" />
</mvc:interceptors>
```

2. 通过<ref>子标签配置全局拦截器

除了<bean>标签外，还可以在<mvc:interceptors>标签中通过子标签<ref>定义一个全局拦截器引用，对所有的请求进行拦截。

其代码如下：

```
    <bean id="interceptor2"
class="com.vincent.javaweb.interceptor.MyHandlerInterceptor2" />
    <!--配置拦截器-->
    <mvc:interceptors>
        <!--通过 ref 配置全局拦截器-->
        <ref bean="interceptor2"></ref>
    </mvc:interceptors>
```

<mvc:interceptors>标签的<ref>子标签不能单独使用，它需要与<bean>标签（<mvc:interceptors>标签内或<mvc:interceptors>标签外）或@Component 等注解配合使用，以保证<ref>标签配置的拦截器是 Spring IOC 容器中的组件。

3. 通过<mvc:interceptor>子标签对拦截路径进行配置

Spring MVC 的配置文件中还可以通过<mvc:interceptors>的子标签<mvc:interceptor>对拦截器拦截的请求路径进行配置。

其代码如下：

```
    <!--配置拦截器-->
    <mvc:interceptors>
        <mvc:interceptor>
            <!-- 配置拦截器作用的路径，/**表示拦截所有路径 -->
            <mvc:mapping path="/**"/>
            <!-- 配置不需要拦截器作用的路径，/admin 表示放行所有以/admin 结尾的路径 -->
            <mvc:exclude-mapping path="/login"/>
            <!-- 定义在<mvc:interceptor>下面的 Interceptor，表示对匹配路径的请求进行拦截
-->
            <bean
class="com.vincent.javaweb.interceptor.MyWebRequestInterceptor"/>
        </mvc:interceptor>
    </mvc:interceptors>
```

需要注意的是，在<mvc:interceptor>中，子元素必须按照上述代码的配置顺序进行编写，即以<mvc:mapping> → <mvc:exclude-mapping> → <bean>的顺序，否则就会报错。其次，以上这 3 种配置拦截器的方式，可以根据自身的需求以任意的组合方式进行配置，以实现在<mvc:interceptors>标签中定义多个拦截器的目的。

14.6.3　拦截器的执行流程

在运行程序时，拦截器的执行有一定的顺序，该顺序与配置文件中所定义的拦截器的顺序是相关的。拦截器的执行顺序有两种情况，即单个拦截器和多个拦截器的情况，单个拦截器和多个拦截器的执行顺序是不一样的，略有差别。

1. 单个拦截器的执行流程

当只定义了一个拦截器时，它的执行流程如图 14.8 所示。

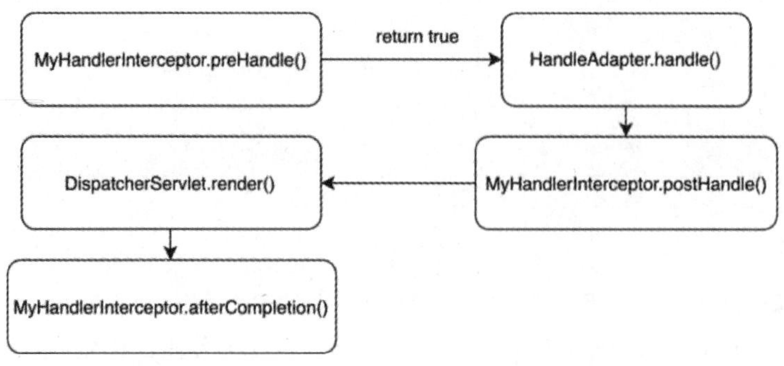

图 14.8 Spring MVC 单个拦截器的执行流程

单个拦截器的执行流程说明如下：

（1）当请求的路径与拦截器拦截的路径相匹配时，程序会先执行拦截器类（MyInterceptor）的 preHandle ()方法。若该方法返回值为 true，则继续向下执行 Controller（控制器）中的方法，否则将不再向下执行。

（2）控制器方法对请求进行处理。

（3）调用拦截器的 postHandle()方法，对请求域中的模型（Model）数据和视图做出进一步的修改。

（4）通过 DispatcherServlet 的 render()方法对视图进行渲染。

（5）调用拦截器的 afterCompletion()方法完成资源清理、日志记录等工作。

2. 多个拦截器的执行流程

在大型的企业级项目中，通常都不会只有一个拦截器，开发人员可能会定义许多不同的拦截器来实现不同的功能。在程序运行期间，拦截器的执行有一定的顺序，该顺序与拦截器在配置文件中定义的顺序有关。

假设一个项目中包含两个不同的拦截器：Interceptor1 和 Interceptor2，它们在配置文件中定义的顺序为 Interceptor1→Interceptor2。下面通过一个拦截器流程图来描述多个拦截器的执行流程，如图 14.9 所示。

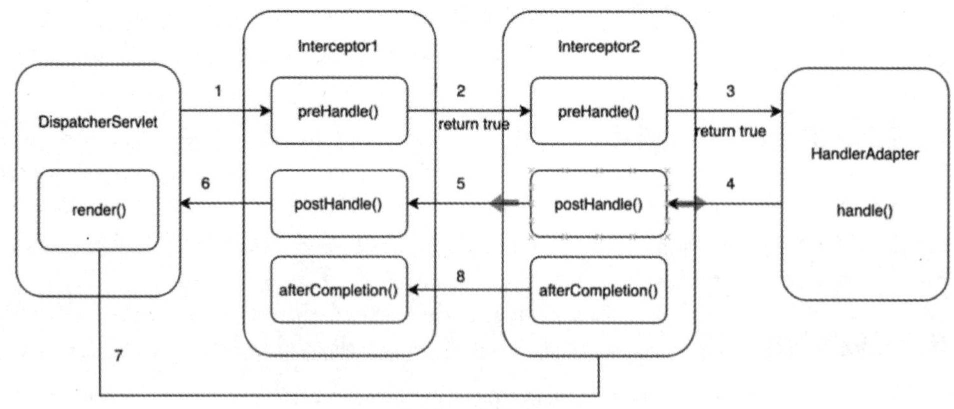

图 14.9 Spring MVC 多个拦截器的执行流程

从上面的执行流程图可以看出，当存在多个拦截器同时工作时，它们的 preHandle()方法会按照拦截器在配置文件中的配置顺序执行，但它们的 postHandle()和 afterCompletion()方法则会按照配置顺序的反序执行。

如果其中有拦截器的 preHandle()方法返回 false，各拦截器方法的执行情况如下：

（1）第一个 preHandle()方法返回 false 的拦截器以及它之前的拦截器的 preHandle()方法都会执行。

（2）所有拦截器的 postHandle()方法都不会执行。

（3）第一个 preHandle()方法返回 false 的拦截器之前的拦截器的 afterCompletion()方法都会执行。

14.7　实战——用户登录权限验证

本节通过 Spring MVC 拦截器（Interceptor）来实现一个用户登录权限验证的案例。

在本案例中，只有登录后的用户才能访问系统主页，若没有登录直接访问主页，则拦截器会将请求拦截并跳转到登录页面，同时在登录页面中给出提示信息。若用户登录时，用户名或密码错误，则登录页会显示相应的提示信息。已登录的用户在系统主页单击“退出登录”时，会跳转到登录页面，流程图如图 14.10 所示。

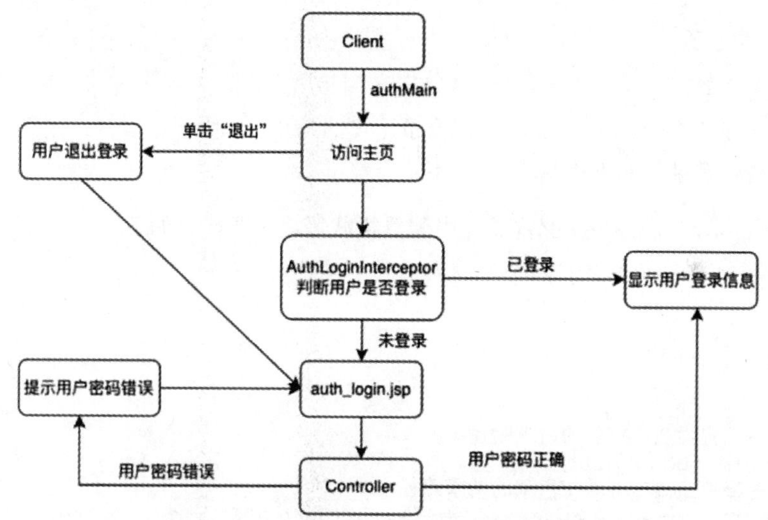

图 14.10　Spring MVC 用户登录权限验证的执行流程

具体实现用户登录权限验证的步骤如下：

（1）创建项目并配置 web.xml，本例沿用上一节的项目。

（2）创建用户登录实体对象 User，代码如下：

```
package com.vincent.javaweb.entity;

public class User {
    private Integer id;
    private String username;
    private String password;
    private UserInfo userInfo;
    // 省略 setter/getter 方法
```

```
    @Override
    public String toString() {
        return "User{" +
                "id=" + id +
                ", username='" + username + '\'' +
                ", password='" + password + '\'' +
                '}';
    }
}
```

（3）创建一个名为 AuthLoginInterceptor 的自定义登录拦截器类，代码如下：

```
public class AuthLoginInterceptor implements HandlerInterceptor {
    @Override
    public boolean preHandle(HttpServletRequest request, HttpServletResponse
response, Object handler) throws Exception {
        User loginUser = (User) request.getSession().getAttribute("loginUser");
        if (loginUser == null) {
            //未登录，返回登录页
            request.setAttribute("msg", "您没有权限进行此操作，请先登录！");
            request.getRequestDispatcher("/authToLogin").forward(request,
response);
            return false;
        }
        //System.out.println(loginUser.getUsername());
        return true;
    }
}
```

此处拦截用户是否登录，从 session 获取登录用户的信息，如果已经登录，则继续执行，否则跳转到登录页面（跳转登录页面不拦截）。

（4）在 springmvc-config.xml 配置文件中配置拦截器，主要代码如下：

```
<!-- view-name：设置请求地址所对应的视图名称-->
<mvc:view-controller path="/authMain" view-name="auth main"></mvc:view-controller>

<!-- 配置拦截器 -->
<mvc:interceptors>
    <mvc:interceptor>
        <!--配置拦截器拦截的请求路径-->
        <mvc:mapping path="/**"/>
        <!--配置拦截器不需要拦截的请求路径-->
        <mvc:exclude-mapping path="/authToLogin"/>
        <mvc:exclude-mapping path="/authLogin" />
        <!--定义在 <mvc:interceptors> 下，表示拦截器只对指定路径的请求进行拦截-->
        <bean class="com.vincent.javaweb.interceptor.AuthLoginInterceptor"></bean>
    </mvc:interceptor>
</mvc:interceptors>
```

配置项中的 view-controller 用于配置 action 对应的 JSP 页面。拦截器配置不拦截登录页面。

（5）接下来创建 Controller 类，代码如下：

```
@Controller
public class LoginController {
    @RequestMapping("authToLogin")
    public String authToLogin() {
        return "auth login";
    }
```

```
    @RequestMapping("/authLogin")
    public String login(HttpServletRequest request, User user) {
        System.out.println("controller:" + user);
        //验证用户名和密码
        if (user != null && "admin".equals(user.getPassword())
                && "admin".equals(user.getUsername())) {
            HttpSession session = request.getSession();
            //将用户信息放到 session 域中
            session.setAttribute("loginUser", user);
            return "redirect:/authMain";
        }
        //提示用户名或密码错误
        request.setAttribute("msg", "用户名或密码错误");
        return "auth login";
    }
    @RequestMapping("/authLogout")
    public String logout(User user, HttpServletRequest request) {
        //session 失效
        request.getSession().invalidate();
        return "auth login";
    }
}
```

（6）创建登录页面，笔者登录页面入口在 index.jsp，代码如下：

```
<h3><a href="authToLogin">Spring MVC 登录权限验证</a></h3>
<li><a href="authMain">访问主页</a></li>
```

（7）由 LoginController 可知，authToLogin 跳转到 auth_login.jsp，auth_login.jsp 代码如下：

```
<form action="authLogin" method="post">
    <table style="margin: auto">
        <tr>
            <td c:if="${not empty(msg)}" colspan="2"style="align-content:center">
                <p style="color: red;margin: auto">${msg}</p>
            </td>
        </tr>
        <tr>
            <td>用户名：</td>
            <td><input type="text" name="username" required><br></td>
        </tr>
        <tr>
            <td>密码：</td>
            <td><input type="password" name="password" required><br></td>
        </tr>
        <tr>
            <td colspan="2" style="align-content: center">
                <input type="submit" value="登录">
                <input type="reset" value="重置">
            </td>
        </tr>
    </table>
</form>
```

（8）由 Controller 的 login()方法可知，只有用户名和密码都是 admin，才能登录成功，登录成功之后跳转到 authMain()方法，在 springmvc-config.xml 中配置，然后 authMain()方法跳转到对应 auth_main.jsp。

（9）在 pages 目录下创建 auth_main.jsp，代码如下：

```
<body>
    <h1>欢迎您：${ sessionScope.loginUser.getUsername() }</h1>
    <a href="authLogout">退出登录</a>
</body>
```

（10）部署项目，启动 Tomcat，运行项目。

（11）跳转到登录页面，如图 14.11 所示。

图 14.11　Spring MVC 用户登录权限验证：登录页面

（12）用户名和密码都输入 admin，登录成功，如图 14.12 所示。

图 14.12　Spring MVC 用户登录权限验证：登录成功

直接访问主页，提示需要登录，如图 14.13 所示。

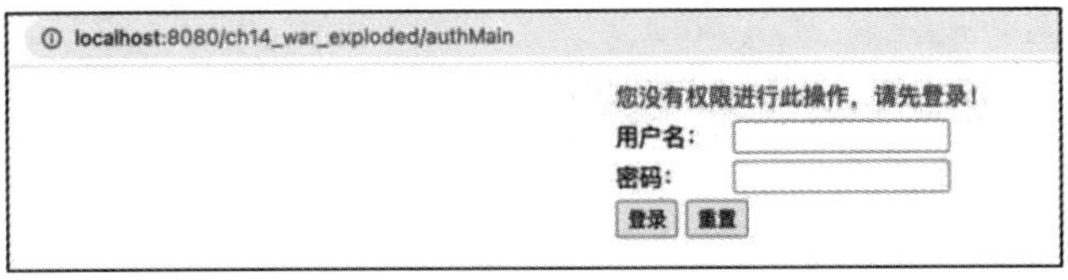

图 14.13　Spring MVC 用户登录权限验证：登录异常页面

同时还有登录错误和退出登录，读者可以自行测试。

14.8　实践与练习

1. 结合 Spring MVC 入门案例步骤，重构 Servlet 登录的案例，改为 Spring MVC 和 MyBatis 实现用户注册、登录功能。

2. 结合 Spring MVC 构建一个图书书城，书城显示图书的基本信息和图书分类信息，单击进入可以查看数据详细信息。

3. 在未登录状态可以查看书城的信息，书城有增、删、改、查功能，但使用增、删、改、查功能需要登录（此处需要用到拦截器）。

4. 增加书籍收藏功能，并展示用户收藏的书籍列表。

第 15 章

Maven 入门

在进入 SSM 整合之前，笔者先简单介绍一下 Maven，Maven 是一种快速构建项目的小工具，它可以解决项目中手动导入包造成的版本不一致、找包困难等问题，同时通过 Maven 创建的项目都有固定的目录格式，使得约定优于配置，通过固定的目录格式快速掌握项目。

15.1 Maven 的目录结构

首先选择要使用的 Maven 版本，笔者这里选择 apache-maven-3.8.6-bin.zip，下载并解压缩，得到目录 apache-maven-3.8.6，进入该目录，目录结构如图 15.1 所示。

名称	修改日期	大小	种类
bin	2022年6月6日 16:16	--	文件夹
boot	2022年6月6日 16:16	--	文件夹
conf	2022年6月6日 16:16	--	文件夹
lib	2022年6月6日 16:16	--	文件夹
LICENSE	2022年6月6日 16:16	18 KB	文稿
NOTICE	2022年6月6日 16:16	5 KB	文稿
README.txt	2022年6月6日 16:16	3 KB	纯文本文稿

图 15.1　Maven 的目录结构

Maven 的目录结构说明如下：

- bin 存放的是 Maven 的启动文件，包括两种：一种是直接启动，另一种是通过 Debug 模式启动，它们之间就差一条指令而已。
- boot 存放的是一个类加载器框架，它不依赖于 Eclipse 的类加载器。
- conf 主要存放的是全局配置文件 setting.xml，通过它进行配置（所有仓库都拥有的配置）的时候，仓库自身也拥有 setting.xml，这个为私有配置，一般推荐使用私有配置，因为全局配置存放于 Maven 的安装目录中，当进行 Maven 升级时，要进行重新配置。

- lib 存放的是 Maven 运行需要的各种 JAR 包。
- LICENSE 是 Maven 的软件使用许可证书。
- NOTICE 是 Maven 包含的第三方软件。
- README.txt 是 Maven 的简单介绍以及安装说明。

15.2 IDEA 配置 Maven

打开 IDEA，进入主界面后单击 File，然后单击 settings，搜索 Maven，如图 15.2 所示。

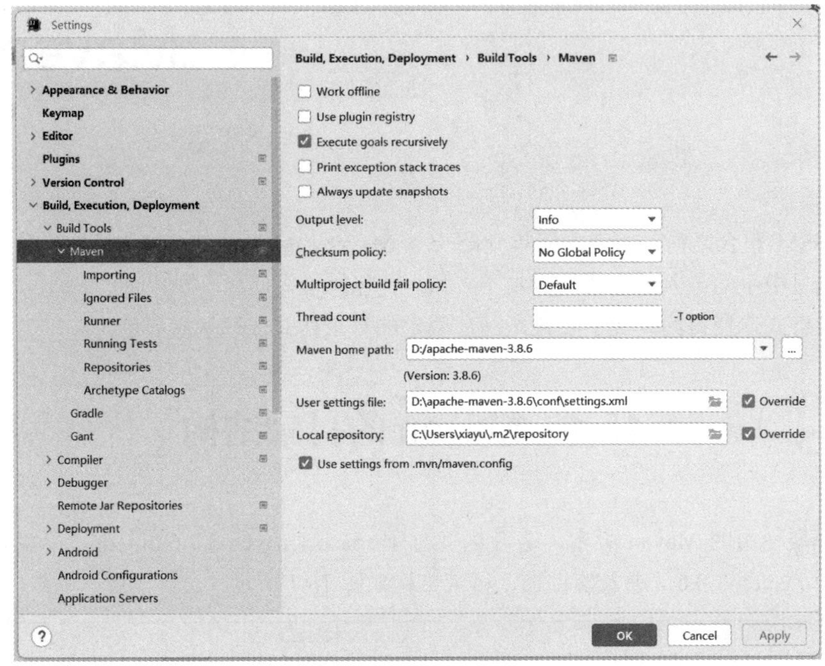

图 15.2　IDEA 配置 Maven

配置框内的路径（该路径为下载 Maven 的路径），Local respository 会自动解析，当前默认不变。

打开 setting.xml，在<mirrors>标签中添加如下代码：

```
<!--  配置阿里云  -->
<mirror>
    <id>nexus-aliyun</id>
    <mirrorOf>*</mirrorOf>
    <name>Nexus aliyun</name>
    <url>http://maven.aliyun.com/nexus/content/groups/public</url>
</mirror>
```

这部分代码使用的是阿里云镜像，由于国外镜像速度慢、下载慢，使用阿里云镜像可以加快 jar 下载速度（不配置也没关系）。

15.3 IDEA 创建 Maven 项目

依次打开 IDEA→New Module，如图 15.3 所示，输入信息，Build system 选择 Maven，在 GroupId 中输入包名称，在 ArtifactId 中输入项目名称。

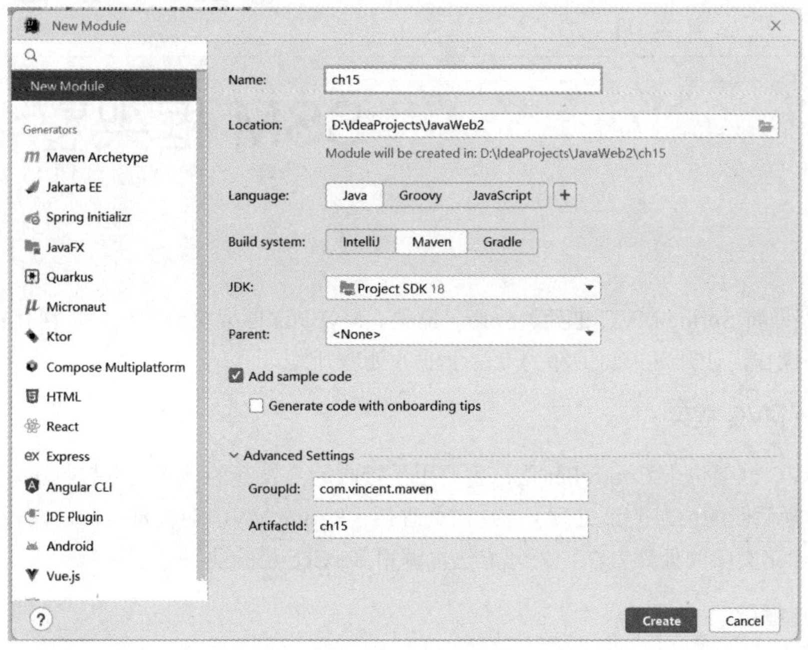

图 15.3 IDEA 创建 Maven 项目

创建完 Maven 项目之后，我们会发现缺少很多 Web 项目相关的目录，在 src/main 目录下创建 resources 和 java 目录，添加 Web 支持。

项目结构如图 15.4 所示。

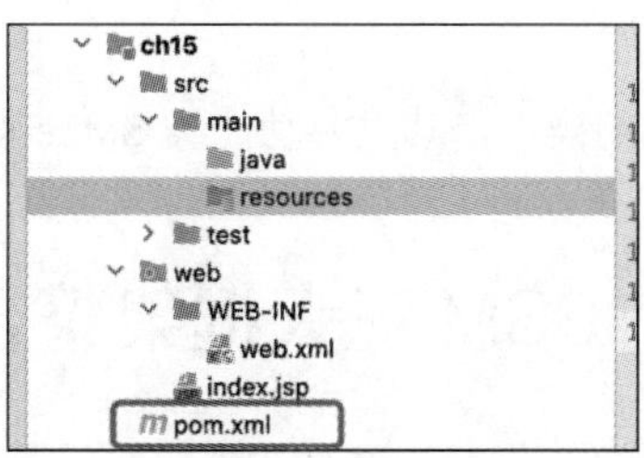

图 15.4 基于 Maven 的 Web 项目结构

15.4 实践与练习

1. 下载 Maven，并熟悉 Maven 的常用命令。
2. 学习并配置好 IDEA 环境下的 Maven。
3. 创建 Maven 项目并管理，学习 Maven 使用的优势。

第 16 章

SSM 框架整合开发

SSM 框架即将 Spring MVC 框架、Spring 框架、MyBatis 框架整合使用，以简化在 Web 开发中烦琐、重复的操作，让开发人员的精力专注于业务处理开发。

1. Spring MVC 框架

Spring MVC 框架位于 Controller 层，主要用于接收用户发起的请求，在接收请求后可进行一定处理（如通过拦截器的信息验证处理）。通过处理后，Spring MVC 会根据请求的路径将请求分发到对应的 Controller 类中的处理方法。处理方法再调用 Service 层的业务处理逻辑。

2. Spring 框架

Spring 框架在 SSM 中充当黏合剂的作用，利用其对象托管的特性将 Spring MVC、MyBatis 两个独立的框架有机地结合起来。Spring 可将 Spring MVC 中的 Controller 类和 MyBatis 中的 SqlSession 类进行托管，简化了人工管理过程。Spring 除了能对 Spring MVC 和 MyBatis 的核心类进行管理外，还可以对主要的业务处理的类进行管理。

3. MyBatis 框架

MyBatis 框架应用于对数据库的操作，其主要功能类 SqlSession 可对数据库进行具体操作。

16.1 SSM 三大框架整合基础

16.1.1 数据准备

在项目中，数据库设计是第一步，本示例中依旧使用 test 库，先在 test 库中创建表，并插入数据，代码如下：

```
use test;
create table t_student (
   id integer not null primary key auto_increment
   ,username varchar(32)
   ,password varchar(32)
```

```
    ,email varchar(32)
    ,mobile varchar(16)
    ,addr varchar(128)
    ,age integer
);
insert into t_student(username,password,email,mobile,addr,age)
values ('wang','wang','wang@163.com','187','zhejiang',18);
insert into t_student(username,password,email,mobile,addr,age)
values ('zhou','zhou','zhou@163.com','187','zhejiang',28);
insert into t_student(username,password,email,mobile,addr,age)
values ('wu','wu','wu@163.com','187','zhejiang',8);
insert into t_student(username,password,email,mobile,addr,age)
values ('zheng','zheng','zheng@163.com','187','zhejiang',88);
```

准备好表和数据之后，接下来就是创建基本框架。

16.1.2 创建项目

要创建基于 Maven 的 Module 项目，依次单击 New→Module，在左侧选择 Maven Archetype，在右侧Name中输入Module名称，在JDK列表中选择Project SDK 1.8，底部GroupId为包名，ArtifactId为项目名，如图 16.1 所示。

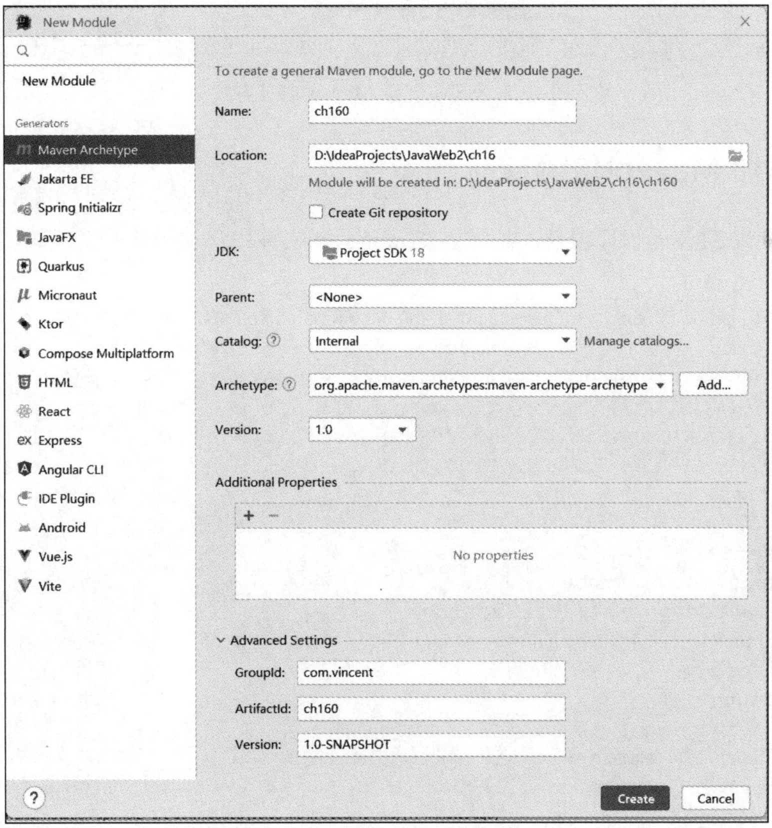

图 16.1 SSM 创建 Maven 项目方式 1

当然，还有另一种创建方式，如图 16.2 所示。

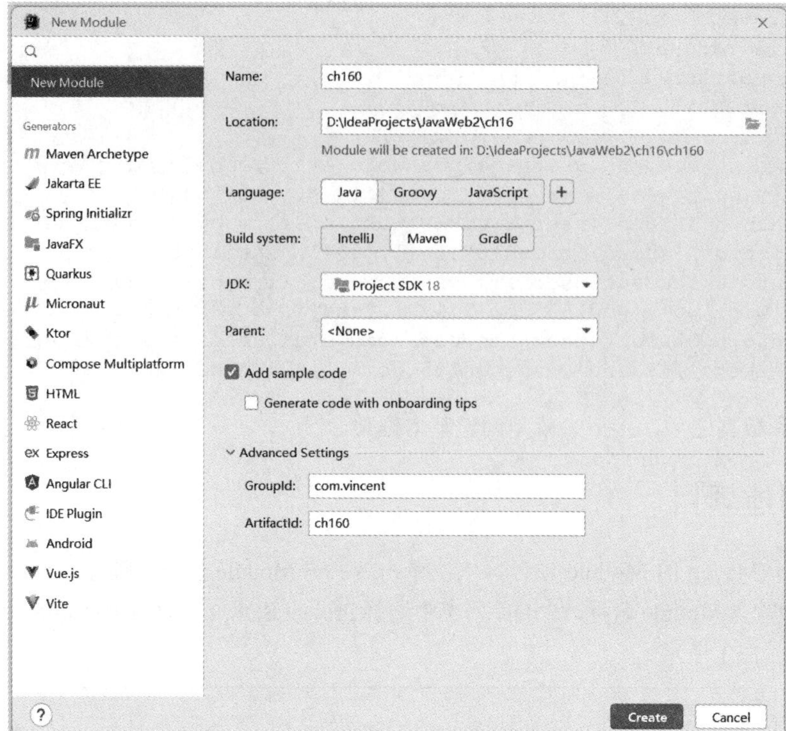

图 16.2 SSM 创建 Maven 项目方式 2

16.1.3 添加 Maven 依赖库

由于笔者使用 Maven 管理项目，故需要在 pom.xml 文件中添加依赖库，代码如下：

```
<properties>
  <project.build.sourceEncoding>UTF-8</project.build.sourceEncoding>
  <maven.compiler.source>8</maven.compiler.source>
  <maven.compiler.target>8</maven.compiler.target>
  <!-- 版本可以自己选择 -->
  <!--<spring.version>6.0.0-M5</spring.version>-->
  <spring.version>5.3.23</spring.version>
</properties>
<dependencies>
  <dependency>
    <groupId>junit</groupId>
    <artifactId>junit</artifactId>
    <version>4.13.2</version>
  </dependency>
  <dependency>
    <groupId>commons-logging</groupId>
    <artifactId>commons-logging</artifactId>
    <version>1.2</version>
  </dependency>
  <dependency>
    <groupId>org.aspectj</groupId>
    <artifactId>aspectjweaver</artifactId>
```

```
        <version>1.9.9.1</version>
        <scope>runtime</scope>
      </dependency>
      <!--添加 MySQL 驱动程序包-->
      <dependency>
        <groupId>mysql</groupId>
        <artifactId>mysql-connector-java</artifactId>
        <version>8.0.30</version>
      </dependency>
      <!--添加数据库连接池的 druid-->
      <dependency>
        <groupId>com.alibaba</groupId>
        <artifactId>druid</artifactId>
        <version>1.2.13-SNSAPSHOT</version>
      </dependency>
      <!-- https://mvnrepository.com/artifact/org.springframework/spring-core -->
      <dependency>
        <groupId>org.springframework</groupId>
        <artifactId>spring-webmvc</artifactId>
        <version>${spring.version}</version>
      </dependency>
      <dependency>
        <groupId>org.springframework</groupId>
        <artifactId>spring-web</artifactId>
        <version>${spring.version}</version>
      </dependency>
      <dependency>
        <groupId>org.springframework</groupId>
        <artifactId>spring-aop</artifactId>
        <version>${spring.version}</version>
      </dependency>
      <dependency>
        <groupId>org.springframework</groupId>
        <artifactId>spring-beans</artifactId>
        <version>${spring.version}</version>
      </dependency>
      <dependency>
        <groupId>org.springframework</groupId>
        <artifactId>spring-core</artifactId>
        <version>${spring.version}</version>
      </dependency>
      <!--添加 Spring 的核心包-->
      <dependency>
        <groupId>org.springframework</groupId>
        <artifactId>spring-context</artifactId>
        <version>${spring.version}</version>
      </dependency>
      <!--添加 Spring 的核心包-->
      <dependency>
        <groupId>org.springframework</groupId>
        <artifactId>spring-jdbc</artifactId>
        <version>${spring.version}</version>
      </dependency>
      <dependency>
        <groupId>org.springframework</groupId>
```

```
        <artifactId>spring-aspects</artifactId>
        <version>${spring.version}</version>
      </dependency>
      <dependency>
        <groupId>org.springframework</groupId>
        <artifactId>spring-expression</artifactId>
        <version>${spring.version}</version>
      </dependency>
      <dependency>
        <groupId>org.springframework</groupId>
        <artifactId>spring-tx</artifactId>
        <version>${spring.version}</version>
      </dependency>
      <!--添加 MyBatis 的依赖包-->
      <dependency>
        <groupId>org.mybatis</groupId>
        <artifactId>mybatis</artifactId>
        <version>3.5.10</version>
      </dependency>
      <!--添加 MyBatis 和 Spring 的整合包-->
      <dependency>
        <groupId>org.mybatis</groupId>
        <artifactId>mybatis-spring</artifactId>
        <version>2.0.7</version>
      </dependency>
      <!-- @Resource 注解依赖的 JAR 包-->
      <dependency>
        <groupId>javax.annotation</groupId>
        <artifactId>javax.annotation-api</artifactId>
        <version>1.3.2</version>
      </dependency>
      <!--添加 Servlet-->
      <!-- https://mvnrepository.com/artifact/javax.servlet/javax.servlet-api -->
      <dependency>
        <groupId>javax.servlet</groupId>
        <artifactId>javax.servlet-api</artifactId>
        <version>4.0.1</version>
        <scope>provided</scope>
      </dependency>
      <!--
https://mvnrepository.com/artifact/javax.servlet.jsp/javax.servlet.jsp-api -->
      <dependency>
        <groupId>javax.servlet.jsp</groupId>
        <artifactId>javax.servlet.jsp-api</artifactId>
        <version>2.3.3</version>
        <scope>provided</scope>
      </dependency>
      <!-- https://mvnrepository.com/artifact/javax.servlet/jstl -->
      <dependency>
        <groupId>javax.servlet</groupId>
        <artifactId>jstl</artifactId>
        <version>1.2</version>
      </dependency>
      <!-- https://mvnrepository.com/artifact/taglibs/standard -->
      <dependency>
```

```
      <groupId>taglibs</groupId>
      <artifactId>standard</artifactId>
      <version>1.1.2</version>
    </dependency>
  </dependencies>
```

pom.xml 文件依赖添加好之后，接下来编译下载相关的包，具体配置和操作见第 15 章。当然，读者也可以不使用 Maven，依然采用之前引入 lib 的方式，使用到的 lib 库清单如下：

```
aspectjweaver-1.9.9.1.jar
commons-logging-1.2.jar
druid-1.2.13-SNSAPSHOT.jar
javax.annotation-api-1.3.2.jar
jstl-1.2.jar
mybatis-3.5.10.jar
mybatis-spring-2.0.7.jar
mysql-connector-java-8.0.30.jar
protobuf-java-3.19.4.jar
spring-aop-5.3.23.jar
spring-aspects-5.3.23.jar
spring-beans-5.3.23.jar
spring-context-5.3.23.jar
spring-core-5.3.23.jar
spring-expression-5.3.23.jar
spring-jcl-5.3.23.jar
spring-jdbc-5.3.23.jar
spring-tx-5.3.23.jar
spring-web-5.3.23.jar
spring-webmvc-5.3.23.jar
standard-1.1.2.jar
```

16.1.4　创建目录结构

创建相关的包和配置文件，目录结构如图 16.3 所示。

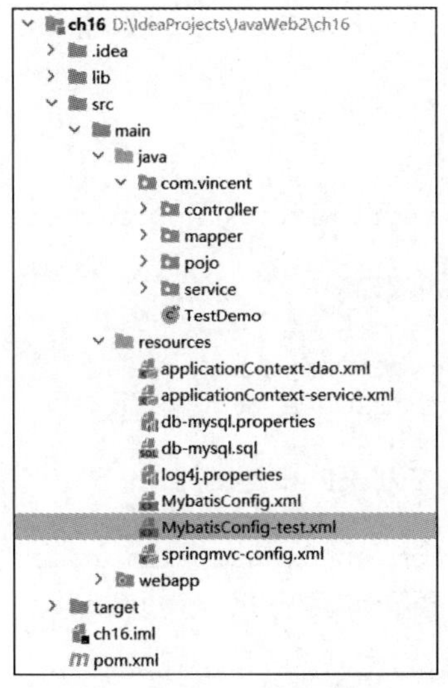

图 16.3　SSM 整合目录结构

16.1.5 配置 web.xml

在 web.xml 中配置 Spring 和 Spring MVC 相关的配置文件：

```
<?xml version="1.0" encoding="UTF-8"?>
<web-app xmlns="http://xmlns.jcp.org/xml/ns/javaee"
        xmlns:xsi="http://www.w3.org/2001/XMLSchema-instance"
        xsi:schemaLocation="http://xmlns.jcp.org/xml/ns/javaee
http://xmlns.jcp.org/xml/ns/javaee/web-app_4_0.xsd"
        version="4.0">
    <!--1.加载 Spring 容器-->
    <!--加载配置文件-->
    <context-param>
        <param-name>contextConfigLocation</param-name>
        <!--Spring 配置文件的位置-->
        <param-value>classpath:applicationContext-*.xml</param-value>
    </context-param>
    <!--在启动项目时就加载容器-->
    <listener>
        <listener-class>org.springframework.web.context.ContextLoaderListener
</listener-class>
    </listener>
    <!--注册前端控制器-->
    <servlet>
      <servlet-name>springmvc</servlet-name>
      <servlet-class>org.springframework.web.servlet.DispatcherServlet
</servlet-class>
      <!--初始化 Spring MVC 容器文件-->
      <init-param>
        <param-name>contextConfigLocation</param-name>
        <param-value>classpath:springmvc-config.xml</param-value>
      </init-param>
    </servlet>
    <servlet-mapping>
      <servlet-name>springmvc</servlet-name>
      <url-pattern>/</url-pattern>
    </servlet-mapping>
    <!--配置一个 post 提交的中文乱码的过滤器-->
    <filter>
      <filter-name>characterEncodingFilter</filter-name>
      <filter-class>org.springframework.web.filter.CharacterEncodingFilter
</filter-class>
      <!--初始化项目中使用的字符编码-->
      <init-param>
        <param-name>encoding</param-name>
        <param-value>utf-8</param-value>
      </init-param>
      <!--强制请求对象（HttpServletRequest）-->
      <init-param>
        <param-name>forRequestEncoding</param-name>
        <param-value>true</param-value>
      </init-param>
      <!--强制响应对象（HttpServletResponse）-->
      <init-param>
        <param-name>forResponseEncoding</param-name>
```

```
      <param-value>true</param-value>
    </init-param>
  </filter>
  <!--配置过滤器的映射-->
  <filter-mapping>
    <filter-name>characterEncodingFilter</filter-name>
    <!--/*：表示所有的请求先经过过滤处理-->
    <url-pattern>/*</url-pattern>
  </filter-mapping>
</web-app>
```

注意：由于笔者之前使用 JDK18+Tomcat 10，在目前 SSM 整合过程中，mybatis-spring 还不支持 Spring 6 版本，Spring 6 以下的版本目前不支持 Tomcat 10，因此笔者整合 SSM 的基本环境并对之前的环境做了调整，环境如下：JDK1.8.0_341、Tomcat 8.0.28、Maven 3.8.6、MySQL 8.0.25。

16.2　创建 Spring 框架

16.2.1　创建实体类

在项目准备阶段，数据库已经创建表并插入了测试数据，接下来创建实体对象 Student，代码如下：

```
public class Student {
    private Integer id;
    private String username;
    private String password;
    private String email;
    private String mobile;
    private String addr;
    private Integer age;
    // 此处省略 setter/getter 方法
}
```

16.2.2　编写持久层

前面学习 Spring 时，持久层负责接入数据库的数据源 dataSource，SSM 整合的目的是将持久层传递给 MyBatis 处理，在本示例中笔者考虑把 DAO 和 Mapper 合并成一个文件，故而把持久层代码放在 Mapper 中完成，代码如下：

```
public interface StudentMapper {
    //1.注册学生信息的方法
    public int addStudent(Student student);
    //2.查询所有学生信息列表的方法
    public List<Student> queryStudents();
    //3.根据 ID 查询学生信息
    public Student queryStudentById(Integer id);
}
```

16.2.3 编写业务层

创建 Service 接口和实现类，代码如下：

```
public interface StudentService {
    //1.注册学生信息的方法
    public int addStudent(Student student);
    //2.查询所有学生信息列表的方法
    public List<Student> queryStudents();
    //3.根据 ID 查询学生信息
    public Student queryStudentById(Integer id);
}
@Service("studentService")
public class StudentServiceImpl implements StudentService {
    // 自动注入，注入 DAO
    @Autowired
    private StudentMapper studentMapper;
    @Override
    public int addStudent(Student student) {
        return studentMapper.addStudent(student);
    }
    @Override
    public List<Student> queryStudents() {
        return null; // studentMapper.queryStudents();
    }
    @Override
    public Student queryStudentById(Integer id) {
        return studentMapper.queryStudentById(id);
    }
}
```

16.2.4 编写测试方法

测试类用于确认 Spring 框架是否正常工作，创建 TestDemo 类，添加 testQueryStudentList 方法，代码如下：

```
//1.测试 Spring
@Test
public void testQueryStudentList() {
    ApplicationContext ac = new
ClassPathXmlApplicationContext("classpath:applicationContext-*.xml");
    StudentService service = (StudentService) ac.getBean("studentService"); //
因为给 service 起了别名，所以通过 id 的方式获取 class
    System.out.println("查询所有 Student");
    service.queryStudents();
}
```

运行 Junit 的测试程序，结果如图 16.4 所示。

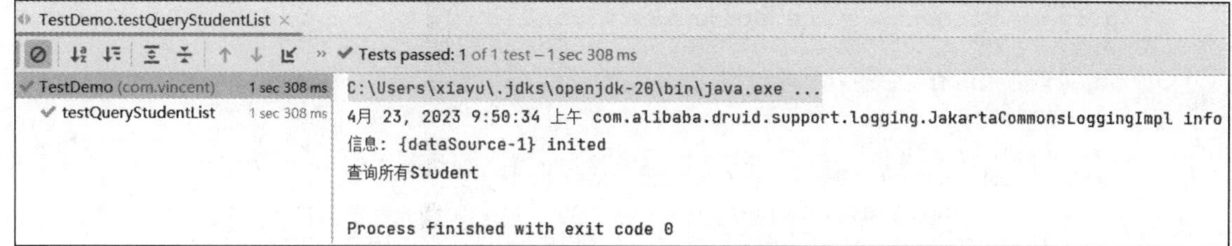

图 16.4　运行 Junit 的测试程序

16.3　创建 Spring MVC 框架

16.3.1　配置 springmvc-config.xml

在 resources 文件夹下的 springmvc-config.xml 文件中，开启注解扫描、视图解析器、过滤静态资源和 Spring MVC 注解支持，代码如下：

```
    <!--@Controller 注解开发的包扫描器-->
    <context:component-scan base-package="com.vincent.controller"/>
    <!--配置视图解析器-->
    <bean
class="org.springframework.web.servlet.view.InternalResourceViewResolver">
        <!--配置视图的前缀名称-->
        <property name="prefix" value="/WEB-INF/pages/"/>
        <!--配置视图的后缀名称-->
        <property name="suffix" value=".jsp"/>
    </bean>
    <!--配置 Spring MVC 的注解驱动
        1）代替处理器映射器和处理器适配器
        2）对 JSON 数据响应提供支持
        3）可以引用日期转换器的服务-->
    <!--
        配置了注解驱动后，Spring 会启动这个驱动，然后 Spring 通过 context:component-scan 标
签注解标记的 @Controller、@Component、@Service、@Repository 等组件自动扫描到工厂中，以处
理请求
    -->
    <mvc:annotation-driven />
    <!--如果直接使用<url-pattern>/</url-pattern>，则会出现访问不了静态资源的问题，这时直
接将静态资源的访问交给服务器处理-->
    <mvc:default-servlet-handler/>
```

16.3.2　创建控制层

在 controller 包下创建 StudentController 类，代码如下：

```
@Controller
@RequestMapping("student")
public class StudentController {
    // 注入 Service 层对象
    @Autowired
```

```
    private StudentService studentService;
    /**
     * 处理查询所有学生的方法
     * @return
     */
    @RequestMapping(value = "/queryStudents")
    public String queryStudents(Model model) {
        List<Student> studentList = studentService.queryStudents();
        System.out.println(studentList);
        model.addAttribute("studentList",studentList);
        return "student_list";
    }
}
```

16.3.3 创建 JSP 页面

在 index.jsp 页面中创建链接，代码如下：

```
<li><a href="student/queryStudents">查看所有学生信息</a></li>
<li><a href="WEB-INF/pages/login.jsp">登录页面</a></li>
```

创建 student_list.jsp，展示所有学生信息，代码如下：

```
<%@ page contentType="text/html;charset=UTF-8" language="java" %>
<%@ taglib prefix="c" uri="http://java.sun.com/jsp/jstl/core" %>
<html>
<head>
    <title>Title</title>
</head>
<body>
    <c:choose>
        <c:when test="${not empty studentList}">
            <table border="1"  width="500" class="table table-striped
table-bordered table-hover table-condensed">
                <caption><H3>用户信息</H3></caption>
                <tr><th>用户名</th><th>密码</th></tr>
                    <%--  要在 JSP 页面中使用<c>标签的 foreach 遍历，要注意以下两点：
                        1.在 JSP 开头引入 c 标签
                        <%@ taglib prefix="c"
uri="http://java.sun.com/jsp/jstl/core" %>
                        2.引入 JSTL 的 JAR 包,可以直接使用 lib 文件夹,也可以使用 Maven --%>
                <c:forEach items="${studentList}" var="student">
                    <tr>
                        <td>${student.username}</td>
                        <td>${student.password}</td>
                    </tr>
                </c:forEach>
            </table>
        </c:when>
        <c:otherwise>没有数据！</c:otherwise>
    </c:choose>
</body>
</html>
```

16.3.4　测试 Spring MVC 框架

部署项目，启动 Tomcat，单击首页的“查看所有学生信息”，效果如图 16.5 所示。

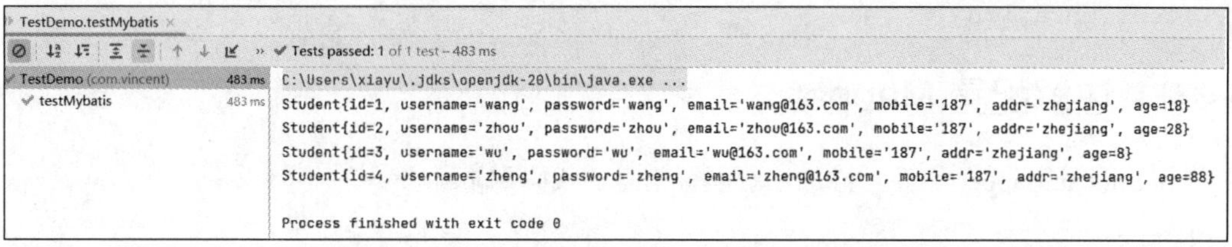

```
TestDemo.testMybatis
Tests passed: 1 of 1 test – 483 ms
TestDemo (com.vincent) 483 ms
testMybatis 483 ms
C:\Users\xiayu\.jdks\openjdk-20\bin\java.exe ...
Student{id=1, username='wang', password='wang', email='wang@163.com', mobile='187', addr='zhejiang', age=18}
Student{id=2, username='zhou', password='zhou', email='zhou@163.com', mobile='187', addr='zhejiang', age=28}
Student{id=3, username='wu', password='wu', email='wu@163.com', mobile='187', addr='zhejiang', age=8}
Student{id=4, username='zheng', password='zheng', email='zheng@163.com', mobile='187', addr='zhejiang', age=88}

Process finished with exit code 0
```

图 16.5　首页效果

页面显示成功，表示 Spring MVC 框架搭建正常。

16.4　创建 MyBatis 并整合 SSM 框架

16.4.1　配置 MybatisConfig.xml

在 resources 文件夹下新建 MybatisConfig-test.xml 文件，Spring 配置已经开启注解扫描，MyBatis 使用注解方式，代码如下：

```
<?xml version="1.0" encoding="UTF-8"?>
<!DOCTYPE configuration
      PUBLIC "-//mybatis.org//DTD Config 3.0//EN"
      "http://mybatis.org/dtd/mybatis-3-config.dtd">
<configuration>
   <!-- 加载属性文件 db.properties -->
   <!--<properties resource="db-mysql.properties"></properties>-->

   <!-- 自定义别名:扫描指定包下的实体类，给这些类取别名，默认是它的类名或者类名首字母小写 -->
   <typeAliases>
      <package name="com.vincent.pojo"/>
   </typeAliases>
   <environments default="mysql">
      <!--配置 MySQL-->
      <environment id="mysql">
         <!--配置事务类型-->
         <transactionManager type="JDBC"/>
         <!--配置数据源/连接池-->
         <dataSource type="POOLED">
            <!--配置连接数据库的基本信息-->
            <property name="driver" value="com.mysql.cj.jdbc.Driver"/>
            <property name="url"
value="jdbc:mysql://localhost:3306/test?useSSL=false"/>
            <property name="username" value="root"/>
            <property name="password" value="123456"/>
         </dataSource>
      </environment>
   </environments>
```

```
    <mappers>
        <!--<mapper resource="mapper/StudentMapper.xml" />-->
        <package name="com.vincent.mapper"/>
    </mappers>
</configuration>
```

16.4.2 注解配置 Mapper

打开 StudentMapper 文件，添加注解配置信息，代码如下：

```
@Mapper
public interface StudentMapper {
    //1.注册学生信息的方法
    @Insert("insert into t_student(username,password,email,mobile,addr,age)
values (#{username},#{password},#{email},#{mobile},#{addr},#{age})")
    public int addStudent(Student student);
    //2.查询所有学生信息列表的方法
    @Select("select * from t_student")
    public List<Student> queryStudents();
    //3.根据 ID 查询学生信息
    @Select("select * from t_student where id = #{id}")
    public Student queryStudentById(Integer id);
}
```

16.4.3 测试 MyBatis

在测试类 TestDemo 中添加测试方法，代码如下：

```
//测试 MyBatis
@Test
public void testMybatis() throws IOException {
    InputStream resourceAsStream =
Resources.getResourceAsStream("MybatisConfig-test.xml");
    SqlSessionFactoryBuilder builder = new SqlSessionFactoryBuilder();
    SqlSessionFactory factory = builder.build(resourceAsStream);
    SqlSession session = factory.openSession(true);

    StudentMapper mapper = session.getMapper(StudentMapper.class);
    List<Student> all = mapper.queryStudents();
    for (Student user : all) {
        System.out.println(user);
    }
}
```

运行正常，结果如图 16.6 所示。

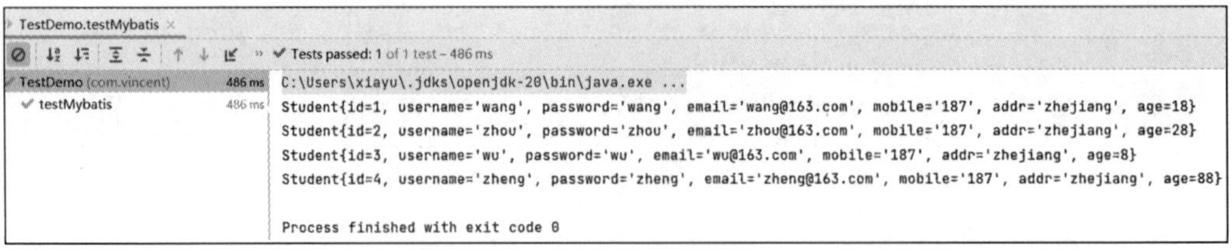

```
TestDemo.testMybatis
Tests passed: 1 of 1 test – 486 ms
TestDemo (com.vincent) 486 ms
  testMybatis 486 ms
C:\Users\xiayu\.jdks\openjdk-20\bin\java.exe ...
Student{id=1, username='wang', password='wang', email='wang@163.com', mobile='187', addr='zhejiang', age=18}
Student{id=2, username='zhou', password='zhou', email='zhou@163.com', mobile='187', addr='zhejiang', age=28}
Student{id=3, username='wu', password='wu', email='wu@163.com', mobile='187', addr='zhejiang', age=8}
Student{id=4, username='zheng', password='zheng', email='zheng@163.com', mobile='187', addr='zhejiang', age=88}

Process finished with exit code 0
```

图 16.6 运行正常的结果

16.4.4 整合 SSM

MyBatis 配置文件配置 MySQL 数据库的工作交由 Spring 去处理，在 applicationContext-dao.xml 中添加代码如下：

```
<context:component-scan base-package="com.vincent"/>
  <!--加载 JDBC 的属性文件-->
  <context:property-placeholder location="classpath:db-mysql.properties"/>
  <!--配置 MySQL 数据库参数，使用的是 Druid 技术-->
  <bean id="dataSource" class="com.alibaba.druid.pool.DruidDataSource"
       init-method="init" destroy-method="close" lazy-init="false">
     <!--获取 MySQL 的参数-->
     <property name="driverClassName" value="${jdbc_driver}"/>
     <property name="url" value="${jdbc_url}"/>
     <property name="username" value="${jdbc_username}"/>
     <property name="password" value="${jdbc_password}"/>
     <!--获取连接池中的参数-->
     <property name="initialSize" value="${initialSize}"/>
     <property name="minIdle" value="${minIdle}"/>
     <property name="maxActive" value="${maxActive}"/>
     <property name="maxWait" value="${maxWait}"/>
  </bean>
  <!--管理 MyBatis 的工厂类对象-->
  <bean id="sqlSessionFactory"
class="org.mybatis.spring.SqlSessionFactoryBean">
     <!--加载数据源-->
     <property name="dataSource" ref="dataSource"/>
     <!--加载 MyBatis 的主配置文件-->
     <property name="configLocation" value="classpath:MybatisConfig.xml"/>
     <!--配置别名包扫描器-->
     <property name="typeAliasesPackage" value="com.vincent.pojo"/>
  </bean>
  <!--Spring 配置 MyBatis 的动态代理过程-->
  <bean class="org.mybatis.spring.mapper.MapperScannerConfigurer">
     <property name="basePackage" value="com.vincent.mapper"/>
  </bean>
```

在 applcationContext-service.xml 中添加代码如下：

```
<!--添加 Service 层的注解的包扫描器-->
<context:component-scan base-package="com.vincent.service"/>
<tx:annotation-driven/>
<!--配置平台事务的管理器-->
<bean id="transactionManager"
class="org.springframework.jdbc.datasource.DataSourceTransactionManager">
    <!--配置数据源-->
    <property name="dataSource" ref="dataSource"/>
</bean>
<!--配置事务的隔离级别和传播行为-->
<tx:advice id="txAdvice1" transaction-manager="transactionManager">
    <tx:attributes>
        <tx:method name="*" propagation="REQUIRED" isolation="DEFAULT"/>
    </tx:attributes>
</tx:advice>
<!--事务管理器和切入点配置-->
```

```
    <aop:config>
        <aop:pointcut id="txService" expression="execution(*
com.vincent.service.*.*(..))"/>
        <!--事务使用内置的切面-->
        <aop:advisor advice-ref="txAdvice1" pointcut-ref="txService"/>
    </aop:config>
```

MyBatis 之前配置数据源的问题交由 Spring 去处理，MyBatis 只负责数据库的增、删、改、查功能。至此，SSM 整合完成。

16.5 实践与练习

1. 基于 SSM 框架搭建简易的博客网站。
2. 在博客网站的首页展示热点信息，并提供注册、登录功能。
3. 在博客网站可以写博客、点赞、收藏等功能。
4. 博客网站有展示个人主页的功能，包括我的博客、我的收藏、我的点赞。

第 5 篇

项目实战

本篇详细讲解使用 SSM 框架开发学生信息管理系统的完整过程。通过学习和模仿这个项目的开发过程，读者可以提高使用 SSM 框架开发 Web 应用系统的能力。

第 17 章

学生信息管理系统

17.1 开 发 背 景

在数字化的时代，传统的信息管理方法已经逐渐不适应当前的社会发展，尤其面临发展中国家高等教育体制不断改革，各类高校的招生人数随着办学规模的扩大不断增加，学校面临要收集的学生信息量大大增加。同时，实现学生信息系统化、科学化、规范化管理是学校管理工作的重中之重，传统的信息管理工作都在不同程度上受到了挑战。

学生信息管理系统经过多年的发展，各方面的功能都相对完善，基本可以实现计算机对学生信息管理系统的数据进行管理。现在，学生信息管理系统有了很大的变化，我国学生信息管理系统的发展速度快了很多，推出了在国内影响较大的自动化处理系统。自动化系统能够体现出社会分工的不同，使得学生信息管理系统的管理员能够专注于系统质量的提高。

17.2 需 求 分 析

需求分析是为了使用户和软件开发人员双方对软件的初始规定有一个共同理解，使之成为软件开发工作的基本。在本项目中，需求分析的目的是阐明系统的可行性和必要性，明确系统各个部分需要完成的功能，同时也为了后面系统的详细设计（包含数据库设计、公共模块设计、界面设计等）框定范围和基础。

17.2.1 可行性分析

1. 经济可行性分析

学生管理系统从需求分析到最后系统实现花费的时间不是很多，并且不用购买昂贵的计算机硬件，学生信息管理系统在普通的计算机上就可以运行，因此经济花费相对来说不是很高。学生信息管理系统设置了后台管理界面，能够对系统的信息进行管理，管理员管理系统的信息所花费的时间比较少，能够花费更多的时间在系统功能改善上。

2. 技术可行性分析

根据前期对系统背景的介绍，确定软件体系架构和开发技术，最终完成系统的实现。本次设计的学生信息管理系统采用 Java Web 技术中成熟的 SSM 框架，技术成熟度高。结合市场上现有的学生信息管理系统，本次开发的学生信息管理系统在技术方面问题较小。

17.2.2 功能需求分析

学生信息管理必须通过身份信息才能进入系统，系统中会提供相关信息的操作。系统主要分为两类角色：普通用户和管理员用户。普通用户主要面向学生，主要功能是注册、登录，展示班级信息、课程信息和成绩信息。管理员用户主要面向教务管理人员或者教师，主要功能有注册登录、用户管理、课程管理、班级管理、学生管理、学费管理、成绩管理、教师管理。

1. 系统功能描述

（1）登录：输入用户名和密码，并将用户名和密码与数据库中的用户注册信息匹配，如果用户名和密码都正确，则提示登录成功并进入系统首页，否则停留在登录页面并提示登录失败及原因。

（2）注册：用户在注册界面填入相关信息，完成用户名、密码以及相关信息的录入并存入数据库，由此获得进入系统的权限。用户名必须唯一，这是识别用户的关键因素。

（3）跳转（页面拦截）：如果用户拿到系统中的其他访问地址，为了防止用户未登录访问系统，系统会自动跳转到登录页面登录系统。

（4）退出：为了用户的安全性，防止未退出产生账户不安全因素。

（5）首页：首页主要展示系统公告类的相关信息。

2. 模块功能描述

（1）用户管理：用户管理分为普通用户管理和管理员用户管理。普通用户管理用于学生端登录用户的访问控制，包括用户查询、修改、删除，管理员用户管理用于后台管理员操作的权限控制，也包括用户查询、修改、删除。在用户管理中，删除的用户无法访问系统。

（2）课程管理：课程管理分为基本课程设置和班级课程设置。基本课程设置是对课程、学期和课程学分的设置管理。班级课程设置主要是设置班级课程表。

（3）班级管理：班级管理主要是对班级信息的浏览和设置。班级信息包含班级、班主任、专业等信息，维护开课班级信息管理。

（4）学生管理：学生管理分为学生信息浏览和新增学生信息。学生信息浏览展示学生的基本情况，学生信息有学号、姓名、班级、户籍、电话等信息；新增学生信息会添加学生信息，添加时需要注意学生学号是唯一字段，需要进行重复性校验，其他字段也分别需要对输入进行检查。

（5）学费管理：学费管理分为基本学费设置和缴费信息预览。基本学费设置主要是针对每个班级、每个学期的费用设置和预览；缴费信息预览主要是查询学生的缴费情况，对学生的缴费信息进行登记和预览。

（6）成绩管理：成绩管理分为学生成绩浏览和添加成绩。学生成绩浏览主要展示每个学生在每个学期的成绩情况（后续可以对成绩做一个排名）；添加成绩主要是将学生考试成绩直接录入系统，学生可以在学生端查看自己的考试成绩。

（7）教师管理：教师管理展示教师的信息详情，主要展示教师的姓名、年龄、籍贯、所教的课程等信息。通过页面添加按钮可以添加教师信息。添加教师信息会对录入信息做校验和验证，只会录入合法的信息。

（8）班级信息：班级信息为学生端的功能，用于展示班级的详细信息，包括班级、班主任、专业等相关信息。

（9）班级课程：班级课程为学生端的功能，用于展示班级课程的详细信息，包括班级、专业、班级课程名称、学期等信息。

（10）成绩信息：成绩信息为学生端的功能，用于展示学生的成绩，包括班级、学号、学生姓名、性别、课程、学期、成绩等信息。

17.2.3　非功能性需求分析

非功能性需求是需求的一个重要组成部分，它影响着系统的架构设计，是决定软件项目成本的重要依据，在软件项目评估过程中需要重点关注。本项目主要从以下几个方面描述非功能性需求。

1. 安全性

学生信息管理系统使用 MySQL 数据库，用户在客户端界面中不可以直接修改系统的数据，如果没有登录系统，则不能够使用系统功能。

不同的用户具有不同的身份和权限，需要在用户身份真实可信的前提下，提供可信的授权管理服务，保护数据不被非法/越权访问和篡改，要确保数据的机密性和完整性。

严格权限访问控制是用户在经过身份认证后，只能访问其权限范围内的数据，只能进行其权限范围内的操作。

2. 可扩展性

学生信息管理系统的功能需要不断更新，使得系统能够不断适应时代的发展和用户新的要求。本学生信息管理系统使用的框架为新型的开源框架，这有助于后续系统的功能扩展。如果系统需要添加新的功能，则只需要新添加对应的接口。

3. 效率性

本系统存储数据使用的是 MySQL 数据库，能够使用 MySQL 缓存系统常用的数据库信息，当用户下次访问相同的信息的时候，系统能够快速响应。

4. 可靠性

学生管理系统对输入有提示，对数据有检查，防止数据出现异常。

本系统健壮性强，应该能处理系统运行过程中出现的各种异常情况，如人为操作错误、输入非法数据、硬件设备失败等，系统应该能正确地处理，恰当地回避。

要求系统 7×24 小时运行，即全年持续运行，故障停运时间累计不能超过 10 小时。

5. 易用性

学生管理系统要求页面操作简单，功能健全，各个角色在操作上一目了然。

17.2.4 软硬件需求

当用户从客户端发起请求的时候，需要把数据传递到 Web 服务器，Web 服务器处理请求且通过数据库的 SQL 语句处理数据库信息。

本系统在生产环境部署的时候可以配置两台服务器：Web 服务器和数据库服务器。读者在学习本项目开发时，可以在一台 Windows 个人计算机上安装软件环境，并使用 IEDA 运行本系统，查看、修改、调试代码。

1. 硬件需求

- Web 服务器：Linux 64 位系统，内存 8GB，硬盘 256GB。
- 数据库服务器：Linux 64 位系统，内存 16GB，硬盘 512GB。

2. 软件需求

- Web 服务器：JDK 18.0，Tomcat 8.0（注意选用这个版本，Tomcat 10.0 版本的 JSP 和 Servlet 的包名有点变化）。
- 数据库服务器：MySQL 8.0。

17.3 系 统 设 计

17.3.1 系统目标

学生信息管理系统主要用于高校管理人员管理学生信息，该系统主要用于实现以下目标：

（1）管理员和学生用户均需要通过注册、登录之后才能访问系统，系统界面需要简洁，系统操作需要简单明了，不能过于复杂，界面需要简洁。

（2）系统需要设置不同权限区分不同类型的用户，不同用户看到的信息不一样。

（3）设计实现的学生管理系统允许多个用户登录。

（4）设计实现的学生管理系统需要功能完善，方便操作，方便查看信息。

（5）系统所使用的数据库需要考虑并发性和安全性。

（6）系统安装简单，且系统访问需要考虑浏览器的兼容性和计算机的兼容性。

（7）系统记录的信息要能够长久保存在数据库中，方便系统管理员管理。

17.3.2 系统架构

1. 程序开发体系架构

该学生信息管理系统项目使用 B/S 架构模式，工作原理如图 17.1 所示。

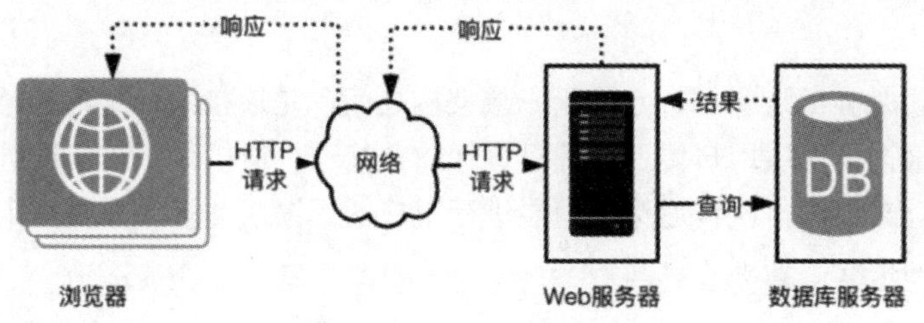

图 17.1　程序体系结构

B/S 架构便于维护和更新，无须使用具体的客户端，客户端只要有浏览器就能访问系统。同时，由于使用浏览器可以进一步节约客户端的开发成本，避免了客户端环境配置和兼容性问题，使得本项目优先考虑 B/S 架构。

2. 软件架构

本系统采用 SSM 为框架的 MVC 模型的软件开发模式，其整体架构如图 17.2 所示。

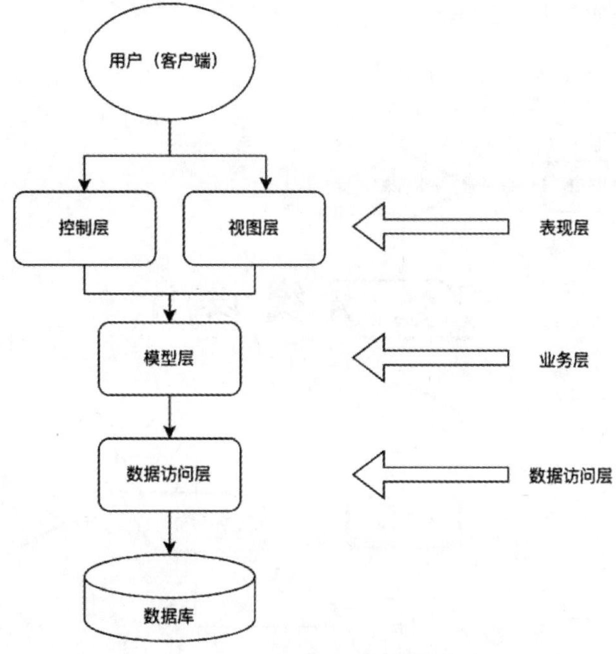

图 17.2　系统软件架构

由架构图可以直观地看到系统的架构组织，架构由上往下，分别为跟用户打交道的表现层、用于逻辑处理的业务层以及作为数据库桥梁的数据访问层。

1）用户表现层

用户表现层属于前端页面的一种统称，即和用户打交道的层面，是用户可以直接接触，进行操作的构架。表现层用于实现用户界面功能，将用户需要的操作进行数据化并传输到下一层，然后经过后台的逻辑处理，从而反馈到前台进行解析并显示给用户。该系统所实现的形式的脚本语言是 JSP。

2）业务层

业务层也可以说是业务逻辑层，它位于三层架构之间，是连接两层架构的桥梁，该层注重的是业务逻辑，它需要根据表现层用户传递的信息进行业务处理，连接数据访问层进行数据的改写与存储，然后将信息进行封装，再次传递给表现层进行用户的反馈，并呈现在页面上供用户查看。可以将这次的任务概括为接受、处理和返回。

3）数据访问层

数据访问层主要是系统和数据库连接的一个桥梁。在业务层已经对数据进行了处理，所以数据访问层是不需要具备逻辑处理功能的，它的主要任务是连接数据库进行数据的增加、删除、修改、查询等一系列基本数据库操作，并将处理后得到的结果返回到业务逻辑层。当然，在实际开发中，为了确保数据的严谨性，可能会适当地增加一些数据的处理类应对一些系统错误产生的问题。

17.3.3 系统流程图

该系统的操作流程如图 17.3 所示。

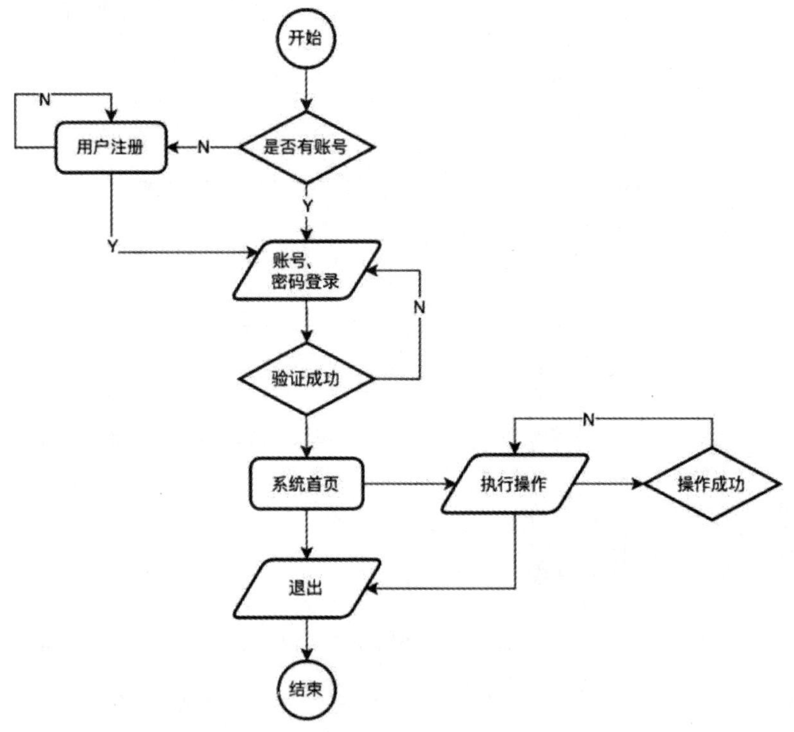

图 17.3 系统操作流程图

通过对需求的了解，可知该系统主要有两类用户：管理者用户和学生用户。管理者用户的功能模块主要有用户管理、课程管理、班级管理、学生管理、学费管理、成绩管理、教师管理；学生用户的功能模块主要有班级课程、班级信息、成绩信息。系统整体功能图如图 17.4 所示。

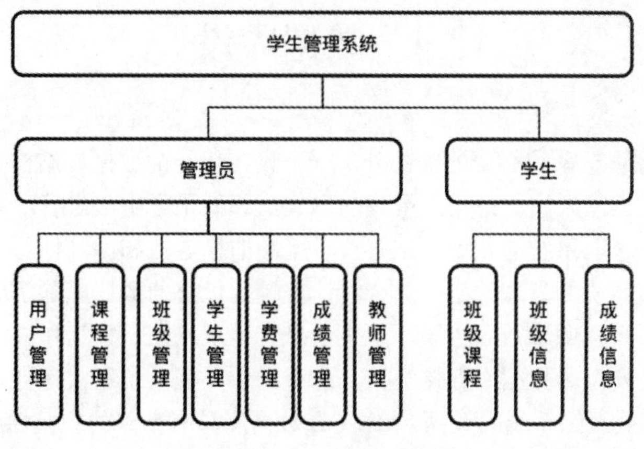

图 17.4　系统整体功能图

17.3.4　开发环境

开发环境如下。

- 开发工具：IntelliJ IDEA。
- 数据库：MySQL 8.0.25。
- JDK：JDK 18.0。
- Java Web 服务器中间件：Apache Tomcat 8.0。
- Spring。
- Spring MVC。
- MyBatis。

17.3.5　项目组织结构

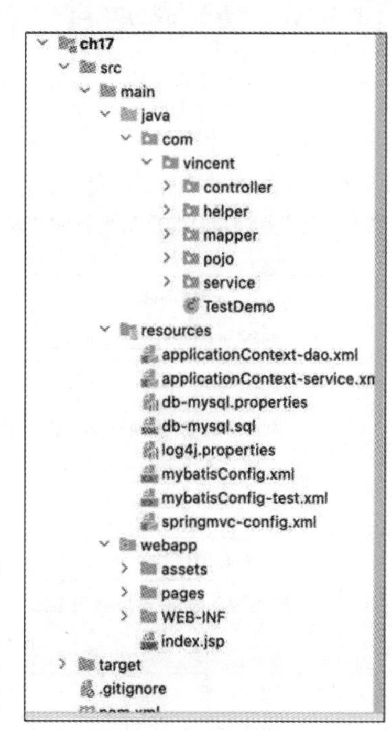

图 17.5　目录结构

本项目使用 Maven 自动化工具构建项目，目录结构如图 17.5 所示。

Maven 项目的第一大优点在于项目的 JAR 包可以直接在 pom.xml 中添加依赖，这样就可以把 JAR 包添加到 External libraries 中。由于此 Spring 框架的默认规定，关于 MyBatis 的默认访问数据库采用了注解模式，放在 java 目录下的 com.vincent.mapper 接口下。resources 目录下的文件主要是配置文件。在 com.vincent 目录下存放的是后台代码，其中 controller 目录存放控制器类，mapper 目录用于放置 resources 目录下 mapper 文件的接口文件，pojo 目录下存放的是实体类，service 目录下存放的是接口类以及接口实现类，helper 目录下存放的是一些基本的工具类。webapp 目录下存放的是视图文件，其中 pages 目录下主要存放的是 JSP 文件，assets 目录下存放的是图片、CSS 文件、JS 文件等。

17.4 数据库设计

数据库是学生信息管理系统必要的一部分，一个设计优秀的数据库结构合理且低冗余。本学生信息管理系统设计的数据库采用的是第三范式的形式，降低了学生信息管理系统的冗余性。数据库能够支撑一个学生信息管理系统的数据，这有益于系统的稳定性和健壮性。如果数据库设计得较为优秀的话，则可以提高系统的处理效率，一个设计得较为优秀的数据库除了能够提高系统的处理效率之外，还能够节省不少资源和数据错误。学生信息管理系统在日常运作的时候会产生不少数据，因此需要有一个稳定且安全的数据库存储数据，这有助于保证系统正常运行。关系型数据库使用特殊的存储结构，能够有效组织系统的数据。MySQL 数据库具有完善的完整性约束，可以建立起不同表之间的关联，这样可以隔离数据结构和表现形式。

17.4.1 数据库概念结构设计

由于在概念模型中没有固定不变的模型，因此可以利用数据模型表示学生信息管理系统中实体的关系，程序开发者可以根据需要建立专属的概念模型。所有的概念模型都可以通过 E-R 图表示。本学生信息管理系统有着大量的数据，因此需要建立对应的数据模型。根据前面的分析得出本学生信息管理系统的 E-R 图如图 17.6 所示。

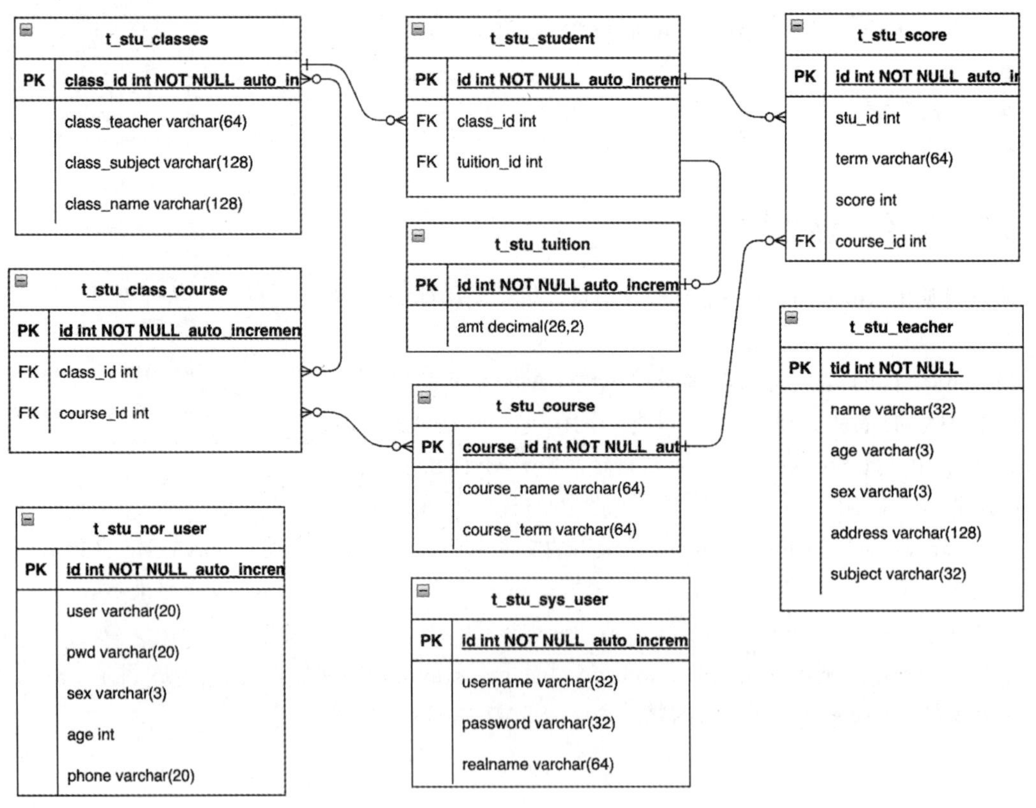

图 17.6 数据库 ER 图

17.4.2　数据库逻辑结构设计

由上一节的概念结构设计初步定下的逻辑结构说明如下。

1. 普通用户信息表

普通用户信息表如表 17.1 所示。

表17.1　普通用户信息表

属　　性	说　　明	数据类型及长度	是 否 可 空	是 否 主 键
用户 ID	用户登录系统的 ID	字符型 20 字节	否	是
用户姓名	用户姓名	字符型 20 字节	否	否
密码	系统登录密码	字符型 20 字节	否	否
性别	用户性别	字符型 3 字节	是	否
年龄	用户年龄	整型	是	否
电话	用户联系方式	字符型 20 字节	是	否

2. 管理员用户信息表

管理员用户信息表如表 17.2 所示。

表17.2　管理员用户信息

属　　性	说　　明	数据类型及长度	是 否 可 空	是 否 主 键
ID	自动生成的 ID	整型	否	是（自动生成）
用户名	用户登录系统的 ID	字符型 32 字节	否	是（逻辑主键）
密码	系统登录密码	字符型 32 字节	否	否
真实姓名	用户的真实姓名	字符型 64 字节	否	否

3. 学生信息表

学生信息表如表 17.3 所示。

表17.3　学生信息表

属　　性	说　　明	数据类型及长度	是 否 可 空	是 否 主 键
ID	学生编号	整型	否	是（自动生成）
课程 ID	用户登录系统的 ID	整型	否	否
姓名	学生姓名	字符型 64 字节	否	否
住址	学生居住地址	字符型 128 字节	是	否
电话	用户联系方式	字符型 20 字节	是	否
性别	用户性别	字符型 3 字节	是	否
是否缴费	学生是否已经缴费	字符型 32 字节	是	否
费用 ID	缴费项的 ID	整型	是	否

4. 课程信息表

课程信息表如表 17.4 所示。

表17.4 课程信息表

属 性	说 明	数据类型及长度	是否可空	是否主键
ID	课程编号	整型	否	是（自动生成）
课程名称	课程的名称	字符型 64 字节	否	否
课程学期	哪个学期的课程	字符型 64 字节	否	否

5. 班级信息表

班级信息表如表 17.5 所示。

表 17.5 班级信息表

属 性	说 明	数据类型及长度	是否可空	是否主键
ID	班级编号	整型	否	是（自动生成）
教师	班级教师	字符型 64 字节	否	否
科目	班级教的课程	字符型 128 字节	否	否
班级名称	班级的名称	字符型 128 字节	否	否

6. 成绩信息表

成绩信息表如表 17.6 所示。

表17.6 成绩信息表

属 性	说 明	数据类型及长度	是否可空	是否主键
ID	成绩 ID	整型	否	是（自动生成）
学生 ID	学生的 ID 编号	整型	否	否
学期	哪个学期的成绩信息	字符型 64 字节	否	否
成绩	学生的成绩	整型	否	否
课程 ID	课程的 ID 编号	整型	否	否

7. 班级课程表

班级课程表如表 17.7 所示。

表 17.7 班级课程表

属 性	说 明	数据类型及长度	是否可空	是否主键
ID	ID	整型	否	是（自动生成）
班级 ID	学生的 ID 编号	整型	否	否
课程 ID	课程的 ID 编号	整型	否	否

8. 学费信息表

学费信息表如表 17.8 所示。

表 17.8 学费信息表

属 性	说 明	数据类型及长度	是否可空	是否主键
ID	费用 ID	整型	否	是（自动生成）
费用金额	学费	浮点型	否	否

9. 教师信息表

教师信息表如表 17.9 所示。

表17.9　教师信息表

属　　性	说　　明	数据类型及长度	是否可空	是否主键
ID	教师 ID	整型	否	是（自动生成）
教师名称	教师名称	字符型 64 字节	否	否
年龄	教师的年龄	字符型 3 字节	是	否
性别	教师的性别	字符型 3 字节	是	否
地址	教师的地址	字符型 128 字节	是	否
学科	教师教的学科	字符型 32 字节	是	否

17.5　系统基本功能实现

完成系统设计和数据库设计后，接下来就是系统实现。首先是项目架构实现，之后按照系统功能模块依次完成系统功能。

17.5.1　框架搭建

本项目依然是按照 SSM 框架实现的，首先搭建 SSM 框架，搭建过程见第 16 章。

17.5.2　编写公共模块和功能

按照需求，目前项目的公共模块主要有拦截器、Session 缓存、字符串处理、日志处理等。

1. 拦截器

本项目主要的功能模块是过滤器，所有页面访问必须先登录才能有权限访问，需要用到之前的过滤器来拦截所有的客户端请求（除注册、登录和退出功能外）。

拦截器主要实现代码如下：

```
    public class LoginInceptor implements HandlerInterceptor {
        @Override
        public boolean preHandle(HttpServletRequest request, HttpServletResponse
response, Object handler) throws Exception {
            System.out.println("LoginInceptor====你到拦截器了:" +
request.getRequestURI());
            HttpSession session = request.getSession();
            NormalUser normalUser = SessionHelper.getNorUser(session);
            SysUser user = SessionHelper.getSysUser(session);
            System.out.println(normalUser + ", user:" + user);
            if (null == user && null == normalUser) {
                System.out.println("未登录 " + session.getId() + " uri: " +
request.getRequestURI());
                response.sendRedirect("toSysUserLogin");
```

```
        }
        return true;
    }
}
```

2. Session 缓存

用户登录成功之后，用户的基本信息就缓存在会话（Session）中，session 公共模块主要用于对 Session 缓存的保存和获取。公共模块的用户信息会伴随在每个功能模块中。

缓存代码如下：

```
public class SessionHelper {
    public static void saveSysUser(HttpSession session, SysUser user) {
        session.setAttribute("sysuser", user);
    }
    public static SysUser getSysUser(HttpSession session) {
        return (SysUser) session.getAttribute("sysuser");
    }
    public static void removeSysUser(HttpSession session) {
        try {
            session.removeAttribute("sysuser");
        } catch (Exception e) {
            System.err.println(e.getMessage());
        }
        try {
            session.removeAttribute("warn");
        } catch (Exception e) {
            System.err.println(e.getMessage());
        }
    }
    public static void saveNorUser(HttpSession session, NormalUser user) {
        session.setAttribute("noruser", user);
    }
    public static NormalUser getNorUser(HttpSession session) {
        return (NormalUser) session.getAttribute("noruser");
    }
    public static void removeNorUser(HttpSession session) {
        try {
            session.removeAttribute("noruser");
        } catch (Exception e) {
            System.err.println(e.getMessage());
        }
        try {
            session.removeAttribute("warn");
        } catch (Exception e) {
            System.err.println(e.getMessage());
        }
    }
}
```

3. 字符串处理

字符串处理功能主要是对空字符串和 NULL 值进行判断和处理。

字符串处理代码如下：

```
public class StringHelper {
    public static boolean isEmpty(String str) {
        return str == null || "".equals(str.trim());
    }
    public static boolean isNotEmpty(String str) {
        return !isEmpty(str);
    }
}
```

4. 日志处理

日志处理主要是在开发过程中方便对输出日志的管理。

日志管理代码如下：

```
public class LoggerHelper {
    // 控制开发代码调试，上线时 DEBUG 设置为 false
    private static final boolean DEBUG = true;
    public static void log(Class clz, String msg) {
        if (DEBUG) {
            Logger logger = Logger.getLogger(clz.getSimpleName());
            logger.log(Level.ALL, msg);
        }
    }
    public static void println(String msg) {
        if (DEBUG) {
            System.out.println(msg);
        }
    }
}
```

17.5.3　管理员注册和登录

管理员用户能够对系统所有的模块进行编辑。与普通用户一样，管理员用户登录并使用本系统的功能之前，首先要做的是身份验证，只有在用户名和密码都正确的情况下才能够使用系统的功能，如果用户输入的密码不正确，则不能使用系统的功能，用户注册和登录的操作会将信息保存在 Session 中。

用户在输入用户名和密码之后，首先业务逻辑代码会进行非空和长度的校验，之后需要查询数据库用户表中的记录是否和用户输入的信息相同，如果相同，则能够登录。

1. 管理员登录模块

管理员登录模块主要有登录、注册和切换用户登录功能。登录必须输入正确的用户名和密码，否则无法登录。

登录成功会跳转到首页，登录失败会提示失败信息。管理员登录页面如图 17.7 所示。

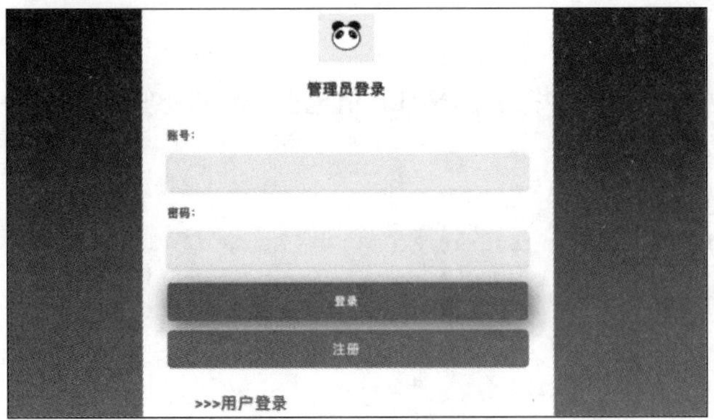

图 17.7　管理员登录页面

其主要后台代码如下：

```
    @RequestMapping("sysUserLogin")
    public String sysUserLogin(HttpServletRequest request, String username, String password) {
        logger.log(Level.ALL, username, password);
        System.out.println("" + username + "==" + password);
        SysUser user = userService.sysUserLogin(username, password);
        if (user != null) {
            SessionHelper.saveSysUser(request.getSession(), user);
            return "home";
        } else {
            request.setAttribute("msg","账号名或密码错误");
            return "login";
        }
    }
```

2. 管理员注册模块

管理员用户注册页面主要有管理员的基本信息，包括用户名、密码和姓名。信息填写需要做非空验证和学号唯一性验证，只有验证成功才能注册。

注册成功之后跳转到管理员登录页面，注册失败则停留在当前页面。管理员注册页面如图 17.8 所示。

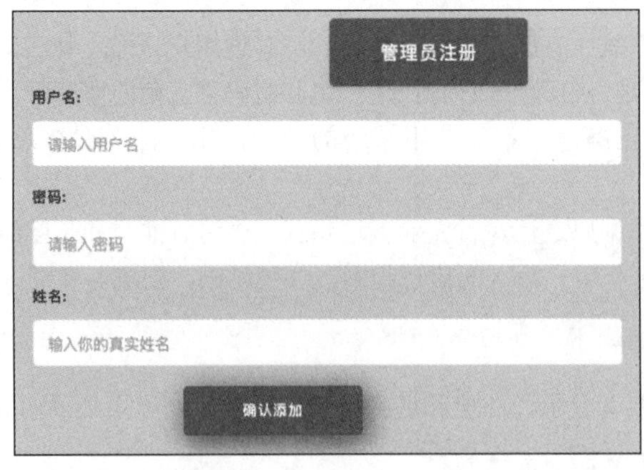

图 17.8　管理员注册页面

其主要后台代码如下：

```
@RequestMapping("addSysUser")
    public String addSysUser(HttpServletRequest request, SysUser sysUser) {
        int rest = userService.addSysUser(sysUser);
        LoggerHelper.println("==========addSysUser.rest:" + rest);
        List<SysUser> userList = userService.querySysUserList();
        request.setAttribute("addMsg",rest == 1 ? "添加成功！" : "添加失败！");
        request.setAttribute("userList",userList);
        LoggerHelper.println("=================updateSysUser.userlist:" +
userList);
        return "login";
    }
```

3. 管理员首页

管理员登录成功之后，会跳转到首页展示，首页左侧是管理员模块的菜单功能模块，顶部展示年、月、日、时间、星期以及登录用户名称，同时包含“退出”按钮。

首页当前进行照片轮播，主要是一些系统发布的公告、通知等信息。后续可以继续扩展首页的功能。管理员首页如图 17.9 所示。

图 17.9　管理员首页

17.5.4　普通用户注册和登录

普通用户只能查看班级、课程、成绩信息。普通用户登录到学生信息管理系统使用系统功能之前，首先需要做的是身份验证，只有在用户名和密码都正确的情况下才能够使用系统的功能，如果用户输入的密码不正确，则不能够使用系统的功能，普通用户注册和登录的操作会将信息保存在 Session 中。

普通用户在输入用户名和密码之后，首先业务逻辑代码会进行非空和长度的校验，之后需要查询数据库用户表中的记录是否和用户输入的信息相同，如果相同，则能够登录。

1. 普通用户登录模块

普通用户登录模块主要有登录、注册和切换后台管理功能。登录必须输入正确的用户名和密码，否则无法登录。

登录成功会跳转到首页，登录失败会提示失败信息。学生端登录页面如图 17.10 所示。

其主要后台代码如下：

```
@RequestMapping("norUserLogin")
public String norUserLogin(HttpServletRequest request, String id, String pwd){
    NormalUser normalUser = userService.norUserLogin(id,pwd);
    if (normalUser != null) {
        SessionHelper.saveNorUser(request.getSession(), normalUser);
        return "nor_home";
    } else {
        request.setAttribute("msg","账号名或密码错误");
        return "nor_login";
    }
}
```

2. 普通用户注册模块

普通用户注册页面主要有用户的基本信息，包括学号、用户名、密码、性别、年龄、电话号码。信息填写需要做非空验证和学号唯一性验证，只有验证成功才能注册。

注册成功之后跳转到登录页面，注册失败则停留在当前页面。学生端（普通用户）注册页面如图 17.11 所示。

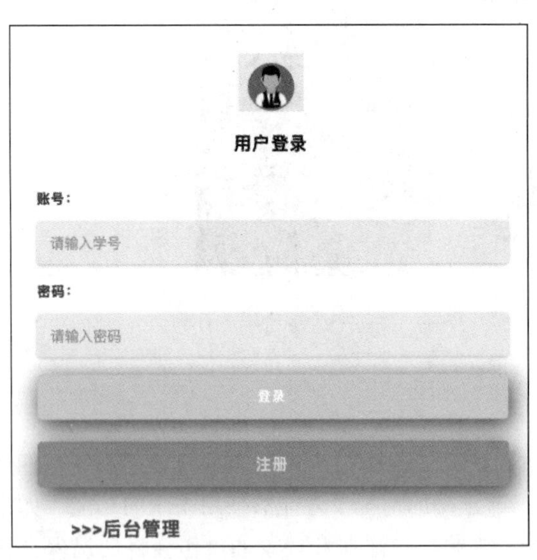

图 17.10 学生端登录页面

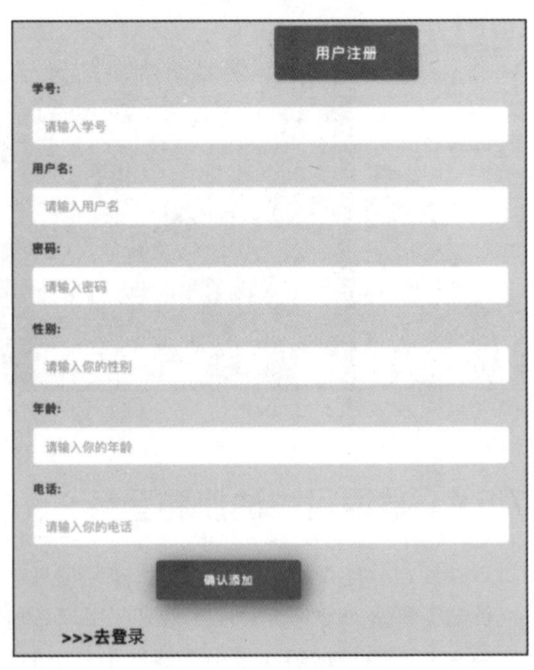

图 17.11 学生端注册页面

其主要后台代码如下：

```
@RequestMapping("addNorUser")
```

```
public String addNorUser(HttpServletRequest request, NormalUser normalUser) {
    int i = userService.addNorUser(normalUser);
    request.setAttribute("msg", i > 0 ? i : null);
    return "nor_login";
}
```

3. 普通用户首页

普通用户登录成功之后，会跳转到首页展示，首页左侧是用户模块的菜单功能模块，顶部展示年、月、日、时间、星期以及用户名称，同时包含“退出”按钮。

首页当前进行照片轮播，主要是一些系统公告以及用户基本状况的信息。后续可以继续扩展首页的功能。学生端首页如图 17.12 所示。

图 17.12 学生端首页

17.6 管理员功能模块

管理员主要负责对系统的维护，功能模块包含用户管理、班级管理、课程管理、学生管理、学费管理、成绩管理、教师管理等。下面详细介绍每个功能模块的具体实现。

17.6.1 用户管理

管理员登录之后，用户管理模块包含普通用户管理和管理员用户管理，具体情况如下。

1. 用户信息预览

用户信息预览主要是普通用户（学生端）登录管理。该模块主要包含以下功能：

（1）展示用户信息列表，包含用户名、密码、性别、年龄、电话等信息。

（2）可以通过对用户名的模糊查询匹配和过滤用户信息。

（3）单击“修改”按钮，可以根据用户 ID 修改用户的相关信息。

（4）单击“删除”按钮，可以删除用户信息；用户信息删除之后，该用户就无法通过普通用户登录界面访问该系统了。

用户信息预览、修改和删除页面如图 17.13 所示。

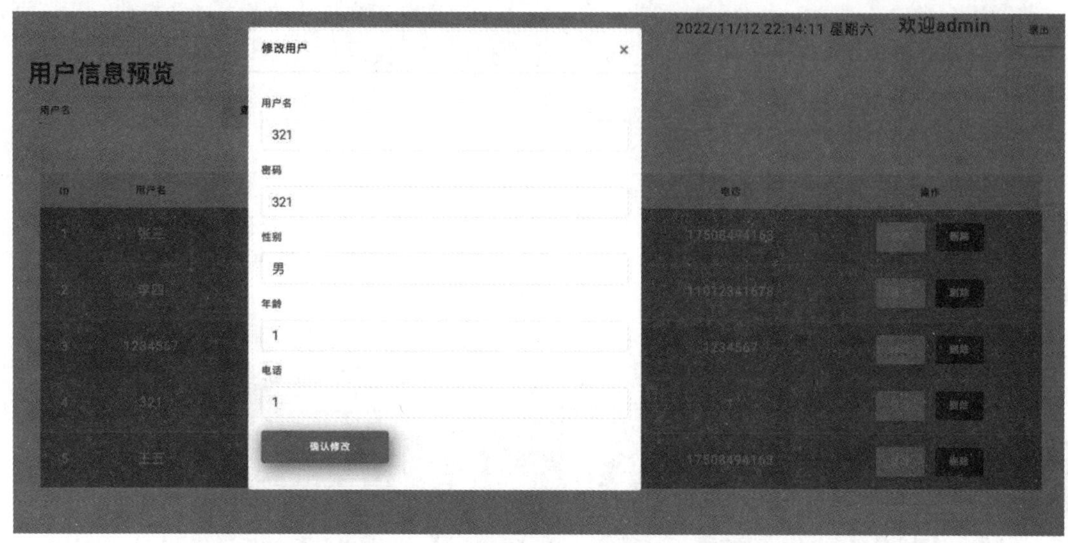

图 17.13 用户信息预览、修改和删除

其主要后台代码如下：

```
    @RequestMapping("queryNorUserList")
    public String queryNorUserList(HttpServletRequest request){
        List<NormalUser> userList = userService.queryNorUserList();
        request.setAttribute("userList",userList);
        LoggerHelper.println("=================queryNorUserList.userlist:" +
userList);
        return "noruser_list";
    }
    @RequestMapping("queryNormalUserByUser")
    public String queryNormalUserByUser(HttpServletRequest request, String user){
        List<NormalUser> userList = userService.queryNormalUserByUser(user);
        request.setAttribute("userList",userList);
        LoggerHelper.println("=================queryNormalUserByUser.userlist:" +
userList);
        return "noruser_list";
    }
    @RequestMapping("updateNormalUser")
    public String updateNormalUser(HttpServletRequest request, NormalUser norUser)
{
        LoggerHelper.println("norUser==" + norUser);
        int rest = userService.updateNormalUser(norUser);
        LoggerHelper.println("==========updateNormalUser.rest:" + rest);
        List<NormalUser> userList = userService.queryNorUserList();
        request.setAttribute("updateMsg",rest == 1 ? "修改成功！" : "修改失败！");
```

```
        request.setAttribute("userList",userList);
        LoggerHelper.println("=================updateNormalUser.userlist:" +
userList);
        return "noruser_list";
    }
    @RequestMapping("deleteNormalUser")
    public String deleteNormalUser(HttpServletRequest request, String id){
        int rest = userService.deleteNormalUser(id);
        LoggerHelper.println("==========deleteNormalUser.rest:" + rest);
        List<NormalUser> userList = userService.queryNorUserList();
        request.setAttribute("deleteMsg",rest == 1 ? "删除成功！" : "删除失败！");
        request.setAttribute("userList",userList);
        LoggerHelper.println("=================deleteNormalUser.userlist:" +
userList);
        return "noruser_list";
    }
```

2. 管理员信息预览

管理员信息预览主要是管理员用户（管理员角色）登录管理。该模块主要包含以下功能：

（1）展示用户信息列表，包含用户名、密码、姓名等信息。

（2）可以通过对用户真实姓名的模糊查询匹配和过滤用户信息。

（3）单击“修改”按钮，可以根据用户 ID 修改用户的相关信息。

（4）单击“删除”按钮，可以删除用户信息；用户信息删除之后，该用户就无法通过管理员用户登录界面访问该系统了（注意：此处还需要进行设置，无法删除 admin 用户，这是系统自带的用户；当前用户登录系统之后，如果删除的是用户自己的账户，则需要退出系统重新登录）。

管理员信息预览、修改和删除页面如图 17.14 所示。

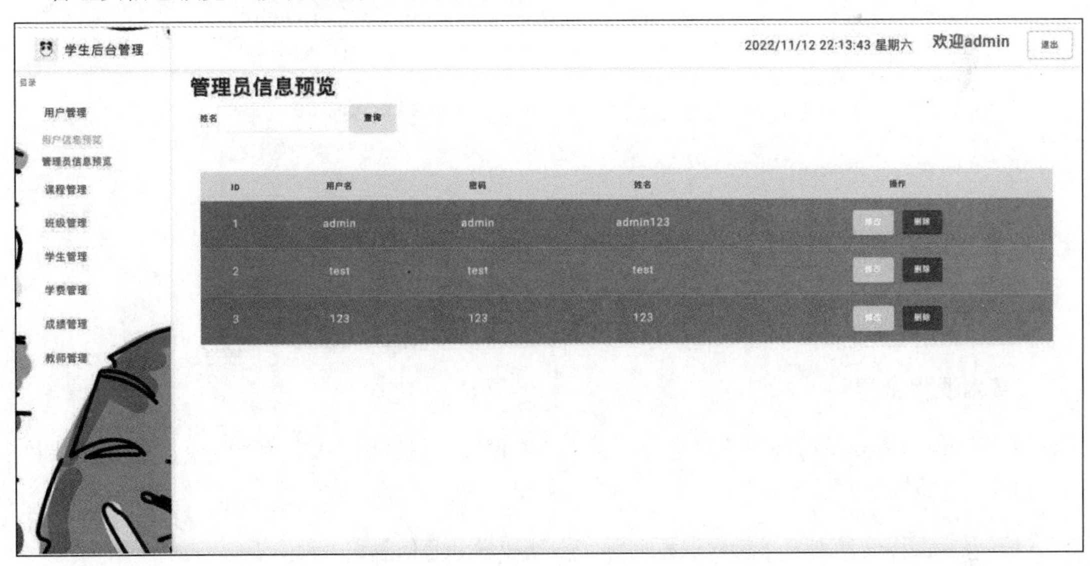

图 17.14　管理员信息预览、修改和删除

其主要后台代码如下：

```
    @RequestMapping("querySysUserList")
```

```
    public  String querySysUserList(HttpServletRequest request){
        List<SysUser> userList = userService.querySysUserList();
        request.setAttribute("userList",userList);
        LoggerHelper.println("====================querySysUserList.userlist:" +
userList);
        return "sysuser_list";
    }
    @RequestMapping("querySysUserByRealName")
    public  String querySysUserByRealName(HttpServletRequest request, String
realname) {
        List<SysUser> userList = userService.querySysUserByRealName(realname);
        request.setAttribute("userList",userList);
        LoggerHelper.println("====================querySysUserList.userlist:" +
userList);
        return "sysuser_list";
    }
    @RequestMapping("updateSysUser")
    public String updateSysUser(HttpServletRequest request, SysUser sysUser) {
        int rest = userService.updateSysUser(sysUser);
        LoggerHelper.println("==========updateSysUser.rest:" + rest);
        List<SysUser> userList = userService.querySysUserList();
        request.setAttribute("updateMsg",rest == 1 ? "修改成功！" : "修改失败！");
        request.setAttribute("userList",userList);
        LoggerHelper.println("=================updateSysUser.userlist:" +
userList);
        return "sysuser_list";
    }
    @RequestMapping("deleteSysUser")
    public String deleteSysUser(HttpServletRequest request, String id){
        int rest = userService.deleteSysUser(Integer.parseInt(id));
        LoggerHelper.println("==========deleteSysUser.rest:" + rest);
        List<SysUser> userList = userService.querySysUserList();
        request.setAttribute("deleteMsg",rest == 1 ? "删除成功！" : "删除失败！");
        request.setAttribute("userList",userList);
        LoggerHelper.println("=================deleteSysUser.userlist:" +
userList);
        return "sysuser_list";
    }
```

17.6.2 课程管理

课程管理模块包含基本课程设置和班级课程设置，具体情况如下。

1. 基本课程设置

基本课程设置主要是对课程信息进行设置，主要设置课程名称、学期和学分。该模块主要包含以下功能：

（1）展示课程信息列表，包含课程名称、学期和学分等信息。

（2）可以通过对课程名的模糊查询匹配和过滤课程信息。

（3）单击“修改”按钮，可以根据课程 ID 修改课程的相关信息。

（4）单击“删除”按钮，可以删除课程信息。

基本课程设置页面如图 17.15 所示。

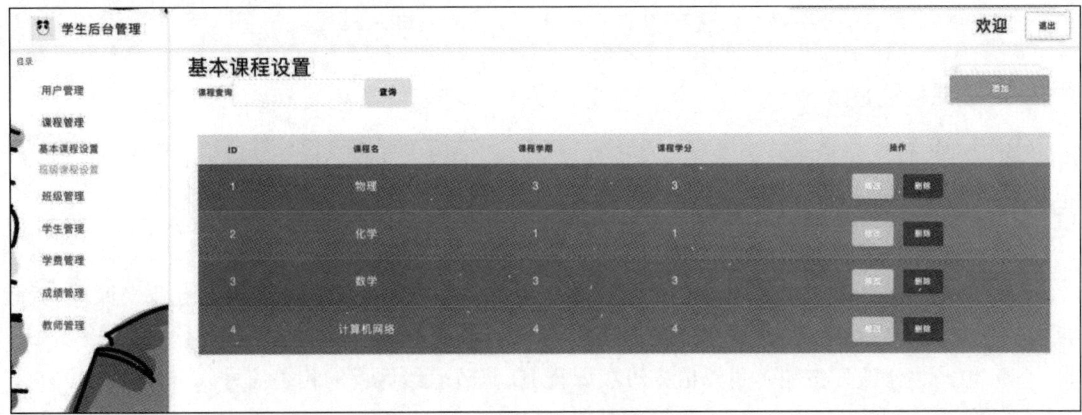

图 17.15　基本课程设置

其主要后台代码如下：

```
@RequestMapping("queryCourseList")
public String queryCourseList(HttpServletRequest request){
    List<Course> courseList = courseService.queryCourseList();
    request.setAttribute("courseList", courseList);
    return "course base list";
}
@RequestMapping("addCourse")
public String addCourse(Course course, HttpServletRequest request){
    int rest = courseService.addCourse(course);
    List<Course> courseList = courseService.queryCourseList();
    request.setAttribute("addMsg",rest == 1 ? "添加成功！" : "添加失败！");
    request.setAttribute("courseList",courseList);
    return "course base list";
}
@RequestMapping("updateCourse")
public String updateCourse(Course course,HttpServletRequest request){
    int rest = courseService.updateCourse(course);
    List<Course> courseList = courseService.queryCourseList();
    request.setAttribute("updateMsg",rest == 1 ? "修改成功！" : "修改失败！");
    request.setAttribute("courseList",courseList);
    return "course base list";
}
@RequestMapping("queryCourseByName")
public String queryCourseByName(String courseName,HttpServletRequest request){
    List<Course> courseList = null;
    if (StringHelper.isNotEmpty(courseName)) {
        courseList = courseService.queryCourseByName(courseName);
    } else {
        courseList = courseService.queryCourseList();
    }
    request.setAttribute("courseList", courseList);
    return "course base list";
}
@RequestMapping("deleteCourseById")
public String deleteCourseById(String courseId,HttpServletRequest request){
    int rest = courseService.deleteCourseById(Integer.parseInt(courseId));
    System.out.println("==========deleteCourseById.rest:" + rest);
    List<Course> courseList = courseService.queryCourseList();
```

```
        request.setAttribute("deleteMsg",rest == 1 ? "删除成功！" : "删除失败！");
        request.setAttribute("courseList",courseList);
        return "course base list";
    }
```

2. 班级课程设置

班级课程设置主要是对班级课程信息进行设置。该模块主要包含以下功能：

（1）展示班级课程信息列表，包含班级、专业、课程名称、学期等信息。

（2）可以通过对班级的模糊查询匹配和过滤相关班级的课程信息。

（3）单击右上角的“添加”按钮，可以添加班级课程。班级课程的班级、专业、课程名称、学期等信息，新增项不允许为空，同时会对添加的班级和课程进行校验。

（4）单击“修改”按钮，可以根据班级课程 ID 修改班级课程的相关信息。

（5）单击“删除”按钮，可以删除班级课程信息。

班级课程设置页面如图 17.16 所示。

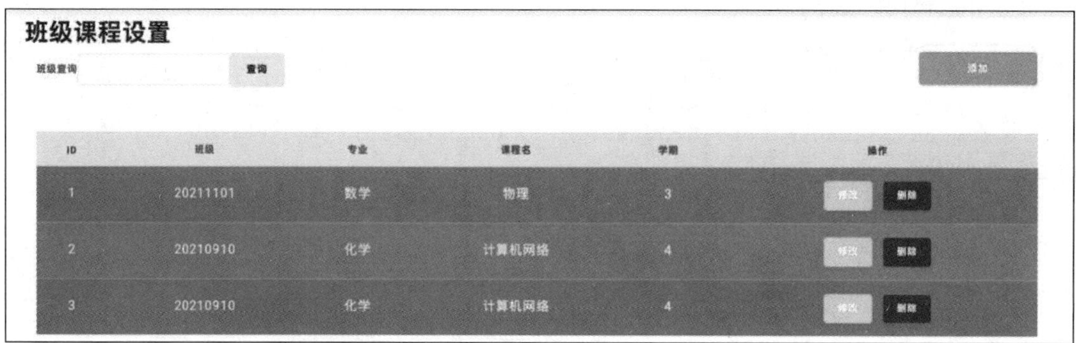

图 17.16　班级课程设置

其主要后台代码如下：

```
    @RequestMapping("queryClassKe")
    public String queryClassKe(HttpServletRequest request) {
        return showClassCourse(request);
    }
    private String showClassCourse(HttpServletRequest request) {
        queryClassCourse(request);
        return "class course list";
    }
    /**
     * 抽象业务方法，增、删、改最终都会涉及数据更新
     * @param request
     * @return
     */
    private void queryClassCourse(HttpServletRequest request) {
        List<ClassCourse> classCourseList =
classCourseService.queryClassCourseList();
        List<Course> courseList = courseService.queryCourseList();
        List<Classes> classesList = classesService.queryClassesList();
        for (ClassCourse cc : classCourseList) {
            cc.setClasses(classesService.queryClassesById(cc.getClassId()));
            cc.setCourse(courseService.queryCourseById(cc.getCourseId()));
            cc.setCourseList(courseList);
```

```
        }
        request.setAttribute("classCourseList", classCourseList);
        request.setAttribute("classesList", classesList);
        request.setAttribute("courseList", courseList);
    }
    @RequestMapping("queryClassKe")
    public String queryClassKe(HttpServletRequest request) {
        return showClassCourse(request);
    }
    @RequestMapping("addClassCourse")
    public String addClassCourse(ClassCourse classKe,HttpServletRequest request){
        int rest = classCourseService.addClassCourse(classKe);
        return showClassCourse(request);
    }
    @RequestMapping("updateClassCourse")
    public String updateClassCourse(ClassCourse classKe,HttpServletRequest
request){
        int i = classCourseService.updateClassCourse(classKe);
        return showClassCourse(request);
    }
    @RequestMapping("deleteClassCourse")
    public String deleteClassCourse(String id,HttpServletRequest request){
        int rest = classCourseService.deleteClassCourse(Integer.parseInt(id));
        return showClassCourse(request);
    }
```

17.6.3　班级管理

班级管理主要是对班级信息进行浏览和设置。该模块主要包含以下功能：

（1）展示班级信息列表，包含班级名称、班主任、专业等信息。

（2）可以通过对班级的模糊查询匹配和过滤相关班级的信息。

（3）单击右上角的“添加”按钮，可以添加班级信息。班级信息包括班级名称、班主任、专业，新增项不允许为空，同时会对添加的班级数据进行校验。

（4）单击“修改”按钮，可以根据班级 ID 修改班级信息。

（5）单击“删除”按钮，可以删除班级信息。

班级信息浏览页面如图 17.17 所示。

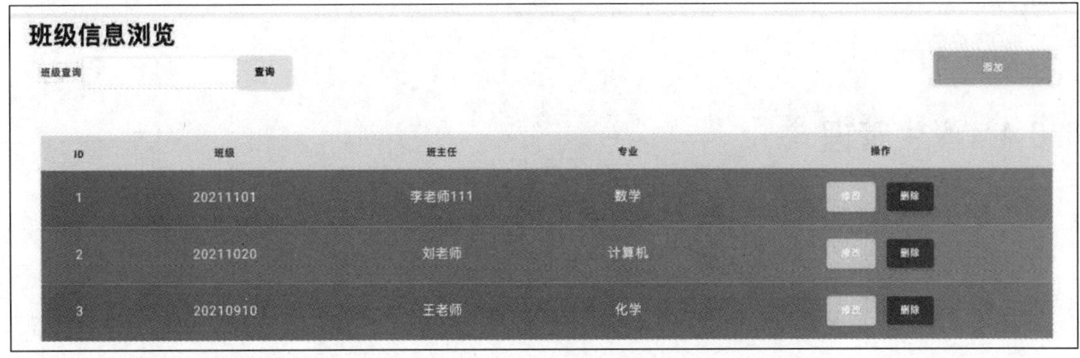

图 17.17　班级信息浏览

其主要后台代码如下：

```
    @RequestMapping("queryClassesList")
    public String queryClassesList(HttpServletRequest request){
        List<Classes> classesList = classesService.queryClassesList();
        request.setAttribute("classesList", classesList);
        return "class_list";
    }
    @RequestMapping("addClasses")
    public String addClasses(Classes classes,HttpServletRequest request){
        int rest = classesService.addClasses(classes);
        List<Classes> classesList = classesService.queryClassesList();
        request.setAttribute("addMsg",rest == 1 ? "添加成功！" : "添加失败！");
        request.setAttribute("classesList",classesList);
        return "class_list";
    }
    @RequestMapping("updateClasses")
    public String updateClasses(Classes classes,HttpServletRequest request){
        int rest = classesService.updateClasses(classes);
        List<Classes> classesList = classesService.queryClassesList();
        request.setAttribute("updateMsg",rest == 1 ? "修改成功！" : "修改失败！");
        request.setAttribute("classesList",classesList);
        return "class_list";
    }
    @RequestMapping("queryClassesByName")
    public String queryClassesByName(String className,HttpServletRequest request)
{
        List<Classes> classesList = null;
        if (StringHelper.isEmpty(className)) {
            classesList = classesService.queryClassesByName(className);
        } else {
            classesList = classesService.queryClassesList();
        }
        request.setAttribute("classesList", classesList);
        return "class_list";
    }
    @RequestMapping("deleteClassesById")
    public String deleteClassesById(String classId,HttpServletRequest request){
        int rest = classesService.deleteClassesById(Integer.parseInt(classId));
        List<Classes> classesList = classesService.queryClassesList();
        request.setAttribute("deleteMsg",rest == 1 ? "删除成功！" : "删除失败！");
        request.setAttribute("classesList",classesList);
        return "class_list";
    }
```

17.6.4 学生管理

学生管理功能主要包含学生信息浏览和新增学生信息。具体内容如下。

1. 学生信息浏览

学生信息浏览主要是录入和修改学生信息，是对学生信息的具体设置。该模块主要包含以下功能：

（1）展示学生信息列表，主要包含学号、学生名称、户籍地址、所在班级、性别、手机号码等信息。

（2）可以通过对班级的模糊查询匹配和过滤相关班级的课程信息。

（3）单击右上角的“添加”按钮，可以添加班级课程。班级课程信息包括班级、专业、课程名称、学期等信息，新增项不允许为空，同时会对添加的班级和课程进行校验。

（4）单击“修改”按钮，可以根据班级课程 ID 修改班级课程的相关信息。

（5）单击“删除”按钮，可以删除班级课程信息。

学生信息浏览页面如图 17.18 所示。

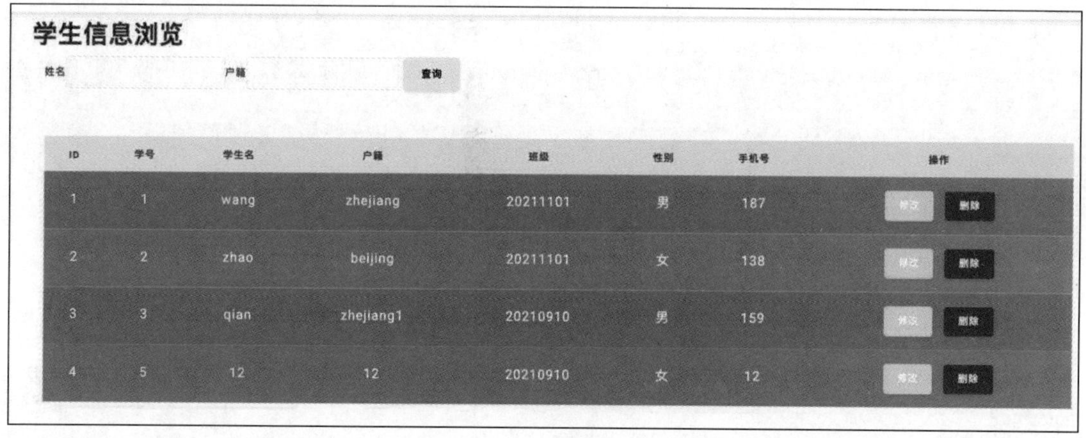

图 17.18　学生信息浏览

其主要后台代码如下：

```
    @RequestMapping("queryStudentList")
    public String queryStudentList(HttpServletRequest request){
        List<Student> studentList = studentService.queryStudentList();
        for (Student student : studentList) {
student.setClasses(classesService.queryClassesById(student.getClassesId()));
        }
        request.setAttribute("studentList",studentList);
        System.out.println(studentList);
        return "student list";
    }
    @RequestMapping("querStudentByNameA")
    public String querStudentByNameA(HttpServletRequest request, String name,
String address) {
        List<Student> studentList = studentService.querStudentByNameA(name,
address);
        for (Student student : studentList) {
            student.setClasses(classesService.queryClassesById
(student.getClassesId()));
        }
        request.setAttribute("studentList", studentList);
        System.out.println(studentList);
        return "student_list";
    }
    @RequestMapping("updateStudent")
    public String updateStudent(HttpServletRequest request, Student student) {
        int rest = studentService.updateStudent(student);
        System.out.println("==========updateStudent.rest:" + rest);
```

```
        List<Student> studentList = studentService.queryStudentList();
        request.setAttribute("updateMsg",rest == 1 ? "修改成功！" : "修改失败！");
        request.setAttribute("studentList",studentList);
        System.out.println("================updateStudent.studentList:" +
studentList);
        return "student list";
    }
    @RequestMapping("deleteStudent")
    public String deleteStudent(HttpServletRequest request, String id) {
        int rest = studentService.deleteStudent(Integer.parseInt(id));
        System.out.println("==========deleteStudent.rest:" + rest);
        List<Student> studentList = studentService.queryStudentList();
        request.setAttribute("deleteMsg",rest == 1 ? "删除成功！" : "删除失败！");
        request.setAttribute("studentList",studentList);
        System.out.println("================deleteStudent.studentList:" +
studentList);
        return "student list";
    }
```

2. 新增学生信息

新增学生信息主要是通过系统录入学生的详细信息。该模块主要包含以下功能：

（1）通过系统设置添加学生信息，主要包含学生名称、户籍地址、所在班级、性别、手机号码等信息。

（2）添加学生信息需要校验该学生是否已经存在于系统中。如果存在，则提示学生已经存在，不需要重复添加；如果不存在，则可以继续添加。

（3）需要对添加的学生信息进行校验，如字段不能为空、字段长度不能过长等。

添加学生信息页面如图 17.19 所示。

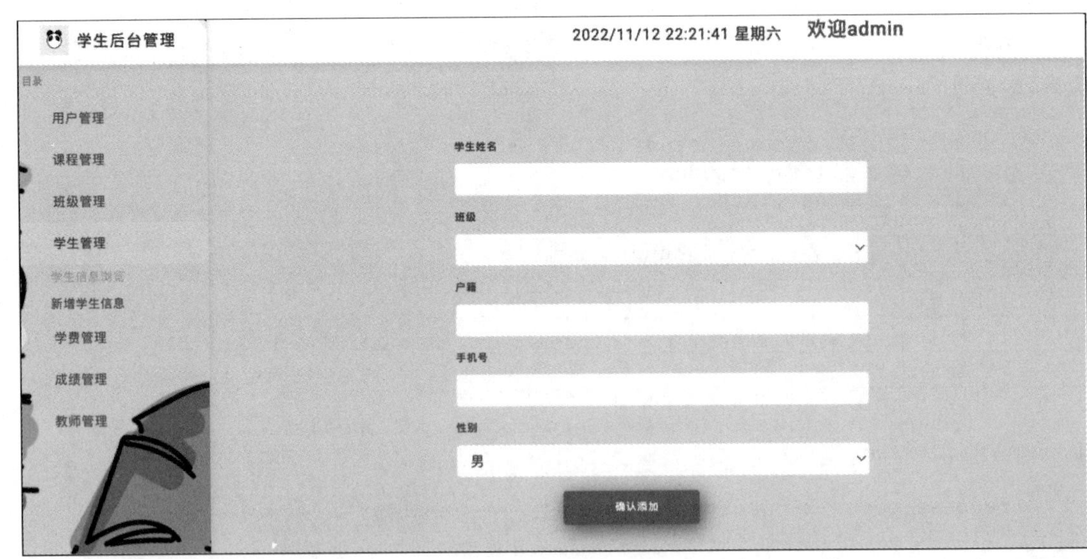

图 17.19　添加学生信息

其主要后台代码如下：

```
    @RequestMapping("addStudent")
```

```
    public String addStudent(HttpServletRequest request, Student student) {
        int rest = studentService.addStudent(student);
        LoggerHelper.println("==========addStudent.rest:" + rest);
        List<Student> studentList = studentService.queryStudentList();
        request.setAttribute("addMsg",rest == 1 ? "新增成功！" : "新增失败！");
        request.setAttribute("studentList",studentList);
        System.out.println("=================addStudent.studentList:" +
studentList);
        return "student_list";
    }
```

17.6.5　学费管理

学费管理功能主要包含基本学费设置和学生缴费预览。具体信息如下。

1. 基本学费设置

基本学费设置比较简单，主要是设置缴费信息。该模块主要包含以下功能：

（1）添加学费管理，添加之后会生成学费编号。

（2）可以对学费进行修改和删除。

基本学费设置页面如图 17.20 所示。

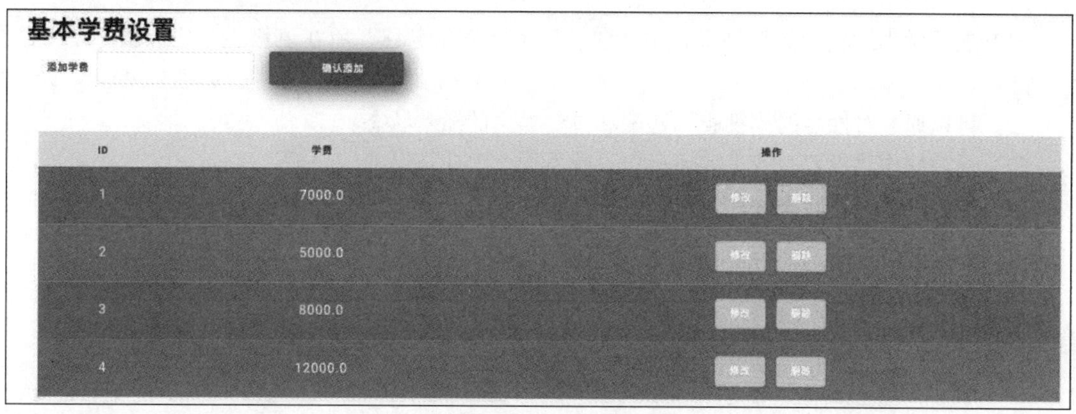

图 17.20　基本学费设置

其主要后台代码如下：

```
@RequestMapping("queryTuitionList")
public String queryTuitionList(HttpServletRequest request){
    List<Tuition> tuitionList = tuitionService.queryTuitionList();
    request.setAttribute("tuitionList", tuitionList);
    return "tuition_list";
}
@RequestMapping("addTuition")
public String addTuition(Tuition tuition, HttpServletRequest request){
    int rest = tuitionService.addTuition(tuition);
    LoggerHelper.println("==========addTuition.rest:" + rest);
    List<Tuition> tuitionList = tuitionService.queryTuitionList();
    request.setAttribute("addMsg",rest == 1 ? "新增成功！" : "新增失败！");
    request.setAttribute("tuitionList", tuitionList);
```

```
        return "tuition_list";
    }
    @RequestMapping("updateTuition")
    public String updateTuition(Tuition tuition, HttpServletRequest request){
        int rest = tuitionService.updateTuition(tuition);
        LoggerHelper.println("==========updateTuition.rest:" + rest);
        List<Tuition> tuitionList = tuitionService.queryTuitionList();
        request.setAttribute("updateMsg",rest == 1 ? "修改成功！" : "修改失败！");
        request.setAttribute("tuitionList", tuitionList);
        return "tuition_list";
    }
    @RequestMapping("deleteTuition")
    public String deleteTuition(String id, HttpServletRequest request){
        int rest = tuitionService.deleteTuitionById(Integer.parseInt(id));
        LoggerHelper.println("==========deleteTuition.rest:" + rest);
        List<Tuition> tuitionList = tuitionService.queryTuitionList();
        request.setAttribute("deleteMsg",rest == 1 ? "删除成功！" : "删除失败！");
        request.setAttribute("tuitionList", tuitionList);
        return "tuition_list";
    }
```

2. 学生缴费预览

学生缴费预览是对学生缴费信息进行登记，主要是设置缴费金额和缴费状态。该模块主要包含以下功能：

（1）展示学生缴费的具体情况，主要包含学号、学生名称、所在班级、学费金额、是否已经缴费等信息。

（2）可以通过对姓名的模糊查询匹配和过滤学生的缴费状态。

（3）通过操作“设置学费”按钮可以设置不同学生应该缴费的金额。

（4）通过变更缴费状态按钮可以设置学生是否已经缴费。

学生缴费预览页面如图 17.21 所示。

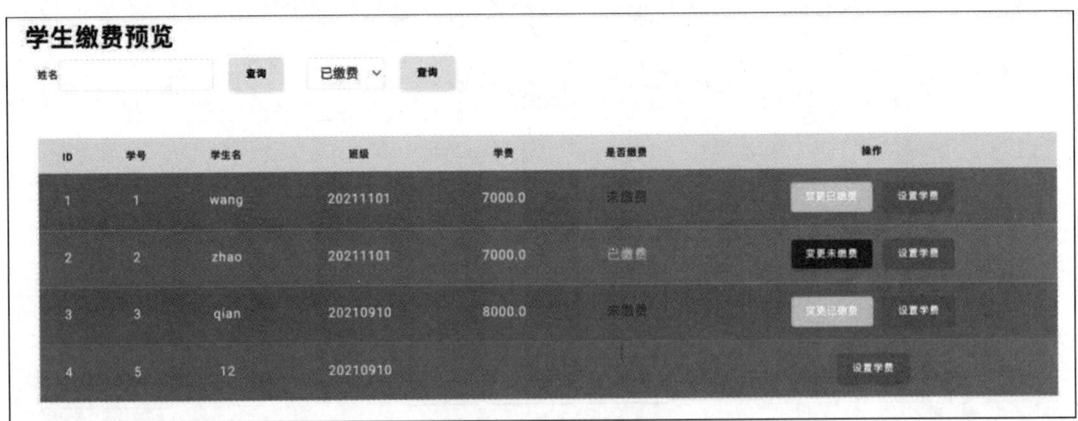

图 17.21　学生缴费预览

其主要后台代码如下：

```
/**
 *
```

```
     * @param name 学生姓名
     * @param request 请求
     * @return 学生费用预览页面
     */
    @RequestMapping("queryStudentTuitionByName")
    public String queryStudentTuitionByName(String name,HttpServletRequest
request){
        List<Student> studentTuitionList = studentService.querStudentByNameA(name,
null);
        for (Student stu : studentTuitionList) {
            stu.setClasses(classesService.queryClassesById(stu.getClassesId()));
            stu.setTuition(tuitionService.queryTuitionById(stu.getTuitionId()));
        }
        request.setAttribute("studentTuitionList",studentTuitionList);
        return "tuition_mgmt";
    }
    @RequestMapping("queryStudentByTuitionState")
    public String queryStudentByTuitionState(String
tuitionState,HttpServletRequest request) {
        List<Student> studentTuitionList =
studentService.queryStudentByTuitionState(tuitionState);
        for (Student stu : studentTuitionList) {
            stu.setClasses(classesService.queryClassesById(stu.getClassesId()));
            stu.setTuition(tuitionService.queryTuitionById(stu.getTuitionId()));
        }
        request.setAttribute("studentTuitionList",studentTuitionList);
        return "tuition_mgmt";
    }
    @RequestMapping("queryStudentTuitionList")
    public String queryStudentTuitionList(HttpServletRequest request){
        List<Student> studentTuitionList = studentService.queryStudentList();
        for (Student stu : studentTuitionList) {
            stu.setClasses(classesService.queryClassesById(stu.getClassesId()));
            stu.setTuition(tuitionService.queryTuitionById(stu.getTuitionId()));
        }
        request.setAttribute("studentTuitionList",studentTuitionList);
        return "tuition_mgmt";
    }
    @RequestMapping("updateStudentTuition")
    public String updateStudentTuition(Student student, String id, String
tuitionId,HttpServletRequest request) {
        LoggerHelper.println(id + "=================" + tuitionId);
        LoggerHelper.println(student.getId() + "=================" +
student.getTuitionId());
        int rest = studentService.updateStudentTuition(student.getId(),
student.getTuitionId());
        List<Student> studentTuitionList = studentService.queryStudentList();
        for (Student stu : studentTuitionList) {
            stu.setClasses(classesService.queryClassesById(stu.getClassesId()));
            stu.setTuition(tuitionService.queryTuitionById(stu.getTuitionId()));
        }
        request.setAttribute("updateMsg",rest == 1 ? "修改成功！" : "修改失败！");
        request.setAttribute("studentTuitionList", studentTuitionList);
        return "tuition_mgmt";
    }
```

```
    @RequestMapping("updateStudentTuitionState")
    public String updateStudentTuitionState(String id, String
tuitionState,HttpServletRequest request) {
        int rest = studentService.updateStudentTuitionState(Integer.parseInt(id),
tuitionState);
        List<Student> studentTuitionList = studentService.queryStudentList();
        for (Student stu : studentTuitionList) {
            stu.setClasses(classesService.queryClassesById(stu.getClassesId()));
            stu.setTuition(tuitionService.queryTuitionById(stu.getTuitionId()));
        }
        request.setAttribute("updateMsg",rest == 1 ? "修改成功！" : "修改失败！");
        request.setAttribute("studentTuitionList", studentTuitionList);
        return "tuition_mgmt";
    }
```

17.6.6 成绩管理

成绩管理主要包含成绩信息浏览和成绩信息添加。具体信息如下：

1. 成绩信息浏览

主要用于浏览学生的成绩情况。该模块主要包含以下功能：

（1）展示学生的成绩信息，包括学生所在班级、学号、姓名、性别、课程、学期以及考试成绩。

（2）可以通过对学生姓名和课程的模糊查询来匹配学生的成绩信息。

（3）单击“修改”按钮，可以修改学生的成绩信息。

（4）单击“删除”按钮，可以删除学生的成绩信息。

成绩信息浏览页面如图 17.22 所示。

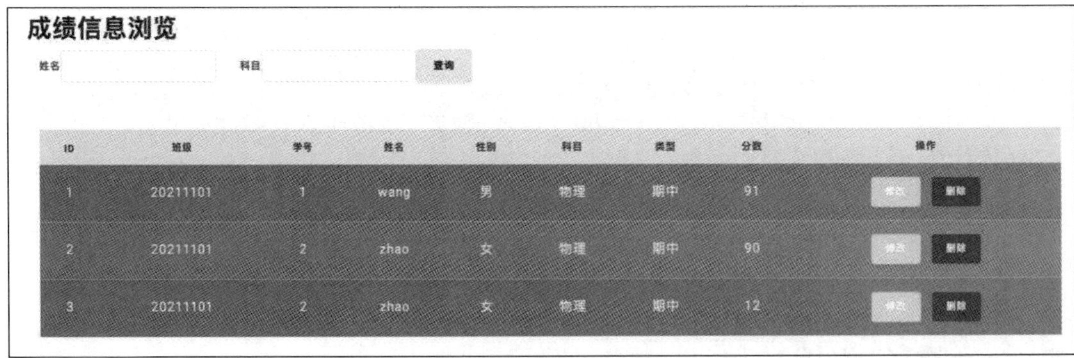

图 17.22　成绩信息浏览

其主要后台代码如下：

```
@RequestMapping("queryScoreList")
public String queryScoreList(HttpServletRequest request) {
    request.setAttribute("scoreList", queryScoreListModel());
    return "score_list";
}
@RequestMapping("updateScore")
public String updateScore(Score score, HttpServletRequest request){
```

```
        int rest = scoreService.updateScore(score);
        LoggerHelper.println("==========updateScore.rest:" + rest);
        request.setAttribute("updateMsg",rest == 1 ? "修改成功！" : "修改失败！");
        request.setAttribute("scoreList", queryScoreListModel());
        return "score_list";
    }
    @RequestMapping("deleteScoreById")
    public String deleteScoreById(String id, HttpServletRequest request){
        int rest = scoreService.deleteScoreById(Integer.parseInt(id));
        LoggerHelper.println("==========deleteTuition.rest:" + rest);
        request.setAttribute("deleteMsg",rest == 1 ? "删除成功！" : "删除失败！");
        request.setAttribute("scoreList", queryScoreListModel());
        return "score_list";
    }

    @RequestMapping("queryScoreByStudentName")
    public String queryScoreByStudentName(HttpServletRequest request, String
studentName, String classSubject) {
        List<Score> scoreList = scoreService.queryScoreList();
        List<Score> resultList = new ArrayList<>();
        for (Score  score : scoreList) {
            Student student =
studentService.queryStudentById(score.getStudentId());
            score.setStudent(student);
            Classes classes =
classesService.queryClassesById(score.getStudent().getClassesId());
            score.setClasses(classes);
            score.setCourse(courseService.queryCourseById(score.getCourseId()));
            LoggerHelper.println("queryScoreByStudentName:00000000000: " +
score.getStudent());
            LoggerHelper.println("queryScoreByStudentName:00000000000: " +
score.getCourse());
            LoggerHelper.println("queryScoreByStudentName:00000000000: " +
score.getClasses());
            if (StringHelper.isEmpty(studentName) &&
StringHelper.isEmpty(classSubject)) {
                resultList.add(score);
            } else if (StringHelper.isEmpty(classSubject)) {
                if (student.getName().contains(studentName)) {
                    resultList.add(score);
                }
            } else if (StringHelper.isEmpty(studentName)) {
                if (classes.getClassSubject().contains(classSubject)) {
                    resultList.add(score);
                }
            } else {
                if (student.getName().contains(studentName) &&
classes.getClassSubject().contains(classSubject)) {
                    resultList.add(score);
                }
            }
        }
        request.setAttribute("scoreList", resultList);
        return "score_list";
    }
```

```
    private List<Score> queryScoreListModel () {
        List<Score> scoreList = scoreService.queryScoreList();
        for (Score  score : scoreList) {
            LoggerHelper.println("queryScoreList: " + score);

score.setStudent(studentService.queryStudentById(score.getStudentId()));

score.setClasses(classesService.queryClassesById(score.getStudent().getClassesI
d()));
            score.setCourse(courseService.queryCourseById(score.getCourseId()));
            LoggerHelper.println("00000000000: " + score.getStudent());
            LoggerHelper.println("00000000000: " + score.getCourse());
            LoggerHelper.println("00000000000: " + score.getClasses());
        }
        return scoreList;
    }
```

2. 成绩信息添加

成绩信息添加主要是通过系统录入学生考试成绩的详细信息。该模块主要包含以下功能：

（1）通过系统设置添加学生成绩信息，主要包含学生学号、姓名、班级和课程、考试类型、考试成绩等信息。

（2）添加学生成绩信息需要根据学号自动返回学生姓名。如果学号不存在，则提示不存在该学生，系统无法录入成绩。

（3）需要对添加的学生成绩信息进行校验，如字段不能为空、字段长度不能过长等。

添加成绩信息页面如图 17.23 所示。

图 17.23　添加成绩信息

其主要后台代码如下：

```
@RequestMapping("addScore")
public String addScore(Score score, HttpServletRequest request) {
```

```
        LoggerHelper.println(score);
        int rest = scoreService.addScore(score);
        LoggerHelper.println("==========addScore.rest:" + rest);
        request.setAttribute("addMsg",rest == 1 ? "新增成功！" : "新增失败！");
        request.setAttribute("scoreList", queryScoreListModel());
        return "score_list";
    }
```

17.6.7 教师管理

教师管理主要是对教师信息的管理和维护。该模块主要包含以下功能：

（1）展示教师信息列表，包含教师姓名、教师年龄、教师性别、教师籍贯、所教的课程等信息。

（2）可以通过对教师姓名的模糊查询匹配和过滤教师的详细信息。

（3）单击右上角的“添加”按钮，可以添加教师信息。教师信息包括教师编号、教师名称、教师年龄、教师性别、教师籍贯、所教的课程，新增项不允许为空，同时会对添加的教师信息的数据进行校验。

（4）单击“修改”按钮，可以根据班级 ID 修改教师信息。

（5）单击“删除”按钮，可以删除教师的信息。

教师信息页面如图 17.24 所示。

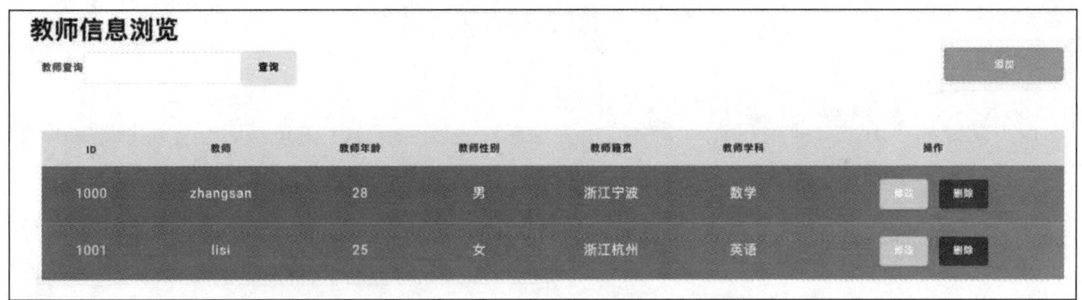

图 17.24　教师信息页面

添加教师信息的主要后台代码如下：

```
    @RequestMapping("addTeacher")
    private String addTeacher(HttpServletRequest request, Teacher teacher){
        int rest = teacherService.addTeacher(teacher);
        LoggerHelper.println("==========addTeacher.rest:" + rest);
        List<Teacher> teacherList = teacherService.queryTeacherList();
        request.setAttribute("addTeacherMsg",rest == 1 ? "添加成功！" : "添加失败！
");
        request.setAttribute("teacherList",teacherList);
        return "teacher_list";
    }
    @RequestMapping("queryTeacherList")
    private String queryTeacherList(HttpServletRequest request){
        List<Teacher> teacherList = teacherService.queryTeacherList();
        request.setAttribute("teacherList",teacherList);
```

```
        LoggerHelper.println("==========queryTeacherList.teacherlist:" +
teacherList);
        return "teacher_list";
    }
    @RequestMapping("updateTeacher")
    private String updateTeacher(Teacher teacher, HttpServletRequest request){
        int rest = teacherService.updateTeacher(teacher);
        LoggerHelper.println("==========updateTeacher.rest:" + rest);
        List<Teacher> teacherList = teacherService.queryTeacherList();
        request.setAttribute("updateTeacherMsg",rest == 1 ? "修改成功！" : "修改失败！
");
        request.setAttribute("teacherList",teacherList);
        return "teacher_list";
    }
    @RequestMapping("deleteTeacher")
    private String deleteTeacher(String tid, HttpServletRequest request){
        int rest = teacherService.deleteTeacher(Integer.parseInt(tid));
        LoggerHelper.println("==========deleteTeacher.rest:" + rest);
        List<Teacher> teacherList = teacherService.queryTeacherList();
        request.setAttribute("deleteTeacherMsg",rest == 1 ? "删除成功！" : "删除失败！
");
        request.setAttribute("teacherList",teacherList);
        return "teacher_list";
    }
```

17.7 用户功能模块

用户功能模块用来方便用户查询学生的相关信息，主要包含学生的班级、学生的课程和学生的成绩信息。在学生端只能查看信息，不能对信息进行任何变更和修改。

17.7.1 班级课程

班级课程模块主要展示班级的课程信息，在学生端可以根据自己所在的班级查询学生班级设置的课程信息。界面显示如图 17.25 所示。

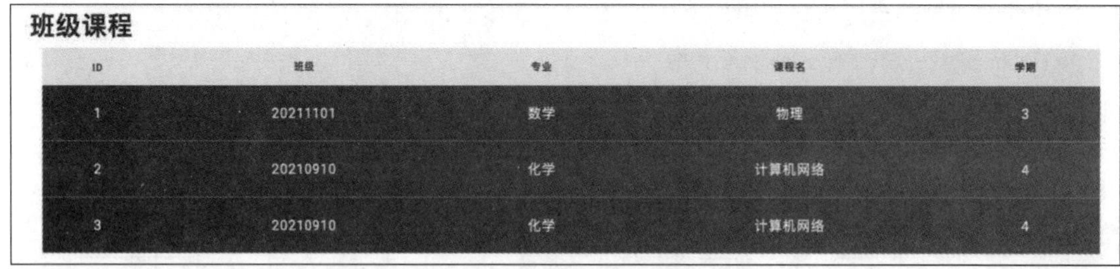

班级课程
ID
班级
专业
课程名
学期
1
20211101
数学
物理
3
2
20210910
化学
计算机网络
4
3
20210910
化学
计算机网络
4

图 17.25　学生端的班级课程

其主要后台代码如下：

```
@RequestMapping("queryNorClassCourseList")
public String queryNorClassCourseList(HttpServletRequest request){
```

```
        List<ClassCourse> classCourseList =
classCourseService.queryClassCourseList();
        List<Course> courseList = courseService.queryCourseList();
        List<Classes> classesList = classesService.queryClassesList();
        for (ClassCourse cc : classCourseList) {
            cc.setClasses(classesService.queryClassesById(cc.getClassId()));
            cc.setCourse(courseService.queryCourseById(cc.getCourseId()));
            cc.setCourseList(courseList);
        }
        request.setAttribute("classCourseList", classCourseList);
        request.setAttribute("classesList", classesList);
        request.setAttribute("courseList", courseList);
        return "nor_class_course_list";
    }
```

通过 MyBatis 封装之后，操作数据库的代码如下：

```
    @Select("select id,class_id,course_id from t_stu_class_course")
    @Results({
            //column 为数据库字段名，property 为实体类属性名，jdbcType 为数据库字段的数据类
型，id 为是否为主键
            @Result(column = "id", property = "id", jdbcType = JdbcType.INTEGER, id
= true),
            @Result(column = "class_id", property = "classId", jdbcType =
JdbcType.INTEGER),
            @Result(column = "course_id", property = "courseId", jdbcType =
JdbcType.INTEGER)
    })
    List<ClassCourse> queryClassCourseList();
```

17.7.2　班级信息

班级信息模块主要展示班级列表和班主任老师的姓名，在学生端可以查看自己所在的班级的具体信息，包括班主任和班级所学习的专业。界面显示如图 17.26 所示。

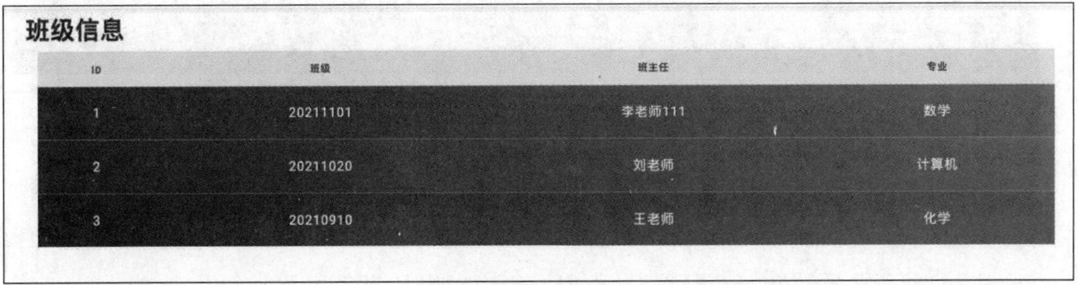

班级信息
ID
班级
班主任
专业
1
20211101
李老师111
数学
2
20211020
刘老师
计算机
3
20210910
王老师
化学

图 17.26　学生端的班级信息

其主要后台代码如下：

```
    /**
     * 学生端展示
     * @param request
     * @return
     */
    @RequestMapping("queryNorClasses")
```

```
    public String queryNorClasses(HttpServletRequest request){
        List<Classes> classesList = classesService.queryNorClasses();
        request.setAttribute("stuClassesList",classesList);
        return "nor_class_list";
    }
```

通过 MyBatis 封装之后，操作数据库的代码如下：

```
    @Select("select class_id,class_teacher,class_subject,class_name from
t_stu_classes")
    @Results({
        //column 为数据库字段名，property 为实体类属性名，jdbcType 为数据库字段数据类型，id
为是否为主键
        @Result(column = "class_id", property = "classId", jdbcType =
JdbcType.INTEGER, id = true),
        @Result(column = "class_teacher", property = "classTeacher", jdbcType =
JdbcType.VARCHAR),
        @Result(column = "class_subject", property = "classSubject", jdbcType =
JdbcType.VARCHAR),
        @Result(column = "class_name", property = "className", jdbcType =
JdbcType.VARCHAR)
    })
    public List<Classes> queryNorClasses();
```

17.7.3 成绩信息

成绩信息模块主要展示学生的个人成绩，在学生端可以查看自己所修课程的考试成绩。界面显示如图 17.27 所示。

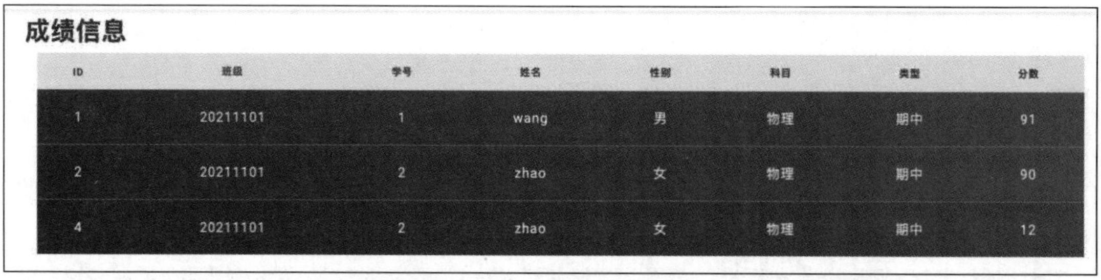

成绩信息

ID	班级	学号	姓名	性别	科目	类型	分数
1	20211101	1	wang	男	物理	期中	91
2	20211101	2	zhao	女	物理	期中	90
4	20211101	2	zhao	女	物理	期中	12

图 17.27　学生端的成绩信息

其主要后台代码如下：

```
    @RequestMapping("queryNorScore")
    public String queryNorScore(HttpServletRequest request){
        List<Score> scoreList = scoreService.queryNorScore();
        for (Score  score : scoreList) {
            score.setStudent(studentService.queryStudentById
(score.getStudentId()));
            score.setClasses(classesService.queryClassesById
(score.getStudent().getClassesId()));
            score.setCourse(courseService.queryCourseById(score.getCourseId()));
        }
```

```
        request.setAttribute("stuScoreList", scoreList);
        return "nor_course_list";
    }
```

通过 MyBatis 封装之后，操作数据库的代码如下：

```
    @Select("select id,stu_id,term,score,course_id from t_stu_score")
    @Results({
        //column 为数据库字段名，property 为实体类属性名，jdbcType 为数据库字段数据类型，id
为是否为主键
        @Result(column = "id", property = "id", jdbcType = JdbcType.INTEGER, id =
true),
        @Result(column = "stu_id", property = "studentId", jdbcType =
JdbcType.INTEGER),
        @Result(column = "term", property = "term", jdbcType = JdbcType.VARCHAR),
        @Result(column = "score", property = "score", jdbcType = JdbcType.INTEGER),
        @Result(column = "course_id", property = "courseId", jdbcType =
JdbcType.INTEGER)
    })
    public List<Score> queryNorScore();
```

17.8 系 统 测 试

在所有软件程序的策划和开发实现的过程中，系统测试是非常关键的一步，它能够保障系统运行。只有测试过的系统才能正式发布上线。

17.8.1 测试目的

软件测试的目的一是为了确定系统功能是否完善，二是为了找出系统中存在的潜在错误，所以测试的时候需要注意多次测试。需要注意测试不只是测试系统的功能，而是要以找出系统中存在的错误为中心。但是发现系统中的错误不是测试的唯一目的，如果没有发现系统中存在的错误，也不代表这次测试毫无价值。首先，除了找出系统的 Bug 之外，还需要分析 Bug 产生的原因，这有助于程序开发者快速定义 Bug 并将其解决。这种分析能够改善软件测试者测试的效率，设计出效率更高的测试用例。其次，全面测试能够进一步保证程序的质量。

17.8.2 测试方法

系统测试的方法很多，主要有以下分类：

（1）从是否关心软件内部结构和具体实现的角度划分，测试方法主要有白盒测试和黑盒测试。白盒测试方法主要有代码检查法、静态结构分析法、静态质量度量法、逻辑覆盖法、基本路径测试法、域测试法、符号测试法、路径覆盖法和程序变异法。黑盒测试方法主要包括等价类划分法、边界值分析法、错误推测法、因果图法、判定表驱动法、正交试验设计法、功能图法、场景法等。

黑盒测试又称为功能测试，功能测试能够测试该学生信息管理系统的功能是否能够正常使用。测试者可以把系统看成是一个黑盒，可以不用考虑学生信息管理系统内部业务逻辑的情况，按照系统功能说明书运行程序，观察系统运行结果是否有异常的情况，所以通常人们把黑盒测试的说明书当作一本较复杂的功能使用说明书。

白盒测试又称为逻辑驱动测试，程序测试人员需要清楚地了解程序的内部逻辑，并在此基础上设计测试用例。

（2）从是否执行程序的角度划分，测试方法又可分为静态测试和动态测试。静态测试包括代码检查、静态结构分析、代码质量度量等。动态测试由 3 部分组成：构造测试实例、执行程序和分析程序的输出结果。

17.8.3 测试用例

由于本系统涉及的模块比较多，此处选择了系统关键的模块进行单元测试，确保系统最基本的模块能正常运行，下面分别对需要进行单元测试的模块一一进行用例设计和测试。

1. 用户登录模块测试用例

登录模块主要用于选择角色对应的登录页面，执行的操作是输入用户的账号和密码，单击“登录”按钮进行登录。用户登录模块测试用例如表 17.10 所示。

表17.10 用户登录模块测试用例

测试编号	测 试 项	操作步骤	输入的数据	预期结果	实际结果
L001	用户名	在用户不输入用户名的情况下，直接单击“登录”按钮	不输入数据	提示用户输入登录名	一致
L002	密码	用户输入了用户名，但是不输入密码，然后单击“登录”按钮	用户名：admin 密码：null	提示用户输入密码	一致
L003	用户名和密码	用户输入了不存在的用户名和密码	用户名：xxx 密码：xxx	提示用户名或者密码输入错误	一致
L004	用户名和密码	用户输入了正确的用户名和错误的密码	用户名：admin 密码：xxx	提示用户名或者密码输入错误	一致
L005	用户名和密码	用户输入了正确的用户名和密码	用户名：admin 密码：admin	登录成功，跳转到系统首页	一致

2. 用户注册模块测试用例

用户注册模块主要对应注册系统用户，执行的操作是输入用户的相关信息，单击“注册”按钮进行注册。用户注册模块测试用例如表 17.11 所示。

表17.11　用户注册模块测试用例

测试编号	测　试　项	操作步骤	输入的数据	预期结果	实际结果
R001	用户名	在用户不输入用户名的情况下，直接单击“注册”按钮	不输入数据	提示用户名不能为空	一致
R002	密码	用户输入了用户名，但是不输入密码，然后单击“登录”按钮	用户名：admin 密码：null	提示密码不能为空	一致
R003	姓名	用户输入了用户名和密码，但是不输入姓名	用户名：admin 密码：admin 姓名：null	提示姓名不能为空	一致
R004	用户名	用户输入了已存在的用户名	用户名：admin	提示用户名已存在	一致
R005	用户名和密码	用户输入了正确的用户名和密码	用户名：admin 密码：admin	注册成功，跳转到登录页面	一致

3. 退出系统测试用例

退出系统主要分普通用户（学生端）退出系统和管理员退出系统，在系统右上角单击“退出”按钮。退出系统测试用例如表 17.12 所示。

表17.12　退出系统测试用例

测试编号	测　试　项	操作步骤	输入的数据	预期结果	实际结果
T001	普通用户退出	普通用户登录系统之后单击“退出”按钮		退出系统，回到普通用户登录页面	一致
T002	管理员退出	管理员用户登录系统之后单击“退出”按钮		退出系统，回到管理员用户登录页面	一致

4. 基本课程设置测试用例

基本课程设置测试用例如表 17.13 所示。

表17.13　基本课程设置测试用例

测试编号	测　试　项	操作步骤	输入的数据	预期结果	实际结果
C001	基本课程列表	单击左侧菜单的课程设置下的基本课程设置		展示课程列表	一致
C002	课程查询	在课程查询框中输入要查询的课程名称	化学	仅展示课程名包含“化学”的课程列表	一致
C003	课程查询	在课程查询框中输入要查询的课程名称	不存在的学科名称	无数据展示	一致
C004	添加课程	单击“添加”按钮，输入课程名称和学期	不输入任何信息	提示课程不能为空	一致

（续表）

测试编号	测 试 项	操作步骤	输入的数据	预期结果	实际结果
C005	添加课程	单击“添加”按钮，输入课程名称和学期	输入课程名称不输入学期	提示学期不能为空	一致
C006	添加课程	单击“添加”按钮，输入课程名称和学期	输入课程名称和学期	添加成功，在列表中显示课程信息	一致
C007	修改课程	单击“修改”按钮，显示当前信息	修改课程名称	修改成功	一致
C008	删除课程	单击“删除”按钮		提示是否删除	一致
C009	删除课程	单击“删除”按钮，提示是否删除，单击“否”按钮		数据没有删除	一致
C010	删除课程	单击“删除”按钮，提示是否删除，单击“是”按钮		数据被删除	一致

17.9 项 目 总 结

在互联网时代，通过线上和线下结合的模式，一方面能够让学校资源得到充分利用，使其不处于闲置状态；另一方面能够在很大程度上避免用户找不到资源。互联网很大的一个作用是为用户提供服务，并且能够让管理人员提高管理效率。

整个学生信息管理系统在设计的过程中考虑到了多个用户同时访问系统的情况，因此数据库需要采用 MySQL 处理并发的问题，使得多个用户在登录系统浏览的时候可以获得信息，避免了因多个用户同时访问造成系统响应过慢的问题，使用开源框架 SSM 实现系统和数据库 MySQL 存储系统的信息。

由于未来有新的业务出现，因此该学生信息管理系统的后续功能还需要完善，后续系统功能可以从以下几方面改进：

（1）系统添加交流模块，此模块可以使得用户分享自己的看法，有助于人们的交流，更易于了解该学生信息管理系统的好处。

（2）添加人脸识别、指纹识别的功能模块，用户登录的时候可以采用人脸识别登录系统。

（3）添加公告信息模块，可以在首页展示学校最新的公告信息。

（4）系统添加班级成绩信息导入功能，方便批量处理数据信息。